JN280019

朝倉数学講座 ③

# 微分学

能代 清 著

朝倉書店

小松　勇作
能代　清
矢野　健太郎
編　集

## まえがき

　本書は大学の初年級の学生諸君および実際に数学を必要とする人々に，高等学校の数学を予備知識と仮定して，できるだけ平易にわかりやすく微分学を解説したものである．

　よく知られるように，微分学は数学解析全般の基礎を成すものであるから，多くの人々に十分に理解されかつ活用されるためには，まず第一に，解説が平易で明快であることが必要であると思う．本書では，高等学校で一応学んだ極限に関する知識をもう一度高い立場から整理しながら，微分学の要点を解説するという方針をとった．したがって，程度の極めて高い事柄は他の成書にゆずることにした．しかしながら，本書は程度の低い材料ばかりを採用したものではない．どうしても，基礎として必要と思われる事柄は多少程度が高くても，一方では深入りすることのないように留意し，他方では丁寧かつ詳細な説明を与えて理解に役立つようにつとめた．特に，実数の性質，極限の概念，導函数の性質，偏導函数とその応用の記述にあたっては，解説の平易と理論の厳密との釣合に十分の考慮を惜しまなかった．なお，読者の理解しやすいように，多くの図，例，注意，問題を加えた．すでに，微分学の成書として，いろいろな見地から，良著のすくなくない現状であるが，それにもかかわらず，朝倉数学講座の一冊として，本書がなんらかの役割を果すことを期待している．

　終りに，本書を公にするにあたって，多くの貴重な助言を著者に与えられた畏友小松勇作教授ならびにその研究室のかたがた，校正にあたって種々の有益な注意を与えられた黒田正，岩橋亮輔の両君，また終始多大のお世話になった朝倉書店編集部工藤健二，秦晟，粟野恭弘の諸氏に対して厚く感謝の意を表したい．

　　1960 年 8 月

著者しるす

# 目　　次

## 第1章　実数の性質
§1. 有　理　数 ······································································ 1
§2. 無　理　数 ······································································ 2
§3. 実数の性質 ······································································ 6
§4. 数　直　線 ······································································ 8
§5. 集　　　合 ····································································· 10
§6. 実数の集合 ····································································· 15
§7. 数列の極限値 ·································································· 17
　　問　題　1 ······································································ 28

## 第2章　函　　数
§8. 写　　　像 ····································································· 30
§9. 函　　　数 ····································································· 32
§10. 函数の極限値 ································································ 33
§11. 連続函数の性質 ····························································· 45
§12. 単　調　函　数 ····························································· 55
§13. 合　成　函　数 ····························································· 58
§14. 逆　函　数 ···································································· 63
　　問　題　2 ······································································ 64

## 第3章　初等函数
§15. 指　数　函　数 ····························································· 66
§16. 対　数　函　数 ····························································· 74
§17. 円弧の長さ ···································································· 76
§18. 三　角　函　数 ····························································· 78
§19. 逆三角函数 ···································································· 81
　　問　題　3 ······································································ 83

## 第4章 導函数

§20. 微分係数と導函数 ······················ 85
§21. 微分係数の幾何学的意味 ················· 88
§22. 導函数の計算法 ······················· 89
§23. 導函数の性質 ························ 97
§24. 高次導函数 ························· 104
§25. テイラーの定理 ······················ 107
  問　題　4 ··························· 114

## 第5章 導函数の応用

§26. 不定形の極限値 ······················ 117
§27. 函数の極大と極小 ···················· 125
§28. 曲線の凹凸 ························ 130
§29. 曲　率 ··························· 133
  問　題　5 ··························· 143

## 第6章 級　数

§30. 級　数 ··························· 147
§31. 正項級数 ·························· 149
§32. 絶対収束級数 ······················· 153
§33. ベキ級数 ·························· 156
§34. 初等函数の展開 ······················ 167
  問　題　6 ··························· 170

## 第7章 偏導函数

§35. 二変数函数 ························ 174
§36. 極　限　値 ························ 177
§37. 連　続　性 ························ 179
§38. 偏導函数 ·························· 182
§39. 全　微　分 ························ 184
§40. 合成函数の導函数 ···················· 188

§41. 高次偏導函数 ································································192
§42. テイラーの定理の拡張 ····················································197
　　　問　題　7 ································································199

# 第8章　偏導函数の応用

§43. 極大と極小 ···································································202
§44. 陰　函　数 ···································································207
§45. 変　数　変　換 ····························································217
§46. 包　絡　線 ···································································229
§47. 幾何学的応用 ·································································233
　　　問　題　8 ································································242

問　題　の　答 ······································································245
索　　　　引 ········································································251

# 第1章 実数の性質

## §1. 有理数

　物の個数および順序を表わすためには，自然数 1, 2, 3, … で十分であろう．この自然数の間では，加法と乗法とはつねに可能であって，その結果はただ一通りである．しかるに，減法は，大きい数から小さい数を引くときに限って可能である．そこで，減法がつねにできるようにするため，零 (0) と負の整数 $-1, -2, -3, \cdots$ を導入する．負の整数に対して，自然数のことを，正の整数という．整数
$$\cdots, -4, -3, -2, -1, 0, 1, 2, 3, 4, \cdots$$
の範囲内では，加減乗の三つの算法はつねに可能で，結果はただ一通りであるが，除法は必ずしも可能でない．それで，今度は分数を導入する必要が起る．

　**注意．** 分数 $\dfrac{m}{n}$ （あるいは，$m/n$) は整数の一対 $(m, n)$ で定義せられ，たとえば二つの正の分数 $m/n$ と $m'/n'$ の大小は，整数 $mn'$ と $m'n$ の大小で定義されるように，分数の性質は整数の性質から導かれる．

　零，正負の整数および正負の分数を総称して**有理数**(rational number)という．

　有理数の全体は大小の順序を持っている．すなわち次の三つの関係が成り立つ：

　（1）　$a \neq b$ とすれば，$a<b$ かまたは $a>b$ である；

　（2）　$a=b$ とすれば，$a<b$ でも $a>b$ でもない；

　（3）　$a<b$ で $b<c$ のとき，$a<c$ である．

　有理数の範囲内においては，除数 0 の割算を例外とすれば，加減乗除の四則演算はつねに可能で，その結果はただ一通りである．こうしてみると，四則演算がつねにできるためには，数の範囲は有理数までで十分なわけである．

　さらに有理数の全体は，整数の全体と違って次のような性質を持っている．$a$ と $b\,(a<b)$ を任意の二つの有理数とするとき，$a$ と $b$ との間には無限に多

くの有理数が存在する(これを有理数の**稠密性**という)．これを次に証明してみよう．

**証明．** $a$ と $b$ との算術平均 $c_1$ は明らかに有理数であって，$a<c_1<b$ である．次に $a$ と $c_1$ との算術平均 $c_2$ は，$a<c_2<c_1$ であるから，この方法を限りなく続けて行くことができる．

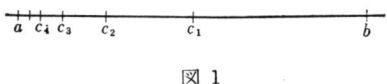

図 1

このように有理数は稠密性を持っているが，それにもかかわらず有理数だけでは，一辺の長さが1である正方形の対角線の長さを表わすことができない．換言すれば，方程式 $x^2=2$ を満足する有理数は存在しない．

**証明．** 仮に一つの有理数 $a$ があって $a^2=2$ とする．$a$ は $p, q$ を互いに素な整数として，$a=\dfrac{p}{q}$ と表わされるから，次の等式が成立する：$p^2=2q^2$．これから $p$ は偶数，すなわち $p=2p'$ ($p'$ は整数)．したがって $2p'^2=q^2$．よって $q$ もまた偶数．ゆえに，$p, q$ は共に偶数となって互いに素ということに反する．

このように，有理数だけでは時間，長さ，面積，体積というような量を測ることができない．

そこで数の範囲を拡張する必要が起って，$\sqrt{2}$，$\sqrt{3}$ および円周率 $\pi$ などのように**無理数**(irrational number)を新しく考える．

有理数と無理数とを総称して**実数**(real number)という．

## §2. 無　理　数

一対の整数 $(m, n)$ を材料として分数 $\dfrac{m}{n}$ を定義するのと同じような考えで，有理数を材料として実数を定義する仕方については，デデキント(R. Dedekind)，カントル(G. Cantor)などの実数論が著名である．しかしながらそれらの詳細を述べることは，遙かに本書の程度をこすと思われる．ここでは，デデキントが無理数をどのように考えたか，その一端をわかり易く説明してみよう．

$a$ を任意の有理数とするとき，$a$ によって，有理数の全体を次のように二つの組 $A_1, A_2$ に分けることができる．まず，$a$ よりも小なるおのおのの有理数を組 $A_1$ にいれ，$a$ よりも大なるおのおのの有理数を組 $A_2$ にいれる．次に，$a$ を任意に組 $A_1$ かまたは組 $A_2$ にいれる．$a$ が $A_1$ に属すれば $A_1$ の最大

## §2. 無理数

数であり，$a$ が $A_2$ に属すれば $A_2$ の最小数であることは明らかである．$a$ が $A_1$ に属するかまたは $A_2$ に属するかによって，組分けは二通りできるが，いずれにしても，$A_1$ の各数は $A_2$ の各数よりも小である．

逆に，有理数の全体が，$A_1$ のおのおのの数は $A_2$ のおのおのの数よりも小であるように，なんらかの方法で $A_1, A_2$ の二つの組に分けられたとき，$A_1$ に最大数があるかまたは $A_2$ に最小数があるか，その二つの場合しか起らないであろうか．

この問題の答は否定的である．それには反例を作ってみればよい．

2乗が2よりも大きいすべての正の有理数を組 $A_2$ にいれ，その他のすべての有理数を組 $A_1$ にいれる．明らかに組 $A_1$ のおのおのの数は組 $A_2$ のおのおのの数よりも小である．次に，組 $A_1$ に最大数なく，かつ組 $A_2$ に最小数のないことを証明する．まず，すでに述べたように，いかなる有理数の2乗も2に等しくはなれないことに注意する．仮に，$m$ を組 $A_1$ の最大数とすれば（明らかに $m>1$），$\varepsilon$ を1よりも小なる任意の正の有理数とするとき，$m+\varepsilon$ は組 $A_2$ に属するから

$$m^2 < 2 < (m+\varepsilon)^2,$$

ゆえに $\qquad 2 - m^2 < 2m\varepsilon + \varepsilon^2 < 2m\varepsilon + \varepsilon = (2m+1)\varepsilon,$

ゆえに $\qquad \dfrac{2-m^2}{2m+1} < \varepsilon.$

これは1よりも小なる任意の正の有理数 $\varepsilon$ が一定の正の有理数 $\dfrac{2-m^2}{2m+1}$ よりも大なることを示すから不合理である．組 $A_2$ に最小数のないことも同様に証明できる．

有理数の全体が，$A_1$ のおのおのの数は $A_2$ のおのおのの数よりも小であるように，なんらかの方法で $A_1, A_2$ の二つの組に分けられたとき，この組分けを有理数の**切断**(cut)といい，これを $(A_1, A_2)$ で表わす．$A_1$ を切断 $(A_1, A_2)$ の**下組**，$A_2$ をその**上組**という．有理数の切断 $(A_1, A_2)$ について，

I．下組 $A_1$ に最大数があって，上組 $A_2$ に最小数がない；

II．下組 $A_1$ に最大数がなく，上組 $A_2$ に最小数がある；

III．下組 $A_1$ に最大数がなく，上組 $A_2$ に最小数がない

第1章 実 数 の 性 質

という三つの場合の起ることはすでにその実例を見ている.

**注意.** 論理上は，下組に最大数 $a$ があり，上組に最小数 $b$ がある場合 IV が考えられるが，たとえば $\frac{1}{2}(a+b)$ は上組にも下組にも属さないことになるから，場合 IV は実際（数学的）には起らない.

有理数の切断 I, II を**有理切断**という．実際，切断 I および II はそれぞれ下組の最大数および上組の最小数である有理数によって作られるからである．これに反して，切断 III を**無理切断**といい，おのおのの無理切断 III に対して，われわれは一つの**無理数** $\alpha$ を添えて，$\alpha$ は下組 $A_1$ のおのおのの有理数よりも大きく，上組 $A_2$ のおのおのの有理数よりも小さいと約束する．

二つの無理数 $\alpha, \beta$ が与えられたとき，対応する切断 $(A_1, A_2)$ と $(B_1, B_2)$ とが同一であるとき，かつそのときに限って $\alpha = \beta$ と定める．$\alpha \neq \beta$ のとき，もし上組 $A_2$ と下組 $B_1$ が共通の有理数を含むならば $\alpha < \beta$ と定める．

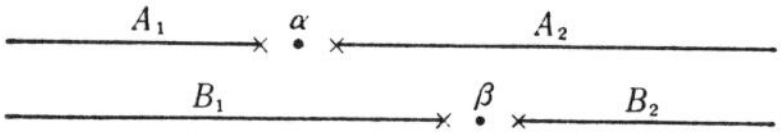

図 2

前にも述べたように，有理数と無理数とを総称して**実数**という．

**定理 2.1.** 二つの相異なる実数の間には無限に多くの有理数が存在する．

**証明.** 二つとも無理数の場合に証明すれば十分であろう．無理数 $\alpha, \beta$ にはそれぞれ無理切断 $(A_1, A_2), (B_1, B_2)$ が対応するものとしよう．$\alpha < \beta$ とすれば，上組 $A_2$ と下組 $B_1$ に同時に含まれる有理数 $r$ がある．$A_2$ には最小数がないから，$r$ よりも小でしかも $A_2$ に属する有理数 $r'$ がある．この $r'$ は明らかに $B_1$ にも属する．したがって，$A_2$ と $B_1$ に同時に含まれる有理数は無限に多くあることがわかる．このような有理数 $r^*$ に対しては $\alpha < r^* < \beta$ が成立する．

ここで実数の四則演算について少しばかり触れておこう．

**加法.** 有理数 $a$ と無理数 $\alpha$ の和は次のように考える．$\alpha$ に対応する切断の下組 $A_1$, 上組 $A_2$ のそれぞれに属する数を $a_1, a_2$ で表わし，$a+a_1$ の形の数の全体を $B_1$, $a+a_2$ の形の数の全体を $B_2$ とすれば，切断 $(B_1, B_2)$ は一つの無理数 $\gamma$ を定める このとき，$\gamma = a + \alpha$ と定める．

## §2. 無理数

　二つの無理数 $\alpha, \beta$ の和は次のように定義される．対応する切断を $(A_1, A_2)$, $(B_1, B_2)$ とし，$A_2$ のおのおのの数 $a_2$ と $B_2$ のおのおのの数 $b_2$ の和 $a_2+b_2$ の形の有理数の全体を $C_2$ とし，それ以外の有理数の全体を $C_1$ とする．この組分けは明らかに一つの有理数の切断となる．切断 $(C_1, C_2)$ に対応する実数を $\gamma$ とするとき，$\alpha+\beta=\gamma$ と定める．

**減法．** 有理数の切断 $(A_1, A_2)$ に対して，$A_1$ のおのおのの数 $a_1$ を $-a_1$ でおき換えた全体を $B_2$，$A_2$ のおのおのの数 $a_2$ を $-a_2$ でおき換えた全体を $B_1$ とすれば，この組分けは明らかに一つの切断 $(B_1, B_2)$ となる．$(A_1, A_2)$ が有理数 $a$ によってできる切断であるとき，$(B_1, B_2)$ が有理数 $-a$ によってできることは明らかであろう．われわれは無理数 $\alpha$ が切断 $(A_1, A_2)$ で定まるとき，$-\alpha$ を切断 $(B_1, B_2)$ で定まる無理数で定義する．その上で，二つの実数 $\alpha, \beta$ の差 $\alpha-\beta$ は $\alpha+(-\beta)$ と定める．

**乗法．** $a$ を正の有理数，$\alpha$ を正の無理数とする．いま $\alpha$ を定める切断 $(A_1, A_2)$ の上組 $A_2$ のおのおのの数を $a_2$ とし，$aa_2$ の形の有理数の全体を $B_2$ で表わし，それ以外の有理数の全体を $B_1$ で表わす．切断 $(B_1, B_2)$ は正の無理数 $\gamma$ を定める．われわれは $a\alpha=\gamma$ と定義する．次に $\alpha, \beta$ を二つの正の無理数とし，それらに対応する切断をそれぞれ $(A_1, A_2), (B_1, B_2)$ とする．$A_2$ のおのおのの数を $a_2$，$B_2$ のおのおのの数を $b_2$ とし，$a_2 b_2$ の形の有理数の全体を $C_2$ で表わし，それ以外の有理数の全体を $C_1$ で表わす．この切断 $(C_1, C_2)$ で定まる実数 $\gamma$ を $\alpha$ と $\beta$ の積 $\alpha\beta$ と定義する．二つの正の実数の積が定義されたが，0 と異なる二つの実数の積は，よく知られた約束で符号を定める．さらに，$0\alpha=\alpha 0=0$ と定めることはいうまでもない．

**除法．** $\alpha$ を正の無理数とする．$\alpha$ を定める切断 $(A_1, A_2)$ の下組には正の有理数が含まれている．今度は $A_1$ に属する正の有理数を $a_1$ とし，$\dfrac{1}{a_1}$ の形の有理数の全体を $B_2$，それ以外の有理数の全体を $B_1$ とすれば，切断 $(B_1, B_2)$ は正の無理数 $\gamma$ を定める．われわれは $\gamma=\dfrac{1}{\alpha}$ と定義する．二つの正の実数 $\alpha, \beta$ の商 $\dfrac{\alpha}{\beta}$ は積 $\alpha\cdot\dfrac{1}{\beta}$ と定めればよい．$\alpha \neq 0$, $\beta \neq 0$ のとき $\dfrac{\alpha}{\beta}$ の符号の約束はよく知られているようにし，$\beta \neq 0$ のとき $\dfrac{0}{\beta}=0$ と定める．

**注意．** 有理数の除法において，除数 0 の割算を例外としたように，実数の除法においても除数 0 の割算を定義しない．

## §3. 実数の性質

実数の性質の主要な点を述べてみよう．

まず，二つの実数 $a, b$ を考えると，$a=b$ か，$a<b$ か，または $b<a$ かのいずれか一つが必ず成り立ち，いずれの二つも両立しない．また三つの実数 $a, b, c$ があって，$a<b$ かつ $b<c$ とすれば，必ず $a<c$ となる．すなわち，実数は大小の順序を持っている．

次に実数の範囲内で，加減乗除の四則演算は，除数 0 の割算を例外とすればつねに可能でその結果はただ一通りである．

また実数の四則に対して，次のような計算法則が成り立つ．

（1） 交換法則　$a+b=b+a$, $ab=ba$;

（2） 結合法則　$(a+b)+c=a+(b+c)$, $(ab)c=a(bc)$;

（3） 配分法則　$(a+b)c=ac+bc$.

さらに，減法および除法は，それぞれ加法および乗法の逆算法である．実際 $a+x=b$ を満足する実数 $x$ は必ず存在してただ一つ $b-a$ である．また $a \neq 0$ なるとき，$ax=b$ を満足する実数 $x$ は必ず存在してただ一つである．すなわち $x=\dfrac{b}{a}$.

**例 1.** 無理数は無限に多く存在することを証明してみよう．

まず，$\alpha$ を一つの無理数とする．$a$ を任意の有理数とすれば，$\alpha+a$ なる形の数 $b$ は必ず無理数である．したがって，$\alpha$ を固定して，$a=1, 2, 3, \cdots$ とおいてみればわかるように無理数も有理数と同様に無限に多くあることがわかる．

**例 2.** 除法の一意性（結果がただ一通りであること）を使って実数 $a, b$ があって $ab=0$ であるとき，$a$ か $b$ の少なくとも一方は 0 であることを証明しよう．

まず，$b$ が 0 のときは明らかに $ab=0$ である．次に除法の一意性から，$a \neq 0$ の場合には，$ab=0$ を満足する $b$ はただ一つに限られる．したがって，$b=0$ であるより仕方がない．

**定理 3.1.** 二つの相異なる実数の間に無限に多くの無理数が存在する．

**証明．** $\alpha, \beta$ $(\alpha<\beta)$ を二つの実数とし，$\gamma$ を一つの無理数とする．まず，

## §3. 実数の性質

$$\alpha-r<\beta-r$$

に注意する(問題 2)．定理 2.1 によれば

$$\alpha-r<r'<\beta-r$$

を満足する有理数 $r'$ は無限に多くある．したがって

$$\alpha<r'+r<\beta$$

を満足する無理数 $r'+r$ は無限に多くある．

有理数の稠密性に相当して，実数は次のような性質を持つ．"二つの相異なる任意の実数 $a,b$ $(a<b)$ の間には，無限に多くの有理数と，無限に多くの無理数とがある"．さらにはっきりいえば，$a<x<b$ という不等式を満足する無限に多くの有理数 $x$ と，無限に多くの無理数 $x$ とがある．この性質を実数の**稠密性**と呼んでいる．

以上の実数の性質は，ともかくも有理数がすでに同様な性質を持っていた．しかしながら，実数の最も重要な性質は，これから述べようとする実数の**連続性**(continuity)と呼ばれる(有理数にはない)性質である．

**注意．** 極限に関する定理が有理数の範囲では成立しないで，実数にまで数の範囲を拡げることによって初めて成り立つのは，実数の連続性によるのである．実数の連続性を述べる方法はいろいろあるが，ここではデデキントにしたがうことにする．

実数の連続性というのは，次の事実が成立することである．

**定理 2.3.** 実数の全体がなんらかの方法で二つの組 $A_1$ および $A_2$ に分けられて，$A_1$ のおのおのの数は $A_2$ のおのおのの数よりも小であるとすれば，必ずただ一つの実数 $a$ が存在して，$a$ よりも小なるおのおのの数は $A_1$ に属し，かつ $a$ よりも大なるおのおのの数は $A_2$ に属する．$a$ が $A_1$ に属すれば下組 $A_1$ の最大数であり，$a$ が $A_2$ に属すれば上組 $A_2$ の最小数である．

**注意．** 実数の切断 $(A_1, A_2)$ においては，有理数の切断 III に相当するものがないということが実数の連続性であるというのである．

**証明．** まず，かかる実数 $a$ が存在するとしてもただ一つであることは，実数の稠密性から明らかであろう．そこで今度はその存在を証明する．$A_1$ に属する有理数 $\bar{a}_1$ の全体を $\bar{A}_1$ とし，$A_2$ に属する有理数 $\bar{a}_2$ の全体を $\bar{A}_2$ で表わせば，この組分けによって，有理数の切断 $(\bar{A}_1, \bar{A}_2)$ が得られる．有理数の切断 $(\bar{A}_1, \bar{A}_2)$ に対応する(を定義する)実数(有理数また

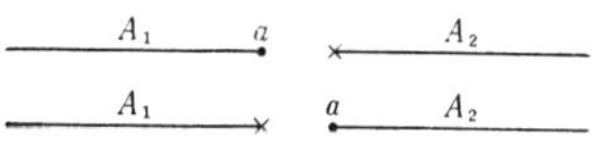

図 3

は無理数)を $a$ とすれば，$a$ は定理の条件を満足することが，次のようにして分る．$b$ を $a$ と異なる任意の実数とする．まず，$b<a$ とすれば，実数の稠密性によって，$b<\bar{r}<a$ を満足する無限に多くの有理数 $\bar{r}$ がある．このような $\bar{r}$ は $\overline{A_1}$ に属するから，$\bar{r}$ は $A_1$ に属し，$b<\bar{r}$ より $b$ もまた $A_1$ に属する．次に，$a<b$ とすれば，$a<\bar{r}<b$ を満足する無限に多くの有理数 $\bar{r}$ がある．このような $\bar{r}$ は $\overline{A_2}$ に属するから，前の場合と同様に，$b$ もまた $A_2$ に属する．

## §4. 数　直　線

直線 $L$ 上に任意に二点 O および E を (E は O の右に) えらび，点 O および E にそれぞれ 0 および 1 を対応させる．$m$ および $n$ を正の整数とし，線分 OE の長さの $m$ 倍を $n$ 等分した長さを求め，O から左および右に，この長さの距離にある二点をしるし，これらの二点をそれぞれ有理数 $-\dfrac{m}{n}$ および $\dfrac{m}{n}$ に対応させる．こうすれば，おのおのの有理数 $r$ には直線 $L$ 上のただ一つの点 R が対応する．この R のことを $r$ の像点または簡単に点 $r$ という．いま，$r$ および $r'$ を有理数とし，それらの像をそれぞれ R および R' とすれば，$r'>r$ または $r'<r$ にしたがって，R' は R の右または左にある．有理数 $r$ の像 R を**有理点**という．たとえば，OE を一辺とする正方形の対角線の長さに等しく OJ をとれば，J は有理点ではない．かかる点のことを**無理点**という．

一般に，無理点 J は有理点の全体を二組に分ける．J の左方にあるすべての有理点を左組に，J の右方にあるすべての有理点を右組に入れると，左組のおのおのの有理点は右組のおのおのの有理点の左にある．したがって，おのおのの有理点を，それが像になっているもとの有理数でおき換えれば，明らかに一つの有理数の切断がえられる．この切断が定める実数を $\alpha$ とすれば，$\alpha$ は無理数である．なぜならば，明らかに任意の有理点と J の間になお他の有理点が存在し，左組に最も右にある有理点なく，右組に最も左にある有理点がないからである．われわれは，点 J を無理数 $\alpha$ の像と定める．こうすれば，直

## §4. 数直線

線 $L$ 上の各点 P は一つの実数 $x$ の像である．この実数 $x$ のことを，原点 O および単位点 E に関する点 P の座標という．二点 $P_1$ および $P_2$ が相異なるとき，座標 $x_1$ および $x_2$ は相異なり，かつ $x_2 > x_1$ または $x_2 < x_1$ にしたがって，$P_2$ は $P_1$ の右または左にある（これは任意の二点の間に有理点が存在することからわかる）．

さて，おのおのの無理数には，これを座標とする点が必ず存在するであろうか．像を持たないような無理数 $\alpha$ があれば，直線上のすべての点を次のように二組に分けることができる：座標が $\alpha$ よりも小であるような点を左組に，座標が $\alpha$ よりも大であるような点を右組に入れる．

こうすれば，左組の各点は右組の各点よりも左にあって，左組には最も右の点がなく，かつ，右組には最も左の点がない（なぜならば，実数の稠密性により二つの実数の間に有理数が存在するからである）．

そこで，われわれは次の仮定をもうける：このように直線上の点の全体を二組に分けることは不可能である．換言すれば，"直線上の点の全体が左組の各点は右組の各点よりも左にあるように分けられた場合には，左組に最も右の点があるかまたは右組に最も左の点がある"というのである．これを証明することはできないが，直線はこのような点の集りからできているものと承認するわけである．デデキントは直線の連続性の本体をこのようにつかんでいる．これを**直線の連続性の公理**という．

この公理によれば，任意に無理数を与えたとき，それを座標とする点が直線上に存在する．したがって，前に述べた対応によって，実数の全体と直線上の点の全体との間に一対一の対応がつけられる．すなわち，おのおのの実数は直線上に一つの定まった像を持ち，直線上のおのおのの点は一つの定まった座標を持つ．

以上の説明によって，実数を直線上の点で表わすことが可能となった．数を直線上の点で表わし，数の間の関係を直観的に説明するために使用する直線を**数直線**という．

**注意.** すでに述べたように数の範囲を有理数までとすれば，連続な量を数で表わすのに不十分であることから，数の範囲を拡張する必要が起る．デデキントは連続量（長さ，

時間など)の連続性の本体をよくつかんで，連続性の公理をうちたて，しかる後に有理数の切断をもって新しい数(無理数)を導き，実数の範囲が連続であることを証明したのである．その詳細はデデキントの不朽の小冊子 Stetigkeit und irrationale Zahlen を読まれたい．必ずや感銘を与えられるであろう．また名著吉田洋一，零の発見(岩波新書)の後篇も必読されることをおすすめしたい．実数論をもっと詳細かつ厳密な形で学びたいかたは，拙著，極限論と集合論(岩波書店)を読まれたい．

**問 1.** 有理数の稠密性を数直線上で述べよ．
**問 2.** 実数の稠密性を数直線上で述べよ．

## §5. 集　合

数学においては集合という言葉は次のような意味で使われる．いくつかの(有限個とは限らない)物の集りを**集合**(set)というわけであるが，集合に属する物は互に異なっていること，およびいかなる物が今考えている集合に属するか否かが少なくとも理論上明確であることを必要とする．集合を形作る個々の物のことを集合の**要素**(element)という．

**例 1.** 10 個の自然数 $1, 2, 3, \cdots, 10$ からなる集り．
**例 2.** すべての自然数 $1, 2, 3, \cdots, n, \cdots$ から成る集り，すなわち自然数の全体．
**例 3.** 有理数の全体．
**例 4.** 有理数の切断 $(A_1, A_2)$ の下組 $A_1$ および上組 $A_2$．
**例 5.** 実数の全体．
**例 6.** $a, b \ (a < b)$ を二つの実数とするとき不等式 $a < x < b$ を満足する実数 $x$ の全体．

これらは，いずれも集合を形作る．

**注意.** 10 個の項から成る数列
$$1, 1, 2, 2, 3, 3, 4, 4, 5, 5$$
は 10 個の要素から成る集合ではない．(この数列の項に含まれる相異なる数 $1, 2, 3, 4, 5$ の全体は 5 個の要素から成る集合ではあるけれども．)また，日常語としては"背丈の十分高い人ばかりからなる集合"という表現も許されよう．しかしながら，"十分大きな実数ばかりからなる集り"というのでは数学では集合を形作るとは考えない．なぜならば，いかなる実数がこの集合に属するか否かが明確でないからである．

$a$ が集合 $A$ の要素であるとき，$a \in A$ で表わし，$a$ は $A$ に属するといい $a$ が集合 $A$ の要素でないとき，$a \notin A$ で表わす．二つの集合 $A, B$ があって集合 $A$ のおのおのの要素 $a$ が集合 $B$ に属する，すなわち

## §5. 集合

$$a \in A \text{ ならば } a \in B$$

のとき，$A$ を $B$ の **部分集合**（subset）といい，記号

(5.1) $\qquad A \subset B \text{ または } B \supset A$

で表わす．$A \subset B$ は $A$ は $B$ に含まれる，$B \supset A$ は $B$ は $A$ を含むと読む．$A$ が $B$ の部分集合であると同時に $B$ が $A$ の部分集合であるならば，$A$ と $B$ とは同一の要素ばかりから成る．すなわち

(5.2) $\qquad A \supset B \text{ かつ } B \subset A \text{ ならば } A = B.$

$A \subset B$ かつ $A \neq B$ であるとき，$A$ を $B$ の **真部分集合**（proper subset）という．集合 $A, B$ のいずれかに含まれる（相異なる）要素の全体を $A$ と $B$ との **合併集合**（union）といって，これを $A \cup B$ で表わす．次に，集合 $A, B$ に共通に含まれる要素の全体を $A$ と $B$ との **共通集合**（intersection）といって，これを $A \cap B$ で表わす．ここで注意を要することは，二つの集合 $A, B$ に共通に含まれる要素がないとき，$A \cap B$ は意味を持たないことになるであろう．このような不便を避けるために，われわれは要素を全然含まない **空集合**（empty set）なるものを便宜上考えることにし，これを $\emptyset$ で表わし，空集合 $\emptyset$ はすべての集合の部分集合と約束する．二つの集合 $A, B$ に共通な要素がないとき，$A \cap B = \emptyset$ と定めることは自然であろう．このようにすれば，任意に二つの集合 $A, B$ が与えられたとき常に $A \cap B$ は意味を持つことになる．

**例 7.** $A, B, C$ をそれぞれ不等式 $x^2 + y^2 \leq 1$，$(x-1)^2 + y^2 \leq 1$，$(x-3)^2 + y^2 \leq 1$ を満足するすべての点 $(x, y)$ の集合とすれば $A \cup B$，$A \cap B$，$A \cap C$ は図 4 のようになる．

二つの集合 $A, B$ があって，$A \supset B$ なるとき，$A$ の要素のうち $B$ に含まれないものを集めて得られる集合，すなわち，$A$ から $B$ のすべての要素をとりさった残りの集合を $A$ と $B$ との **差集合** といって，これを $A - B$ で表わす．また，$A - B$ のことを，$A$ に関する $B$ の **補集合** ともいう．明らかに，$A = B$ ならば $A - B$ は空集合となる．

**例 8.** すべての有理数の集合を $R$ とすれば，有理数の切断 $(A_1, A_2)$ の下組 $A_1$ と上組 $A_2$ とは互に $R$ に関して補集合である．すなわち，$A_2 = R - A_1$，$A_1 = R - A_2$．

二つの集合 $A, B$ があって，次のような対応がつけられたとする：

（ⅰ） この対応によれば，$A$ のおのおのの要素には $B$ の一つの要素が対応して，しかも，相異なる $A$ の要素には相異なる $B$ の要素が対応する；

（ⅱ） $B$ のいかなる要素も（ⅰ）の対応に洩れていない．

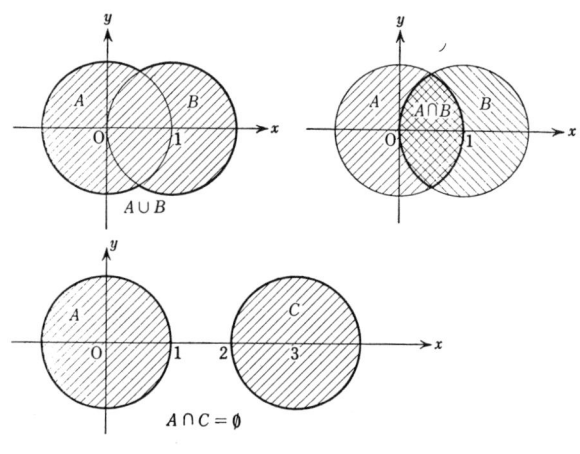

図 4

　この場合には，(i)，(ii) において $A$ と $B$ とを入れ換えても，やはり (i)，(ii) は成立する．

　この対応のことを**一対一対応**(one-to-one correspondence)という．

　集合 $A$ と集合 $B$ の間に一対一の対応が存在するとき，$A$ と $B$ とは互に**対等である**(equivalent)といい，$A \sim B$ または $B \sim A$ で表わす．次の法則の成立すること容易にわかるであろう：

$$A \sim A; \quad A \sim B \text{ ならば } B \sim A; \quad A \sim B, B \sim C \text{ ならば } A \sim C.$$

　$k$ をある一定の自然数とし，集合 $\{1, 2, \cdots, k\}$ と対等である集合を**有限集合**（または有限個の要素からなる集合）という．[1] 有限集合でない集合を**無限集合**という．有限集合について，次の二つの性質を承認しよう：

　1°．$A$ を任意の有限集合とすれば，

$$A \sim \{1, 2, \cdots, k\}$$

なる自然数 $k$ はただ一つに限られる．この $k$ のことを集合 $A$ の要素の**個数**という．

　2°．有限集合 $A$ の空集合でない部分集合 $A'$ はまた有限集合でしかも $A'$ の要素の個数は $A$ の要素の個数よりも大でない．とくに，$A'$ を $A$ の真部

---

1) 集合 $A$ が要素 $a, b, c, \cdots$ などからなるとき $A = \{a, b, c, \cdots\}$ で表わす．

分集合とすれば，$A'$ の要素の個数は $A$ の要素の個数よりも小である．

**定理 5.1.** すべての自然数の集合と対等である集合 $A$ は有限集合でない．

**証明．** 集合 $A$ は仮定によって，

$$\{a_1, a_2, \cdots, a_k, \cdots\} \quad (ただし\ h \neq k\ ならば\ a_h \neq a_k)$$

の形で表わされる．仮りに $A$ を有限集合とし，その要素の個数を $n$ とすれば，$2°$ によって，そのいかなる（空でない）部分集合も有限集合でかつその要素の個数は高々 $n$ である．しかるに，$A$ の部分集合

$$A' = \{a_1, a_2, \cdots, a_{n+1}\}$$

は自然数の集合 $\{1, 2, \cdots, n+1\}$ と対等になる．これは不合理である．

すべての自然数の集合と対等である集合を**可付番無限集合**（countably infinite set）という．

**例 9.** すべての自然数の集合を $A$，すべての偶数の集合を $B$ とする：

$$A = \{1, 2, 3, 4, \cdots, n, \cdots\},$$
$$B = \{2, 4, 6, 8, \cdots, 2n, \cdots\}.$$

$A$ のおのおのの要素 $n$ に $B$ の要素 $2n$ を対応させれば，$A$ と $B$ との間に一対一の対応がつけられる．したがって，$B$ もまた可付番無限集合である．同様に，すべての奇数の集合も可付番無限集合である．この例はまた，無限集合は（有限集合と事情を異にして）自分の真部分集合と対等になり得ることを示している．

**定理 5.2.** 任意の無限集合は必ず可付番無限の部分集合を持つ．

**証明．** $A$ を無限集合とする．まず最初に，$A$ から任意に一つの要素を取り，これを $a_1$ とする．次に $A$ から要素 $a_1$ を取り去った残り $A - \{a_1\}$ から任意に一つの要素を取り，これを $a_2$ とする．この方法を限りなく続けることができる．もしそうでないとすれば，$n$ をある自然数として $A - \{a_1, a_2, \cdots, a_n\}$ は空集合となり，したがって $A = \{a_1, a_2, \cdots, a_n\} \sim \{1, 2, \cdots, n\}$ となるであろう．$A$ より取り出した要素の全体

$$\{a_1, a_2, \cdots, a_n, \cdots\}$$

は $A$ の一つの可付番無限な部分集合を作ることは明らかである．

**定理 5.3.** 任意の無限集合は必ず自分と対等な真部分集合を持つ．

**証明．** 定理 5.2 によれば，無限集合 $A$ は可付番無限の部分集合 $A'$ を持つ：

$$A' = \{a_1, a_2, a_3, \cdots, a_n, \cdots\}.$$

$A$ に関する $A'$ の補集合を $C$ とする．すなわち，$A = A' \cup C$. $C$ は空集合であっても差支えない．次に $A'$ から要素 $a_1$ を取り去った残り，すなわち，$A' - \{a_1\}$ を $B'$ とする：

$$B' = \{a_2, a_3, a_4, \cdots, a_{n+1}, \cdots\}.$$

$B'$ と $C$ との合併集合を $B$ とすれば，$B = B' \cup C$. $B$ は明らかに $A$ の真部分集合である．いま，おのおのの $a_n \in A'$ に $a_{n+1} \in B'$ を対応させ，$C \neq \emptyset$ のときは $C$ のおのおのの要素に自分自身を対応させれば，合併集合 $A = A' \cup C$ と $B = B' \cup C$ の間に一対一の対応がつけられる．

**例 10.** 平面上に適当に直交軸 $OX$, $OY$ をとり，平面上の各点 P をその座標 $(x, y)$ で表わしたとき，$x, y$ がともに整数であるならば，これを**格子点**，$x, y$ がともに有理数であるならば，これを**有理点**という．原点 $O$ から出発して，図5に示したように，太線に沿って格子点に

$$P_1, P_2, \cdots, P_n, \cdots$$

と番号を付けて行けば，平面上の格子点のすべての集合は可付番無限集合であることがわかる．

**定理 5.4.** すべての有理数の集合は可付番無限集合である．

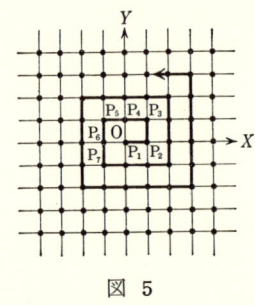

図 5

**証明．** 正の有理数 $r$ は既約分数 $\dfrac{m}{n}$（ただし $m, n$ は自然数）としてただ一通りに表わされる．おのおのの有理数 $r = \dfrac{m}{n}$ に格子点 $(m, n)$ を対応させれば，正の有理数のすべてから成る集合 $R^+$ は無限集合であって，かつ可付番無限な格子点の集合（例 10）のある部分集合と一対一の対応がつけられる．

したがって，$R^+$ は可付番無限集合である：

$$R^+ = \{a_1, a_2, \cdots, a_n, \cdots\}.$$

また，負の有理数のすべての集合を $R^-$ とすれば，

$$R^- = \{-a_1, -a_2, \cdots, -a_n, \cdots\}.$$

明らかに有理数の全体 $R$ は $R = \{0\} \cup R^+ \cup R^-$ であるから，$R$ のすべて

の要素を

$$0, a_1, -a_1, a_2, -a_2, \cdots, a_n, -a_n, \cdots$$

の順に並べることができる．ゆえに $R$ は可付番無限集合である．

**注意．** すべての実数の集合は可付番無限であろうかという問題が当然おこる．この問題の答が否定的であることは §7 で学ぶであろう．

**問 1．** 可付番無限集合 $A$ の無限部分集合は可付番無限であることを証明せよ．

**問 2．** $A$ を高々可付番無限集合，$B$ を無限集合とすれば，$A \cup B$ と $B$ とは対等であることを証明せよ．

(注) 有限および可付番無限の集合を総称して**高々可付番無限である**集合という．

**問 3．** $0<x<1$ を満足する実数 $x$ の集合を $A$, $a<y<b$ を満足する実数 $y$ の集合を $B$ とすれば，$A \sim B$ であることを証明せよ．

## §6. 実数の集合

実数から成る任意の(有限または無限)集合を $M$ とする．$M$ のいかなる数を $x$ としても $x \leq a$ $(a \leq x)$ なるとき，$M$ は**上に有界**(**下に有界**)といい，$a$ のことを $M$ の一つの**上界**(**下界**)という．$a$ が $M$ の上界(下界)ならば，$a<a'$ $(a>a')$ なる $a'$ はすべて $M$ の上界(下界)である．また $M$ が上下に有界であるときは，単に $M$ は**有界**(bounded)という．また集合 $M$ のなかに一つの数 $\alpha$ があって，$M$ のおのおのの数より小(大)でないとき，$\alpha$ を $M$ の**最大数**(**最小数**)という．

**定理 6.1.** $M$ が上に有界ならば，最小な上界が存在する．これと対称に，$M$ が下に有界ならば最大な下界が存在する．

最小な上界を $M$ の**上限**(the least upper bound, supremum)といい，最大な下界を $M$ の**下限**(the greatest lower bound, infimum)という．

**証明．** 上限についても全く同様であるから，下限について証明しよう．すべての $M$ の下界の集合を $A_1$，残りのすべての実数の集合を $A_2$ とすれば，$A_1$ 組のおのおのの数は $A_2$ 組のおのおのの数よりも小である．実数の連続性によって，この組分けを定義する実数 $\alpha$ が存在する．この $\alpha$ は $A_1$ の最大数か，または $A_2$ の最小数である．いま仮に，$\alpha$ を $A_2$ の最小数とすれば $\alpha$ は $A_2$ に属することとなり $\alpha$ は下界でないから，$x<\alpha$ なる $M$ の一つの数 $x$ があ

る．また他方において，実数の稠密性から，$x<\alpha'<\alpha$ なる一つの実数 $\alpha'$ がある．$\alpha'$ は $M$ の下界でないから $A_2$ に属し，しかも $\alpha$ よりも小である．これは $\alpha$ が $A_2$ の最小数であるということに矛盾する．したがって，$\alpha$ は $A_1$ の最大数である．

**注意．** 集合 $M$ の中に最大数(最小数)が存在するならば，これは明らかに $M$ の上限(下限)であり，逆にもし $M$ の上限(下限)が $M$ に属するならば，明らかに $M$ の最大数(最小数)であるが，$M$ の上限(下限)は必ずしも $M$ に属さないことは特に注意を要する．

**例 1.** $M$ を，$0<x<1$ を満足するすべての実数 $x$ の集合とすれば，明らかに $M$ の上限は 1，下限は 0 である．この上限および下限は $M$ に属さない．

**例 2.** $n$ を自然数とし，

$$1, \frac{1}{2}, \frac{1}{3}, \cdots, \frac{1}{n}, \cdots$$

の形作る無限集合を $M$ とすれば，1は $M$ の上限であってかつ $M$ の最大数であるが，これに反して 0 は $M$ の下限であるが $M$ の最小数ではない．

**定理 6.2.** 一つの実数 $G$ $(g)$ が集合 $M$ の上限(下限)であるための必要かつ十分な条件は次の (1) と (2) が成立することである：

（1） $M$ のいかなる数を $x$ としても

$$x \leqq G \ (g \leqq x),$$

（2） 任意に小さい正数 $\varepsilon$ に対して

$$x > G - \varepsilon \ (g + \varepsilon > x)$$

を満足する少なくとも一つの $M$ の数 $x$ がある．

**定理 6.3.** $M$ の下限 $g$ および上限 $G$ が存在するものとする．このとき

$$g \leqq G$$

であって，等号は $M$ がただ一つの数から成るときに限る．

定理 6.2, 6.3 は上限および下限の定義からの直接の結果であるから，証明は省略する．

**定理 6.4.** 二つの実数の集合 $A, B$ があって，$A \subset B$ とする．それらの上限を $G_A, G_B$，下限を $g_A, g_B$ で表わす(それらの存在は仮定する)とき，

(6.1) $\qquad\qquad G_A \leqq G_B, \ g_A \geqq g_B$

である．

**証明.** $G_B$ は $B$ の上界, $A \subset B$ であるから, 明らかに $G_B$ は $A$ の上界である. $G_A$ は $A$ の最小上界であるから, $G_A \leq G_B$. 同様にして $g_A \geq g_B$ なることがわかる.

**問 1.** $(x, y)$ 平面上で
$$x^2 + y^2 \leq 1, \quad \text{ただし} \quad (x, y) \neq (1, 0)$$
を満足する点 $Q(x, y)$ のすべてから成る集合を $A$ とする. 一定点 $P(2, 0)$ と点 $Q(x, y)$ の距離 $\rho$ はいうまでもなく $\sqrt{(x-2)^2 + y^2}$ で与えられる. $A$ のすべての点 Q と P との距離 $\rho$ の(相異なる値の)集合を $M$ とする. このとき,

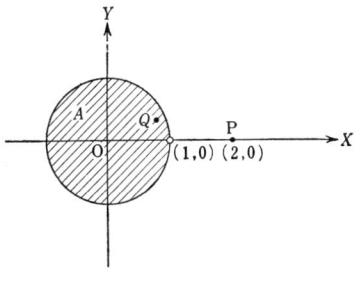

図 6

(1) $M$ は有界な集合である,
(2) 3 は $M$ の上限でかつ $M$ の最大数である,
(3) 1 は $M$ の下限であるが, $M$ の最小数ではない.

以上のことを証明せよ.

**問 2.** 長方形 $R: 0 < x < 3, 0 < y < 4$ 内の二点 P, Q の距離 $\rho$ (線分 PQ の長さ, P と Q とが同じ点のときは $\rho = 0$ と考える)の相異なる値のすべての集合を $M$ とする. このとき, $M$ の上限は 5 であるが, 5 は $M$ の最大数ではないことを証明せよ.

## §7. 数列の極限値

自然数のすべてから成る集合を $N$ とし, $N$ のおのおのの要素 $n$ に一つの実数 $a_n$ が対応するとき,

(7.1) $\qquad a_1, a_2, a_3, \cdots, a_n, \cdots$

と並べたものを**数列**という.[1] この数列を表わすのに簡単に記号 $a_n (n = 1, 2, \cdots)$ または $\{a_n\}$ を用いる. またおのおのの $a_n$ のことをこの数列の第 $n$ 項という. 数列 $\{a_n\}$ の相異なる数値 $a_n$ のすべての集合, すなわち, 数列 $\{a_n\}$ の項に含まれる相異なる実数のすべての集合を数列 $\{a_n\}$ の作る集合という. 数列 $\{a_n\}$ の作る集合は有限集合であり得る. たとえば, すべての $n$ に対して

---

1) 厳密には実数列というべきであるが, 本書では複素数を取り扱わないので単に数列と呼ぶことにしよう.

$a_n=1$ とすれば，$\{a_n\}$ の作る集合は 1 ばかりから成る．今後，数列 $\{a_n\}$ の上に有界，下に有界，有界などの言葉は，$\{a_n\}$ の作る集合がそうであることを意味する．

実数 $x$ を数直線（$OX$ 軸）上の点 $x$ で表わすとき，数列 (7.1) のことを**点列**という．

数列 $\{a_n\}$ が与えられたとする．このとき，もし一つの実数 $c$ があって，任意の正数 $\varepsilon$ に対して，適当に自然数 $N$ を定めて，$N \leqq n$ ならば常に

(7.2) $$|a_n-c|<\varepsilon$$

が成立するようにできるならば，数列 $\{a_n\}$ は**極限値**(limiting value) $c$ を持つといい，これを

(7.3) $$\lim_{n\to\infty} a_n = c \quad (\text{または } n\to\infty \text{ のとき，} a_n\to c)$$

で表わす．

**例 1.** $$\lim_{n\to\infty} \frac{1+2+\cdots+n}{n^2} = \frac{1}{2}.$$

なぜならば

$$\frac{1+2+\cdots+n}{n^2} = \frac{n+1}{2n};$$

$$\left|\frac{n+1}{2n}-\frac{1}{2}\right| = \frac{1}{2n} < \varepsilon$$

となるためには $n > \dfrac{1}{2\varepsilon}$ ととればよい．したがって $N=\left[\dfrac{1}{2\varepsilon}\right]+1$ とすればよい．ここに $\left[\dfrac{1}{2\varepsilon}\right]$ は $\dfrac{1}{2\varepsilon}$ をこえない最大整数を表わす．

任意の正数 $G$ に対して，適当に自然数 $N$ を定めて，$N \leqq n$ ならば常に

(7.4) $$a_n > G$$

が成立するようにできるならば，数列 $\{a_n\}$ の極限値は $+\infty$（プラス無限大と読む）であるといって，これを

(7.5) $$\lim_{n\to\infty} a_n = +\infty$$

で表わす．[1] これと対称に，任意の正数 $G$ に対して，適当に自然数 $N$ を定めて，$N \leqq n$ ならば常に

---

1) $+\infty$ の代りに $\infty$ とも書く．

(7.6) $$a_n < -G$$

が成立するようにできるならば，数列 $\{a_n\}$ の極限値は $-\infty$（マイナス無限大と読む）といって，これを

(7.7) $$\lim_{n\to\infty} a_n = -\infty$$

で表わす．

**例 2.** $a_n = n^2 \, (n=1, 2, \cdots)$ とすれば $\lim_{n\to\infty} a_n = \infty$,

また， $a_n = -n^2 \, (n=1, 2, \cdots)$ とすれば $\lim_{n\to\infty} a_n = -\infty$.

**注意．** $\lim_{n\to\infty} a_n = \infty$ または $\lim_{n\to\infty} a_n = -\infty$ というのは，数列 $a_n \, (n=1, 2, \cdots)$ の項 $a_n$ が $n$ が限りなく増大するときのある状態を簡単に表わす標語である．

記号 $+\infty, -\infty$ は本来の数ではない．しかし，便宜上 $+\infty, -\infty$ も数と呼ぶことにし，これに対して従来の実数 $a$ のことを有限な（実）数といい，大小関係 $-\infty < a < +\infty$ だけは約束する．実数を数直線上の点で表わすことは前に述べたが，われわれは $-\infty, +\infty$ に対応する点なるものは考えない．

実数 $x$ を $OX$ 軸上の点 $x$ で表わしたとき，数列 $\{a_n\}$ には点列 $\{a_n\}$ が対応する． $\varepsilon$ を正数とし，$|x-c|<\varepsilon$ を満足するすべての点 $x$ の集合を**開区間** $(c-\varepsilon, c+\varepsilon)$ という． $\varepsilon$ をどのような小さい正数としても，自然数 $N$ を適当に定めれば，$N \leqq n$ なる限り点 $a_n$ が開区間 $(c-\varepsilon, c+\varepsilon)$ に属するようにできる，すなわち (7.2) が成立するとき，点 $c$ のことを点列 $\{a_n\}$ の**極限点**という．

**定理 7.1.** 数列 $\{a_n\}$ の極限値は存在するとしてもただ一つである．

**証明．** $\lim_{n\to\infty} a_n = c$（有限）, $\lim_{n\to\infty} a_n = +\infty$, $\lim_{n\to\infty} a_n = -\infty$

のどの二つも両立しないことは定義から明らかであろう．したがって，$\lim_{n\to\infty} a_n = c$, $\lim_{n\to\infty} a_n = c' \, (c \neq c')$ が両立しないことを示せばよい．いま $|c-c'|=3\varepsilon$ とおく．ある自然数 $N$ に対して $N \leqq n$ ならば $|a_n - c| < \varepsilon$, 同様に，ある自然数 $N'$ に対して $N' \leqq n$ ならば $|a_n - c'| < \varepsilon$ が成立する． $n$ を $N, N'$ のどちらよりも大きくとれば，

$$|c-c'| = |c-a_n + a_n - c'| \leqq |c-a_n| + |a_n - c'| \leqq 2\varepsilon.$$

これは不都合である．

**定理 7.2.** 数列 $a_n \, (n=1, 2, \cdots)$ が単調増加（単調減少），すなわち

$$a_1 \leqq a_2 \leqq \cdots \leqq a_n \leqq \cdots \quad (a_1 \geqq a_2 \geqq \cdots \geqq a_n \geqq \cdots)$$

であって，上に有界(下に有界)であるならば，この数列は有限な極限値を持つ．

**証明．** 同様であるから，単調増加の場合だけを考える．数列 $a_n$ $(n=1,2,\cdots)$ は上に有界であるから，定理 6.1 によって最小な上界(すなわち上限)$c$ が存在する．$\varepsilon$ を任意の正数としたとき，少なくとも一つの自然数 $N$ に対して $c-\varepsilon < a_N$，かつすべての $n$ に対して $a_n \leqq c$ である．数列 $a_n$ $(n=1,2,\cdots)$ は単調増加であるから，$n \geqq N$ なるすべての $n$ に対して $c-\varepsilon < a_n \leqq c$．ゆえに $\lim_{n\to\infty} a_n = c$．

ここで，われわれは任意の数列は常に極限値を持つとは限らないことに注意しよう．

**例 3．** 数列

(7.8) $$a_n = \frac{1}{2}\{1+(-1)^n\} \quad (n=1,2,3,\cdots)$$

は，$n$ が奇数のとき $a_n=0$，$n$ が偶数のとき $a_n=1$ であるから，明らかに極限値を持たない．

今度は，任意に一つの数列 $\{a_n\}$ が与えられたとしよう．このとき次のような考察を試みる．

Ⅰ．$\{a_n\}$ が上界を持たない場合には

$\{a_n\}$ の**最大極限値**(lim sup)は $+\infty$ であるといって，

(7.9) $$\overline{\lim_{n\to\infty}} a_n = +\infty \quad \text{または} \quad \limsup_{n\to\infty} a_n = +\infty$$

で表わす．

Ⅱ．$\{a_n\}$ が上界を持つ場合には

明らかに $a_{n+p}$ ($n$ は固定，$p=0,1,2,\cdots$) は上界を持ち，定理 6.1 によれば上限(最小上界)$\gamma_n$ が存在する．定理 6.4 によって，数列 $\{\gamma_n\}$ は単調減少である．すなわち，

$$\gamma_1 \geqq \gamma_2 \geqq \cdots \geqq \gamma_n \geqq \cdots.$$

Ⅱ₁．$\{\gamma_n\}$ が下界を持たない場合には，$\{a_n\}$ の最大極限値は $-\infty$ であるといって，

(7.10) $$\overline{\lim_{n\to\infty}} a_n = -\infty \quad \text{または} \quad \limsup_{n\to\infty} a_n = -\infty$$

で表わす．

## §7. 数列の極限値

II₂. $\{\gamma_n\}$ が下界を持つ場合には，定理 6.1 によって，下限 $\Gamma$ が存在する．この $\Gamma$ のことを $\{a_n\}$ の最大極限値といって，

(7.11) $$\overline{\lim_{n\to\infty}} a_n = \Gamma \quad \text{または} \quad \limsup_{n\to\infty} a_n = \Gamma$$

で表わす．

**例 4.**

1. $a_n = n$
2. $a_n = 2n + (-1)^n 3n$

とすれば，$\overline{\lim\limits_{n\to\infty}} a_n = +\infty$．

3. $a_n = -n$
4. $a_n = -2n + (-1)^n n$

とすれば，$\overline{\lim\limits_{n\to\infty}} a_n = -\infty$．

5. $a_n = 1 - \dfrac{1}{n}$
6. $a_n = \dfrac{1}{2}\{1 + (-1)^n\}$

とすれば，$\overline{\lim\limits_{n\to\infty}} a_n = 1$．

この定義によれば，

"任意の数列 $\{a_n\}$ は常に $\infty$ か $-\infty$ かまたは有限なる一つしかもただ一つの最大極限値を持つ（存在と一意性）"．

**定理 7.3.** 数列 $\{a_n\}$ の最大極限値が $+\infty$ であるための必要かつ十分なる条件は

($\alpha$) 任意の正数 $G$ に対して，

$$G < a_n$$

を満足する少なくとも一つ（実は無限に多く）の $n$ があることである．

**定理 7.4.** 数列 $\{a_n\}$ の最大極限値が $-\infty$ であるための必要かつ十分なる条件は

($\beta$) 任意の正数 $G$ に対して，適当に自然数 $N$ を定めれば，$N \leqq n$ なるすべての $n$ に対して

$$a_n < -G$$

が成立することである．

**定理 7.5.** 数列 $\{a_n\}$ の最大極限値が（有限な）$\Gamma$ であるための必要かつ十分なる条件は

($\gamma$) 任意の正数 $\varepsilon$ に対して，適当に自然数 $N$ を定めれば，$N \leqq n$ なる

すべての $n$ に対して
$$a_n < \Gamma + \varepsilon$$
が成立し，かつ無限に多くの $n$ に対して
$$a_n > \Gamma - \varepsilon$$
が成立することである．

定理 7.3, 7.4, 7.5 を一緒に証明しよう．

**証明．**（必要条件）まず，$\varlimsup_{n\to\infty} a_n = +\infty$ というのは $\{a_n\}$ が上界を持たないことであるから，条件 ($\alpha$) が必要なることは明白である．次に $\varlimsup_{n\to\infty} a_n = -\infty$ は，$\{\gamma_n\}$ が下界を持たないことであるから，任意の正数 $G$ に対して $\gamma_N < -G$ なる自然数 $N$ がある．

$\gamma_N$ は $a_{N+p}\,(p=0,1,2,\cdots)$ の上限であるから，$N \leqq n$ に対して $a_n < -G$ が成立する．今度は $\varlimsup_{n\to\infty} a_n = \Gamma$（有限）とする．$\Gamma$ は $\{\gamma_n\}$ の下限であるから任意に正数 $\varepsilon$ を与えたとき

(7.12) $\quad \gamma_n \geqq \Gamma$ （すべての $n$ に対して），
$\quad\quad\quad\ \gamma_N < \Gamma + \varepsilon$ （適当な自然数 $N$ に対して）

が成立する．次に $\gamma_n$ は数列 $a_n, a_{n+1}, a_{n+2}, \cdots$ の上限であるから，$n=1, 2, 3, \cdots$ のおのおのに対して

(7.13) $\quad a_{n+j} \leqq \gamma_n \quad (j=0,1,2,\cdots)$,
$\quad\quad\quad\ a_{n+j} > \gamma_n - \varepsilon \ (j=0,1,2,\cdots$ の中の少なくとも一つ)

が成立する．最後の不等式を満足する $j$ を $j_n$ とすれば (7.12) と (7.13) から

(7.14) $\quad a_n < \Gamma + \varepsilon \quad (N \leqq n$ なるすべての $n$），
$\quad\quad\quad\ a_{n+j_n} > \Gamma - \varepsilon$ （すべての $n$）．

すなわち ($\gamma$) が必要であることがわかる．

（十分条件）十分条件を証明するためには，まず，条件 ($\alpha$), ($\beta$), ($\gamma$) のどの二つも両立しないことに注意する．($\alpha$) が $\varlimsup_{n\to\infty} a_n = +\infty$ の十分条件なることは（定義から）明白である．次に ($\beta$) が満足された場合に，$\varlimsup_{n\to\infty} a_n$ は $+\infty$ でも有限でもあり得ないから，$-\infty$ であるより仕方がない．そこで，($\gamma$) が $\varlimsup_{n\to\infty} a_n = \Gamma$ であるための十分条件であることを証明する．数列 $\{a_n\}$ は条件 ($\gamma$)

を満足するものと仮定する．このとき $\varlimsup_{n\to\infty} a_n$ が $+\infty$ でも $-\infty$ でもない（なぜならば $\varlimsup_{n\to\infty} a_n = \infty$ とすれば $(\alpha)$ が成立し，また $\varlimsup_{n\to\infty} a_n = -\infty$ とすれば $(\beta)$ が成立し，ともに仮定に反する）．ゆえに $\varlimsup_{n\to\infty} a_n$ は有限であってその値を $\lambda$ とすれば，任意の正数 $\varepsilon$ に対して適当に自然数 $N'$ を定めて，$N' \leq n$ なる限りすべての $n$ に対して $a_n < \lambda + \varepsilon$，かつ無限に多くの $n$ に対して $a_n > \lambda - \varepsilon$ が成立するようにできる．これより容易に $\lambda = \Gamma$ であることがわかる．[1]

任意に数列 $\{a_n\}$ が与えられたとき，最大極限値 $\varlimsup_{n\to\infty} a_n$ と平行に**最小極限値** $\varliminf_{n\to\infty} a_n$（または $\liminf_{n\to\infty} a_n$）を定義できるが，本書では簡単に

(7.15) $$\varliminf_{n\to\infty} a_n = -\varlimsup_{n\to\infty}(-a_n)$$

を最小極限値の定義に採ることにしよう．そうすれば最大極限値の存在と一意性から，最小極限値の存在と一意性が出る．すなわち，

"任意の数列 $\{a_n\}$ は常に $-\infty$ か $\infty$ または有限なる一つしかもただ一つの最小極限値を持つ"．

(7.15) を用いて三つの定理 7.3，7.4，7.5 を書き直すことによって最小極限値に関して対応する三つの定理が得られる．すなわち，

**定理 7.6.** 数列 $\{a_n\}$ の最小極限値が $-\infty$ であるための必要かつ十分なる条件は

$(\alpha')$ 任意の正数 $G$ に対して，

$$a_n < -G$$

を満足する少なくとも一つ（実は無限に多く）の $n$ があることである．

**定理 7.7.** 数列 $\{a_n\}$ の最小極限値が $+\infty$ であるための必要かつ十分なる条件は

$(\beta')$ 任意の正数 $G$ に対して，適当に自然数 $N$ を定めれば，$N \leq n$ なるすべての $n$ に対して

$$a_n > G$$

---

[1] 仮に $\lambda < \Gamma$ とする．正数 $\varepsilon$ を $\lambda + \varepsilon < \Gamma - \varepsilon$ となるように選べば，有限個の $n$ を例外としてすべての $n$ に対して $a_n < \lambda + \varepsilon$ が成立しかつ無限に多くの $n$ に対して $a_n > \Gamma - \varepsilon$ が成立するという矛盾が起る．

が成立することである．

**定理 7.8.** 数列 $\{a_n\}$ の最小極限値が（有限な）$\varDelta$ であるための必要かつ十分なる条件は

($\gamma'$) 任意の正数 $\varepsilon$ に対して，適当に自然数 $N$ を定めれば，$N \leqq n$ なるすべての $n$ に対して
$$a_n > \varDelta - \varepsilon$$
が成立し，かつ無限に多くの $n$ に対して
$$a_n < \varDelta + \varepsilon$$
が成立することである．

**証明．**[1] $\varliminf_{n\to\infty} a_n = \varDelta$ は，定義 (7.15) によって，
$$\varlimsup_{n\to\infty}(-a_n) = -\varDelta.$$
定理 7.5 によって，数列 $\{-a_n\}$ の最大極限値が $-\varDelta$ であるための必要かつ十分なる条件は，任意の正数 $\varepsilon$ に対して，適当に自然数 $N$ を定めて，$N \leqq n$ なるすべての $n$ に対して
$$-a_n < -\varDelta + \varepsilon$$
が成立し，かつ無限に多くの $n$ に対して
$$-a_n > -\varDelta - \varepsilon$$
が成立することである．あとは二つの不等式の両辺に $-1$ を掛ければよい．

**定理 7.9.** 数列 $\{a_n\}$ の最大極限値は最小極限値より小でない．

**証明．** $\varlimsup_{n\to\infty} a_n = \infty$ または $\varliminf_{n\to\infty} a_n = -\infty$ の場合は明らかであるから，$\{a_n\}$ が有界である場合を考える．このとき $\varlimsup_{n\to\infty} a_n = \varGamma$, $\varliminf_{n\to\infty} a_n = \varDelta$ とすれば，$\varDelta \leqq \varGamma$ なることは定理 7.5 と定理 7.8 からすぐにわかる．仮りに $\varGamma < \varDelta$ とし，正数 $\varepsilon$ を $\varGamma + \varepsilon < \varDelta - \varepsilon$ となるように選ぶとき，一方では $\varGamma + \varepsilon < a_n$ を満足する $n$ は有限個，他方では $\varDelta - \varepsilon < a_n$ を満足する $n$ は無限に多くあるから矛盾である．

**例 5.** $a_n = (-1)^n$ $(n=1, 2, 3 \cdots)$ とすれば，

---
[1] 定理 7.6, 7.7 の証明も同様である．

$$\varliminf_{n\to\infty} a_n = -1, \quad \varlimsup_{n\to\infty} a_n = 1.$$

**定理 7.10.** 数列 $\{a_n\}$ が極限値を持つための必要かつ十分なる条件は

$$\varliminf_{n\to\infty} a_n = \varlimsup_{n\to\infty} a_n$$

なることである.

**証明.** 演習問題として読者にゆずる.

一つの数列 $\{a_n\}$ が有限な極限値を持つとき, $\{a_n\}$ を**収束数列**(または**収斂数列**), また $\{a_n\}$ は**収束する**(または**収斂する**)(converge)という.

一つの数列 $\{a_n\}$ が収束するかどうかを判定する次のコーシー (Cauchy)[1] の定理は大切である.

**定理 7.11.** 数列 $\{a_n\}$ が有限な極限値を持つための必要かつ十分なる条件は, 正数 $\varepsilon$ を任意に与えたとき, 自然数 $N$ を適当に定めて $N \leqq n$ なる限り $p$ を任意の自然数として,

$$|a_{n+p} - a_n| < \varepsilon$$

が成立するようにできることである.

**証明.** まず, 必要条件を証明する. 数列 $a_n$ ($n=1, 2, \cdots$) が有限な極限値 $c$ を持つとすれば, 正数 $\varepsilon$ を任意に与えたとき, 適当に自然数 $N$ を定めて, $N \leqq n$ なる限り,

(7.16) $$|a_n - c| < \frac{\varepsilon}{2},$$

$N \leqq n$ なる限り $p$ を任意の自然数として

(7.17) $$|a_{n+p} - c| < \frac{\varepsilon}{2}.$$

ゆえに (7.16) と (7.17) から $N \leqq n$ なる限り $|a_{n+p} - a_n| < \varepsilon$ が出る.

次に十分条件を証明する. 定理の条件が満足されたとする. まず, $\varepsilon$ として 1 をとれば, 適当に自然数 $N$ を定めるとき, すべての自然数 $p$ に対して

$$|a_{N+p} - a_N| < 1$$

が成立する. ゆえに $|a_{N+p}| < 1 + |a_N|$ ($p=1, 2, 3, \cdots$), したがって, すべ

---

[1] Augustin Louis Cauchy (1789—1857). フランスの数学者.

ての自然数に対して

$$|a_n|<1+|a_1|+|a_2|+\cdots+|a_N|$$

が成立する．こうして，数列 $a_n$ $(n=1,2,\cdots)$ の有界であることがわかる．いま，数列 $\{a_n\}$ の最大極限値を $c$ とする．[1] 正数 $\varepsilon$ を任意に与えたとき，自然数 $N$ を適当に選べば，一方では

(7.18) $$|a_N-c|<\frac{\varepsilon}{2},$$

他方ではすべての自然数 $p$ に対して

(7.19) $$|a_{N+p}-a_N|<\frac{\varepsilon}{2}$$

が成立するようにできる．(7.18) と (7.19) とから

$$|a_{N+p}-c|\leqq|a_{N+p}-a_N|+|a_N-c|<\frac{\varepsilon}{2}+\frac{\varepsilon}{2}=\varepsilon.$$

したがって

$$\lim_{n\to\infty}a_n=c.$$

**注意．** 数列 $\{a_n\}$ が与えられたとき，$\varepsilon$ を任意の正数として，$|a_n-c|<\varepsilon$ を満足する無限に多くの $n$ があるならば，$c$ を数列 $\{a_n\}$ の一つの**集積値**という．有限な最大(小)極限値は最大(小)集積値なることは明らかであろう．

定理 7.2 を応用して次の重要な定理を証明する．

**定理 7.12．** $a_0<x<b_0$ を満足するすべての実数の集合は可付番無限でない．

**証明．** そのためには開区間 $(a_0,b_0)$ に含まれる数ばかりから成る任意の無限数列を $x_1, x_2, x_3, \cdots$ としたとき，この区間 $(a_0,b_0)$ に属してかつこの数列のどの項にも含まれない一つの数 $\xi$ の存在を示せば十分である．まず，開区間 $(x_1,b_0)$ を分点 $a_1$ および $b_1$ によって3等分し，$\delta_1=(a_1,b_1)$ とおけば明らかに $x_1$ は開区間 $\delta_1$ に含まれない．次に $x_2$ が $\delta_1$ に属する場合には開区間 $(x_2,$

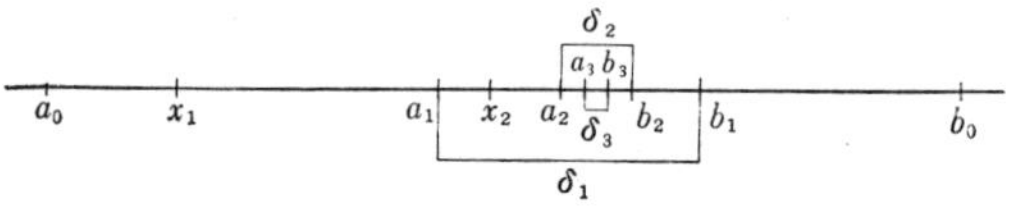

図 7

---

1) 最小極限値を $c$ で表わしてもよい．

$b_1$) を3等分し，そうでない場合には $\delta_1$ 自身を3等分してその分点 $a_2, b_2$ の作る開区間を $\delta_2 = (a_2, b_2)$ とおけば，$\delta_2$ は明らかに $x_2$ を含まない，かつ $\delta_2$ が $\delta_1$ の一部分であることから $x_1$ をも含まない．この方法を続けて，ある自然数 $k$ に対して $x_1, x_2, \cdots, x_k$ を含まない開区間 $\delta_k = (a_k, b_k)$ を得たとすれば，さらに $x_{k+1}$ が $\delta_k$ に含まれるか否かにしたがって $(x_{k+1}, b_k)$ または $(a_k, b_k)$ を分点 $a_{k+1}, b_{k+1}$ で3等分し，$x_1, x_2, \cdots, x_{k+1}$ を含まない開区間 $\delta_{k+1} = (a_{k+1}, b_{k+1})$ が得られる．こうして，すべての自然数 $n$ に対して $x_1, x_2, \cdots, x_n$ を含まない開区間 $\delta_n = (a_n, b_n)$ が得られることになる．数列 $a_n \ (n=1, 2, \cdots)$ は単調増加，数列 $b_n \ (n=1, 2, \cdots)$ は単調減少であって，かつすべての自然数 $n$ に対して $a_n < b_n$ である．いま，数列 $a_n \ (n=1, 2, \cdots)$ の極限値を $\xi$ とすれば，$\xi$ は数列 $\{a_n\}$ の上限であって，すべての $n$ に対して $a_n \leqq \xi \leqq b_n$ である．$a_n < a_{n+1} < b_{n+1} < b_n$ であることに注意すれば実はすべての $n$ に対して $a_n < \xi < b_n$，したがって $\xi$ はすべての開区間 $\delta_n = (a_n, b_n)$ に同時に含まれ，その結果として $\xi$ は $(a_0, b_0)$ 内にあってすべて $x_n \ (n=1, 2, \cdots)$ と相異なる．

**系．** すべての実数の集合は可付番無限でない．

**問 1．** 数列 $\{a_n\}$ の上に有界，下に有界，有界などの性質は，これを $OX$ 軸上の点列 $\{a_n\}$ と考えたとき，どのような意味を持つか．

**問 2．** $OX$ 軸上の点列 $\{a_n\}$ について
$$\lim_{n \to \infty} a_n = +\infty$$
はどのような意味を持つか．

**問 3．** 数列 $\{a_n\}$ が一つの（有限または無限大の）極限値を持つとき，その任意の部分数列も同じ極限値を持つことを証明せよ．

（注） 自然数の集合 $N = \{1, 2, \cdots\}$ の一つの無限部分集合 $\{n_1, n_2, \cdots, n_k, \cdots\}$．ただし
$$n_1 < n_2 < \cdots < n_k < \cdots$$
を考える．数列 $\{a_n\}$ に対して，数列
$$a_{n_1}, a_{n_2}, \cdots, a_{n_k}, \cdots \quad \text{または} \quad a_{n_k} \ (k=1, 2, \cdots)$$
をその一つの部分数列という．

**問 4．** $n_0$ を任意の自然数とし，$n \geqq n_0$ なるすべての $n$ について $a_n \leqq b_n$ である場合に，数列 $\{a_n\}$ および $\{b_n\}$ がともに極限値（$\infty, -\infty$ をも含む）を持つならば，$\lim_{n \to \infty} a_n \leqq \lim_{n \to \infty} b_n$ である．（ここに最初の仮定を $a_n < b_n$ としても $\lim_{n \to \infty} a_n = \lim_{n \to \infty} b_n$ であることがある）．

**例 6.** $a_n = 1 - \dfrac{1}{n}$, $b_n = 1 + \dfrac{1}{n}$ $(n=1, 2, \cdots)$ とすれば
$$\lim_{n\to\infty} a_n = \lim_{n\to\infty} b_n = 1.$$

**問 5.** 次の公式を証明せよ．
$$\lim_{n\to\infty}(a_n \pm b_n) = \lim_{n\to\infty} a_n \pm \lim_{n\to\infty} b_n,$$
$$\lim_{n\to\infty} a_n b_n = (\lim_{n\to\infty} a_n)(\lim_{n\to\infty} b_n),$$
$$\lim_{n\to\infty} \frac{a_n}{b_n} = \frac{\lim_{n\to\infty} a_n}{\lim_{n\to\infty} b_n}.$$

ただし $\lim\limits_{n\to\infty} a_n$, $\lim\limits_{n\to\infty} b_n$ はともに存在してかつ有限とし，最後の場合にはさらに $\lim\limits_{n\to\infty} b_n \neq 0$ とする．これに反して，左辺は極限値の存在を仮定していない．

## 問 題 1

(* は程度のいくらか高い問題を意味する)

**1.** $m (\geqq 2)$ を素数（1 および $m$ 以外に約数を持たない正の整数）とするとき，
$$x^2 = m$$
を満足する有理数の存在しないことを証明せよ．

**2*.** 有理数の切断の考えを使って，$\alpha, \beta, \gamma$ を実数とするとき，
$$\alpha < \beta \text{ ならば } \alpha + \gamma < \beta + \gamma$$
であることを証明せよ．

**3.** 三個の要素 $a, b, c$ から成る集合 $A = \{a, b, c\}$ のすべての部分集合を列挙せよ．

**4.** $-1 < x < 1$ を満足する実数 $x$ の集合を $A$，すべての実数 $y$ の集合を $B$ とすれば，$A$ と $B$ とは対等であることを証明せよ．

**5.** $A, B$ を二つの集合とするとき，
$$A \cup B = A \cup \{B - (A \cap B)\}$$
であることを証明せよ．

**6.** すべての奇数の集合
$$A = \{1, 3, 5, \cdots, 2k-1, \cdots\}$$
とすべての偶数の集合
$$B = \{2, 4, 6, \cdots, 2k, \cdots\}$$
とは対等であることを示せ．

**7.** すべての無理数の集合とすべての実数の集合とは対等であることを証明せよ．

**8.** 自然数から成る $m$ 項系列
$$a = (x_1, x_2, \cdots, x_m)$$
のすべての集合は可付番無限であることを証明せよ．

**9.** 数直線上の, どの二つも共通点を持たない線分を要素とする集合は高々可付番無限であることを証明せよ.

**10.** $n_0$ を自然数とし, $n_0 \leq n$ なるすべての $n$ に対して
$$a_n \leq b_n$$
とすれば,
$$\overline{\lim_{n\to\infty}} a_n \leq \overline{\lim_{n\to\infty}} b_n \quad \text{かつ} \quad \varliminf_{n\to\infty} a_n \leq \varliminf_{n\to\infty} b_n$$
であることを証明せよ.

**11.** 定理 7.11 は次の定理と同値であることを証明せよ:
一つの数列 $\{a_n\}$ が収束するための必要かつ十分なる条件は, 正数 $\varepsilon$ を任意に与えたとき, $p=1, 2, 3, \cdots$ に対して
$$|a_{N+p} - a_N| < \varepsilon$$
が成立するように一つの自然数 $N$ を定めることができることである.

**12.** 任意の実数 $\alpha$ は適当な有理数列 $\{r_n\}$ の極限値であることを証明せよ.

**13.** 数列 $a_n$ ($n=1, 2, \cdots$) が極限値を持つとき, 数列
$$S_n = \frac{a_1 + a_2 + \cdots + a_n}{n} \quad (n=1, 2, \cdots)$$
は同じ極限値を持つことを証明せよ.

**14.** 任意の数列 $\{a_n\}$ の最大極限値および最小極限値はそれぞれ $\{a_n\}$ の適当な部分列の極限値であることを証明せよ.

# 第2章 函　　数

## §8. 写　像

　二つの任意(要素は数でも点でもよい)の集合 $A, B$ があって，$A$ の各要素 $a$ に $B$ の一つの要素 $b$ が対応するとき，**$A$ から $B$ の中への**(一意)**写像**(mapping of $A$ into $B$) $b=\varphi(a)$ が定義されたという．

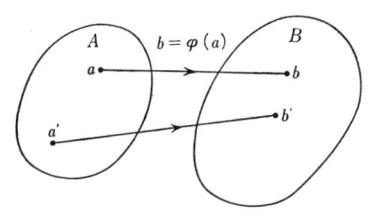

　　　　　　　　　　　　　集合 $A$ のことを写像 $b=\varphi(a)$ の **変域**または**定義域**という．

　　　　　　　　　　　　　$A$ の要素 $a$ に対応する $B$ の要素 $b=\varphi(a)$ のことを $a$ の **像**(image)，$b=\varphi(a)$ のとき $a$ のことを $b$ の一つの**逆像**(inverse image)という．$a$ が 　　　図 8　　　　　　　$A$ の中を動くときの像 $b=\varphi(a)$ のすべての集合を $\varphi(A)$ で表わす．明らかに $\varphi(A) \subset B$ である．特に $\varphi(A)=B$ のとき，この写像を **$A$ から $B$ の上への写像**(mapping of $A$ onto $B$)という．

　**例 1.**　$N$ をすべての自然数の集合，すなわち，
$$N=\{1, 2, \cdots, n, \cdots\},$$
$A$ を任意の集合とする．

　$N$ から $A$ の中への一つの写像 $a=\varphi(n)$ において $n$ の像を $a_n$ で表わせば，
$$a_n \quad (n=1, 2, \cdots)$$
によって，集合 $A$ の要素から成る**無限系列**(infinite sequence)が得られる．特に，$A$ をすべての実数 $a$ の集合 $R$ とすれば，$N$ から $R$ の中への写像 $\varphi$ に相当して一つの実数列 $a_n=\varphi(n)$ $(n=1, 2, \cdots)$ が得られる．

　**例 2.**　$A$ を数軸 $OX$ 上の開区間 $a<x<b$，$B$ を実数の全部から成る集合(すなわち，数軸 $OY$ 上のすべての点 $y$ の集合)とすれば，$A$ から $B$ の中への写像 $y=\varphi(x)$ は，開区間 $(a, b)$ で定義された(一価)函数 $y=\varphi(x)$ に他ならない．

　**例 3.**　$A$ を区間 $-1 \leqq t \leqq 1$ を満足する実数 $t$ の集合，$B$ を $(x, y)$ 平面上のすべての点 $P(x, y)$ の集合とし，いま $A$ の各要素 $t$ に $B$ の一つの要素

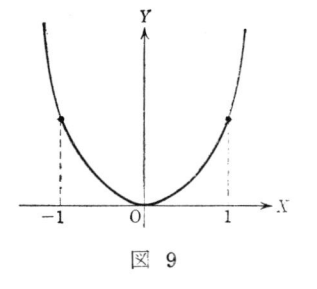

　　　　　　　　　　　　　　　　　　　　　図 9

## §8. 写 像

P$(x, y)$, ただし $x=t$, $y=t^2$, を対応させる写像を P$=\varphi(t)$ とすれば $\varphi(A)$ は放物線 $y=x^2$ のグラフの太線の部分となる(図9).

**例 4.** $A, B$ をそれぞれ $(x, y)$ 平面, $(u, v)$ 平面とする. $u=x+a$, $v=y+b$, ただし $a, b$ は定数, によって, 各点 $(x, y)$ に点 $(u, v)$ を対応させる写像は平行移動である.

ふたたび $A$ と $B$ とを任意の集合とする. $A$ と $B$ との間の一対一対応については §5 で一応説明したが, 写像の考えをつかってもっと厳格に述べてみよう.

$A$ から $B$ の中へ一意写像 $b=\varphi(a)$ があって

1°. $A$ の相異なる要素 $a_1, a_2$ に対してはつねに $\varphi(a_1) \not= \varphi(a_2)$,

2°. $B=\varphi(A)$ (すなわち onto 写像)

を満足するとき, この写像 $b=\varphi(a)$ を $A$ から $B$(の上)への**一対一写像**という.

2° によれば, $B$ の各要素 $b$ は必ず写像 $b=\varphi(a)$ による逆像を持ち, 1° によればただ一つである. いま $B$ の各要素 $b$ にこの逆像 $a$ を対応させるとき, 逆に $B$ から $A$ の中への一意写像 $a=\psi(b)$ が定義される. これを写像 $b=\varphi(a)$ の**逆写像**(inverse mapping)という. この写像 $a=\psi(b)$ は $b=\varphi(a)$ と同じように,

1°. $B$ の相異なる要素 $b_1, b_2$ に対してはつねに $\psi(b_1) \not= \psi(b_2)$,

2°. $A=\psi(B)$

を満足し, したがって $a=\psi(b)$ は $B$ から $A$ への一対一写像となる. このように一対一写像は可逆である.

**例 5.** 集合の対等に関して次の三つの関係が成立する(§5 を参照):
(1) $A \sim A$, (2) $A \sim B$ ならば $B \sim A$, (3) $A \sim B$, $B \sim C$ ならば $A \sim C$.

これを証明してみよう. $A$ の各要素 $a$ にそれ自身を対応させれば, すなわち恒等写像 $a=\varphi(a)$ は $A$ から $A$ への一対一写像であるから, (1) は明白である. (2) は上に述べた一対一写像の可逆性からの当然の結果である. 最後の (3) は $A$ から $B$ への, $B$ から $C$ への一対一写像をそれぞれ $b=g(a)$, $c=h(b)$ で表わしたとき, 合成写像 $c=h[g(a)]$ を作れば, これが $A$ から $C$ への一対一写像となることが容易にわかるであろう.

**問 1.** $A, B$ をそれぞれ $(x, y)$ 平面, $(u, v)$ 平面とする. 写像
$$u=ax+by, \quad v=cx+dy;$$
ただし $a, b, c, d$ は定数かつ $ad-bc \neq 0$, によって $(x, y)$ 平面上の円 $x^2+y^2=1$ は $(u, v)$ 平面上のどのような曲線に変換されるかしらべよ.

**問 2.** $(x, y)$ 平面上の円板 $x^2+y^2 < 1$ は一対一に $(u, v)$ 平面の上へ写像できることを証明せよ.

## §9. 函数

数直線 OX 上のある(点)集合 $E$, 有限な実数の全体から成る集合を $R$ とする. このとき, $E$ から $R$ の中への一意写像 $y=f(x)$ のことを, 変域 $E$ で定義された **一価函数**(single-valued function)という. 本書でとり扱う函数はほとんど一価函数に限られるので, 特に断りがなければ, 一価函数と考えることにしよう. 変域 $E$ としては(あまり複雑な集合は用いられない)しばしば線分 $a<x<b$, $a\leqq x\leqq b$, $a\leqq x<b$, $a<x\leqq b$ (ただし, $a,b$ は有限な実数) が用いられる. これらを, それぞれ, $(a,b), [a,b], [a,b), (a,b]$ で表わし, 特に $(a,b)$ を **開区間**(open interval), $[a,b]$ を **閉区間**(closed interval) という. その他に, 変域 $a<x<\infty$, $a\leqq x<\infty$, $0<|x-a|<r$ ($r$ は正の定数) などもよく使われる. 変域 $E$ で定義された函数 $y=f(x)$ の値の集合 $f(E)$ が上(下)に有界であるとき, 簡単に $y=f(x)$ は $E$ において上(下)に有界であるという. また, $f(x)$ の $E$ における上限, 下限というのは $\sup f(E)$, $\inf f(E)$ のことである.

**注意.** 函数のきわめて一般の定義を参考までに述べておこう. $A$ を任意の集合とする. $A$ を便宜上空間と呼ぶとき, $A$ の要素のことを点と呼ぶ. $E \subset A$ なる集合 $E$ を空間 $A$ の点集合という. $R$ を実数全部から成る集合とし, $E$ から $R$ の中への一意写像 $y=f(P)$ のことを $E$ を変域とする一価函数という.

**例 1.** 函数 $y=f(x)$ はしばしば具体的な一つの式で, その変域を明示することなく, 始めに与えられることがある. たとえば, 一次函数 $y=mx+b$, 分数函数 $y=\dfrac{x^2-4}{x-2}$, $y=\dfrac{1}{x}$ など. この場合には, 函数の変域を必ず考える必要がある. $y=mx+b$ は OX 軸上のすべての点 $x$ で定義された函数である. 函数 $y=f(x)=\dfrac{x^2-4}{x-2}$ は $x=2$ では定義されない. したがって, 変域は数軸 OX から点 $x=2$ をとり去ったものになる. $x \neq 2$ のときは $y=x+2$ であるから, 函数 $y=\dfrac{x^2-4}{x-2}$ のグラフは直線 $y=x+2$

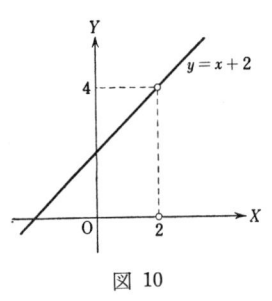

図 10

から点 $(2,4)$ をとり去ったものになる. 同じように, $y=\dfrac{1}{x}$ も $x=0$ では定義されていない. その変域は $0<|x|<+\infty$ である.

**注意.** 函数 $f(x)=\dfrac{x^2-4}{x-2}$ は $x=2$ で分母が $0$ となるから, $f(2)$ は意味を持たな

い．この函数は $x=2$ で定義されていないという表現を用いる．$f(2)=\dfrac{0}{0}$ であるから，"不定である" というような表現を用いてはならない．また $f(x)=\dfrac{1}{x}$ についても同様で $x=0$ で定義されていない．$f(0)=\dfrac{1}{0}$ であるから，$f(0)$ は無限大であるというような表現を使ってはならない．いかなる場合にも，除数 0 の割算は許されないことを銘記すべきである．

**問 1.**  $x<0$ のとき $f(x)=-1$,
　　　　$x=0$ のとき $f(0)=0$,
　　　　$x>0$ のとき $f(x)=1$

なる函数 $y=f(x)$ のグラフを作れ．

**問 2.**  $y=|x|$ のグラフを作れ．

**問 3.**  $x>0$ のとき $f(x)=x^2+1$, $f(0)=0$, $x<0$ のとき $f(x)=-x^2-1$ と定義された函数のグラフを作れ．

## §10. 函数の極限値

函数 $y=f(x)$ が変域 $0<|x-a|<r$ で定義されているとする．一定の実数 $\alpha$ があって，$x$ を限りなく $a$ に近づけるとき，函数 $f(x)$（の値）が $\alpha$ に限りなく近づくならば，$\alpha$ のことを函数 $f(x)$ の**極限値**(limiting value)といって，これを

(10.1) $$\lim_{x \to a} f(x) = \alpha$$

で表わす．図 10 からもわかるように，

$$\lim_{x \to 2} \frac{x^2-4}{x-2} = \lim_{x \to 2}(x+2) = 4.$$

(10.1) においては，$x$ がどのように $a$ に近づいても，$f(x)$ が一定値 $\alpha$ に近づくことを意味する．函数 $f(x)$ が $a$ の右側の変域 $a<x<a+r$ で定義されているとき，$a$ の右側 ($x>a$) から $x$ が $a$ に近づくとき，$f(x)$ が $\alpha$ に近づくならば，$\alpha$ を $x=a$ における**右側の極限値**といって，これを

(10.2) $$\lim_{x \to a+0} f(x) = \alpha$$

で表わす．同様にして**左側の極限値**

(10.3) $$\lim_{x \to a-0} f(x) = \alpha$$

も定義できる。[1]

**例 1.** §9, 問 1, 問 3 の函数 $f(x)$ については
$$\lim_{x \to +0} f(x) = 1, \ \lim_{x \to -0} f(x) = -1.$$

(10.1) が成立する場合には明らかに
$$\lim_{x \to a-0} f(x) = \lim_{x \to a+0} f(x) = \alpha.$$

この逆の成立することも容易にわかる。

函数 $y = f(x)$ の $x = a$ における極限値を考える場合に、函数 $y = f(x)$ はある正数 $r$ に対して変域 $0 < |x - a| < r$ で定義されておればよいのであって、たとえ $f(a)$ が定義されていても $\lim_{x \to a} f(x)$ と $f(a)$ とが一致するとは限らないことに注意する。

さて，以上の説明は初等的な立場からは十分であろう。しかしわれわれはもう少し高い立場から極限値について説明してみよう。

函数 $y = f(x)$ は変域 $0 < |x - a| < r$ で定義されているとする。$\alpha$ を一つの有限な実数とする。

"正数 $\varepsilon$ を任意に与えたとき，適当に正数 $\delta$ ($\delta$ は $\varepsilon$ に依存する) を定めて
(10.4)  $\qquad 0 < |x - a| < \delta$ なる限り $|f(x) - \alpha| < \varepsilon$
が成立するようにできる"

ならば，$\alpha$ を函数 $f(x)$ の $x = a$ における極限値という。幾何学的にいえば，直線 $y = \alpha$ を二等分線とする任意の幅 $2\varepsilon$ の帯を作ったとき，$a$ を中点とする適当な幅 $2\delta$ の開区間 $|x - a| < \delta$ を作って，変域 $0 < |x - a| < \delta$ に対する函数 $y = f(x)$ のグラフがこの帯の中にあるようにできるならば，$\alpha$ を $f(x)$ の $x = a$ における極限値というわけである。

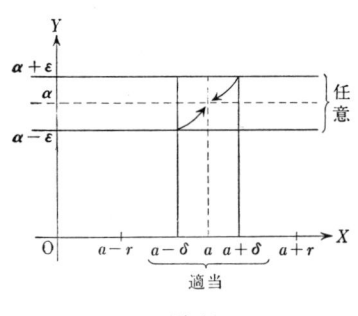

図 11

---

[1] $a = 0$ の場合には $\lim_{x \to 0+0}, \lim_{x \to 0-0}$ のかわりに $\lim_{x \to +0}, \lim_{x \to -0}$ と書く。

§10. 函数の極限値

任意に正数 $G$ を与えたとき，適当に正数 $\delta$ ($\delta$ は $G$ に依存する)を定めて
(10.5) $\qquad 0<|x-a|<\delta$ なる限り $f(x)>G$

が成立するようにできるならば，$f(x)$ の $x=a$ における極限値は $+\infty$ ($\infty$ とも書く)であるといって，

$$\lim_{x\to a}f(x)=+\infty$$

で表わす．

まったく対称に

任意に正数 $G$ を与えたとき，適当に正数 $\delta$ ($\delta$ は $G$ に依存する)を定めて
(10.6) $\qquad 0<|x-a|<\delta$ なる限り $f(x)<-G$

が成立するようにできるならば，$f(x)$ の $x=a$ における極限値は $-\infty$ であるといって

$$\lim_{x\to a}f(x)=-\infty$$

で表わす．

函数 $y=f(x)$ は $a$ の右側の変域 $a<x<a+r$ で定義されているとする．$\alpha$ を一つの有限な実数とし，正数 $\varepsilon$ を任意に与えたとき，適当に正数 $\delta$ ($\delta$ は $\varepsilon$ に依存する)を定めて

(10.4′) $\qquad 0<x-a<\delta$ なる限り $|f(x)-\alpha|<\varepsilon$

が成立するようにできるならば，$\alpha$ を函数の $x=a$ における右側の極限値といい，$\lim_{x\to a+0}f(x)=\alpha$ で表わす．$\lim_{x\to a+0}f(x)=+\infty$, $\lim_{x\to a+0}f(x)=-\infty$ も同じように定義できる．また，函数 $y=f(x)$ が $x=a$ の左側の変域 $a-r<x<a$ で定義されているとき，$f(x)$ の左側の極限値

$$\lim_{x\to a-0}f(x)=\alpha,\quad \lim_{x\to a-0}f(x)=+\infty,\quad \lim_{x\to a-0}f(x)=-\infty$$

の意味も同様であるから，繰り返す必要はないであろう．

函数 $y=f(x)$ が変域 $r<x<+\infty$ で定義されているとする．$\alpha$ を一つの有限な実数とし，正数 $\varepsilon$ を任意に与えたとき，適当に正数 $R$ ($R$ は $\varepsilon$ に依存する)を定めて

(10.4″) $\qquad R<x<+\infty$ なる限り $|f(x)-\alpha|<\varepsilon$

が成立するようにできるならば，$x$ が限りなく増大するときの $f(x)$ の極限値は $\alpha$ であるといって，これを

$$\lim_{x \to +\infty} f(x) = \alpha$$

で表わす．$\lim_{x \to +\infty} f(x) = +\infty$, $\lim_{x \to +\infty} f(x) = -\infty$ も同じように定義する．また，函数 $y = f(x)$ が変域 $-\infty < x < r$ で定義されているとき，

$$\lim_{x \to -\infty} f(x) = \alpha, \quad \lim_{x \to -\infty} f(x) = +\infty, \quad \lim_{x \to -\infty} f(x) = -\infty$$

の意味も以上の説明から明らかであろう．

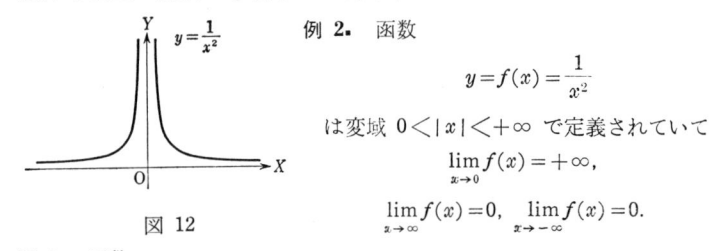

**例 2.** 函数

$$y = f(x) = \frac{1}{x^2}$$

は変域 $0 < |x| < +\infty$ で定義されていて

$$\lim_{x \to 0} f(x) = +\infty,$$

$$\lim_{x \to \infty} f(x) = 0, \quad \lim_{x \to -\infty} f(x) = 0.$$

図 12

**例 3.** 函数

$$y = f(x) = \frac{1}{x}$$

は変域 $0 < |x| < \infty$ で定義されていて

$$\lim_{x \to -0} f(x) = -\infty, \quad \lim_{x \to +0} f(x) = \infty,$$

また，

$$\lim_{x \to -\infty} f(x) = 0, \quad \lim_{x \to \infty} f(x) = 0.$$

**定理 10.1.** 函数 $y = f(x)$ は変域 $E$: $0 < |x - a| < r$ で定義されているとする．

図 13

もし

$$\lim_{x \to a} f(x) = \gamma \quad (\text{有限または無限大})$$

とすれば，$x = a$ を極限点とする[1] $E$ 内の任意の点列 $x_n$ $(n = 1, 2, \cdots)$ に対して

$$\lim_{n \to \infty} f(x_n) = \gamma$$

が成立する．

---

1) $x = a$ を極限点とするとき，$x = a$ に収束するという．

**証明.** $\gamma$ が有限のときだけ証明しよう.任意の正数 $\varepsilon$ に対して,適当に正数 $\delta=\delta(\varepsilon)$ ($\varepsilon$ に依存することを示す)を定めれば

$$0<|x-a|<\delta \quad (<r) \text{ ならば } |f(x)-\gamma|<\varepsilon$$

となる.$E$ に含まれる点列 $x_n$ ($n=1, 2, \cdots$) は極限点 $x=a$ を持つ(すなわち $\lim_{n\to\infty} x_n=a$ である)から,自然数 $N=N(\varepsilon)$ ($N$ は $\delta$,したがって $\varepsilon$ に依存する)を適当に定めれば,$N\leq n$ なる限り

$$0<|x_n-a|<\delta$$

を満足し,したがって,

$$|f(x_n)-\gamma|<\varepsilon$$

を満足する.ゆえに,$\lim_{n\to\infty} f(x_n)=\gamma$.

定理 10.1 の逆を調べてみよう.

**定理 10.2.** 函数 $y=f(x)$ は変域 $E: 0<|x-a|<r$ で定義されているとする.$x=a$ を極限点とする $E$ 内の任意の点列 $\{x_n\}$ に対して,函数値の数列

$$f(x_n) \quad (n=1, 2, \cdots)$$

は必ず極限値を持つと仮定する.このとき,この極限値は点列 $\{x_n\}$ の選び方に無関係に一定であって,これを $\gamma$ で表わすとき

$$\lim_{x\to a} f(x)=\gamma.$$

**証明.** まず

$$x_n\in E, \ \lim_{n\to\infty} x_n=a, \ \lim_{n\to\infty} f(x_n)=\gamma,$$

$$x_n'\in E, \ \lim_{n\to\infty} x_n'=a, \ \lim_{n\to\infty} f(x_n')=\gamma'$$

とする.明らかに

$$x_1, x_1', x_2, x_2', \cdots, x_n, x_n', \cdots$$

は $E$ 内の点列でしかも $x=a$ を極限点に持つ.したがって,数列

(10.7) $\qquad f(x_1), f(x_1'), \cdots, f(x_n), f(x_n'), \cdots$

は一定の極限値 $\alpha$ を持つ.二つの数列 $\{f(x_n)\}, \{f(x_n')\}$ はともに (10.7) の部分列であるから,$\gamma=\alpha, \gamma'=\alpha$ (§7,問3をみよ).ゆえに $\gamma=\gamma'$.次に

$\lim_{x \to a} f(x) = \gamma$ を証明しよう．

仮に，$\gamma$ が $x=a$ における $f(x)$ の極限値でないとすれば，ある正数 $\varepsilon$ があって，おのおのの自然数 $n$ $\left(\text{ただし } \dfrac{1}{r} < n_0 \leq n\right)$ に対して

$$0 < |x-a| < \frac{1}{n}$$

かつ

(10.8) $\qquad\qquad |f(x)-\gamma| \geq \varepsilon$

を満足する点 $x$ がある．その一つを $x_n$ で表わせば，明らかに点列 $x_n$ ($n=n_0$, $n_0+1, \cdots$) は $E$ に含まれて，かつ $\lim_{n \to \infty} x_n = a$ である．したがって（定理の仮定から），

$$\lim_{n \to \infty} f(x_n) = \gamma.$$

ゆえに，$N$ を十分大きな自然数とすれば，

$$|f(x_N) - \gamma| < \varepsilon$$

となる．しかるに，$x_N$ は (10.8) を満足するから，これは不合理である．

さて，函数が変域 $E: 0 < |x-a| < r$ で定義されているとき，$x_n \in E$ ($n=1, 2, \cdots$), $\lim_{n \to \infty} x_n = a$ なる点列 $\{x_n\}$ に対して，函数値の数列 $\{f(x_n)\}$ がつねに極限値を持つとは限らない．しかし，適当な部分列 $f(x_{n_k})$ ($k=1, 2, \cdots$) を考えれば，必ずこれが極限値を持つようにできる（第1章，問題15）．そこで

$$x_n \in E \ (n=1, 2, \cdots),\ \lim_{n \to \infty} x_n = a,\ \lim_{n \to \infty} f(x_n) = \alpha$$

であるような値 $\alpha$ を函数 $y = f(x)$ の $x=a$ における一つの**集積値**(cluster value)とよび，かかる集積値 $\alpha$ のすべての集合 $S$ を $y=f(x)$ の $x=a$ における**集積値集合**(cluster set)という．定理 10.1 と定理 10.2 とからわかるように，"函数 $y=f(x)$ が $x=a$ で極限値を持つための必要かつ十分なる条件は $f(x)$ の $x=a$ における集積値集合 $S$ がただ一点から成ることである"．

函数 $y=f(x)$ が OX 軸上の変域 $E$（任意の変域でよい）の二点 $x_1, x_2$ ($x_1 < x_2$) に対しては，つねに

$$f(x_1) \leq f(x_2) \ (f(x_1) \geq f(x_2))$$

ならば，函数 $y=f(x)$ は $E$ において**単調増加**（**単調減少**）であるといい，また，つねに
$$f(x_1) < f(x_2) \quad (f(x_1) > f(x_2))$$
ならば，函数 $y=f(x)$ は $E$ において**狭義**の単調増加（単調減少）であるという．単調増加函数と単調減少函数とを総称して単調函数という．

**定理 10.3.** 函数 $y=f(x)$ を開区間 $a<x<b$ において単調とすれば
$$\lim_{x\to a+0} f(x) \text{ および } \lim_{x\to b-0} f(x)$$
が存在する．

**証明．** 同様であるから，$f(x)$ を $(a,b)$ で単調増加として，$\lim_{x\to b-0} f(x)$ の存在だけを示す．いま，$x_n = b - \dfrac{b-a}{2^n}$ $(n=1, 2, \cdots)$ とおけば，$\{x_n\}$ は $(a,b)$ 内の単調増加数列であって，$\lim_{n\to\infty} x_n = b$ である．したがって，$\{f(x_n)\}$ も単調増加であって，有限または $+\infty$ の極限値を持つ．同様であるから，$\lim_{n\to\infty} f(x_n) = \alpha$（有限）としよう．前に述べたように $\alpha = \sup\{f(x_n)\}$ でもある．任意の正数 $\varepsilon$ に対して，適当に自然数 $N=N(\varepsilon)$ を定めれば，$N \leq n$ なる限り $\alpha - \varepsilon < f(x_n) \leq \alpha$ となる．いま正数 $\delta$ を
$$\delta = \frac{b-a}{2^N}$$
とおけば，$b-\delta < x < b$ なる限り $\alpha - \varepsilon < f(x) \leq \alpha$ が成立する．ゆえに
$$\lim_{x\to b-0} f(x) = \alpha.$$

**系．** 函数 $y=f(x)$ を開区間 $a<x<b$ で単調増加とすれば，$a<c<b$ なる任意の一点 $x=c$ において $\lim_{x\to c-0} f(x)$, $\lim_{x\to c+0} f(x)$ が存在して，かつ
$$\lim_{x\to c-0} f(x) \leq f(c) \leq \lim_{x\to c+0} f(x).$$

数列 $\{a_n\}$ の最大極限値 $\varlimsup_{n\to\infty} a_n$ および最小極限値 $\varliminf_{n\to\infty} a_n$ と同じように，函数 $f(x)$ の**最大極限値** $\varlimsup_{x\to a} f(x)$ および**最小極限値** $\varliminf_{x\to a} f(x)$ を考えることができる．函数 $y=f(x)$ は変域 $E_r: 0 < |x-a| < r$ で定義されているとする．$0 < \rho < r$ とし，変域 $E_\rho: 0 < |x-a| < \rho$ における函数 $y=f(x)$ のとる値の集合（$OY$ 軸上の点集合，これを**値域**という）$f(E_\rho)$ を考える．区間 $0$

$<\rho<r$ のすべての $\rho$ に対して値域 $f(E_\rho)$ が上に(下に)有界でないときは

$$\varlimsup_{x\to a} f(x) = +\infty \quad (\varliminf_{x\to a} f(x) = -\infty)$$

と定義する. 次に, $0<\rho<r$ の $\rho$ のある値 $\rho_1$ に対して $f(E_{\rho_1})$ が上界(下界)を持つ場合を考える. $0<\rho<\rho_1$ に対して明らかに $f(E_\rho)$ は上に(下に)有界である. いま, $f(E_\rho)$ の上限(下限)を $G(\rho)$ $(g(\rho))$ で表わせば, 函数 $G(\rho)$ $(g(\rho))$ は区間 $0<\rho<\rho_1$ において定義されて, かつ, 明らかに増加(減少)函数である. 定理 10.3 によれば

$$\lim_{\rho\to+0} G(\rho) \quad (\lim_{\rho\to+0} g(\rho))$$

が存在する. われわれは

$$\varlimsup_{x\to a} f(x) = \lim_{\rho\to+0} G(\rho) \quad (\varliminf_{x\to a} f(x) = \lim_{\rho\to+0} g(\rho))$$

と定義する. 明らかに

$$\varliminf_{x\to a} f(x) \leqq \varlimsup_{x\to a} f(x)$$

である.

**定理 10.4.** 函数 $y=f(x)$ は変域: $0<|x-a|<r$ で定義されているとする. このとき $\lim_{x\to a} f(x)$ が存在するための必要かつ十分なる条件は

$$\varliminf_{x\to a} f(x) = \varlimsup_{x\to a} f(x)$$

が成立することである.

**証明.** (必要条件)

$$\lim_{x\to a} f(x) = \alpha \quad (\text{有限})^{1)}$$

としよう. $\varepsilon>0$ に対して, 適当に正数 $\delta(<r)$ を定めれば

$$0<|x-a|<\delta \text{ なる限り } \alpha-\varepsilon<f(x)<\alpha+\varepsilon$$

が成立する. したがって, $0<\rho<\delta$ なる限り

$$\alpha-\varepsilon \leqq g(\rho) \leqq G(\rho) \leqq \alpha+\varepsilon.$$

ゆえに

---

1) $\alpha=+\infty$, $\alpha=-\infty$ のときは読者にまかせる.

§10. 函数の極限値

$$\alpha - \varepsilon \leqq \lim_{\rho \to +0} g(\rho) \leqq \lim_{\rho \to +0} G(\rho) \leqq \alpha + \varepsilon,$$

すなわち

$$\alpha - \varepsilon \leqq \underline{\lim_{x \to a}} f(x) \leqq \overline{\lim_{x \to a}} f(x) \leqq \alpha + \varepsilon,$$

$\varepsilon$ は任意であるから

$$\underline{\lim_{x \to a}} f(x) = \overline{\lim_{x \to a}} f(x) = \alpha.$$

(十分条件)

$$\underline{\lim_{x \to a}} f(x) = \overline{\lim_{x \to a}} f(x) = \alpha \quad (\text{有限})$$

としよう．$\varepsilon > 0$ に対して，適当に正数 $\delta (<r)$ を定めると $0 < \rho < \delta$ なる限り

$$\alpha - \varepsilon < g(\rho) \leqq G(\rho) < \alpha + \varepsilon.$$

したがって，$0 < |x-a| < \delta$ なる限り

$$\alpha - \varepsilon < f(x) < \alpha + \varepsilon.$$

ゆえに $\lim_{x \to a} f(x) = \alpha$．

**定理 10.5.** 函数 $y = f(x)$ が変域 $0 < |x-a| < r$ で定義されているとする．このとき，有限な極限値 $\lim_{x \to a} f(x)$ が存在するための必要かつ十分なる条件は，任意の正数 $\varepsilon$ に対して，適当に正数 $\delta (<r)$ を定めて，$0 < |x-a| < \delta$ 内の任意の二点 $x_1, x_2$ に対して

$$|f(x_1) - f(x_2)| < \varepsilon$$

が成立するようにできることである．

**証明．** （必要条件）$\lim_{x \to a} f(x) = \alpha$ とする．任意の正数 $\varepsilon$ に対して，適当に正数 $\delta$ を定めれば

$$0 < |x-a| < \delta \text{ なる限り } |f(x) - \alpha| < \frac{\varepsilon}{2}.$$

ゆえに $0 < |x-a| < \delta$ 内の二点 $x_1, x_2$ に対しては

$$|f(x_1) - \alpha| < \frac{\varepsilon}{2}, |f(x_2) - \alpha| < \frac{\varepsilon}{2},$$

したがって，

$$|f(x_1)-f(x_2)|=|f(x_1)-\alpha+\alpha-f(x_2)|$$
$$\leqq |f(x_1)-\alpha|+|f(x_2)-\alpha|<\frac{\varepsilon}{2}+\frac{\varepsilon}{2}=\varepsilon.$$

（十分条件）　まず，$\varepsilon$ として1をとったとき，適当に正数 $\delta_1$ ($<r$) を定めれば，$0<|x-a|<\delta_1$ 内の任意の二点 $x, x_1$ に対して
$$|f(x)-f(x_1)|<1$$
が成り立つ．これより，$|f(x)|<1+|f(x_1)|$．明らかに $x_1$ を固定すれば，$0<|x-a|<\delta_1$ 内のすべての $x$ に対して $|f(x)|<1+|f(x_1)|$ が成立するから，$f(x)$ は $0<|x-a|<\delta_1$ で(その値域が)有界である．いま，$f(x)$ の $x=a$ における任意の集積値を $\alpha$ としよう（$\alpha$ は当然有限である）．すなわち，適当な点列 $\{x_n\}$ に対して
$$0<|x_n-a|<r,\ \lim_{n\to\infty}x_n=a\ \text{かつ}\ \lim_{n\to\infty}f(x_n)=\alpha$$
とする．正数 $\varepsilon$ を任意に与えたとき，適当に正数 $\delta$ を定めて，$0<|x-a|<\delta$ 内の任意の二点 $x, x'$ に対して，つねに
$$|f(x)-f(x')|<\frac{\varepsilon}{2}$$
が成り立つようにする．次に，十分大きな自然数 $N$ に対して，$x_N$ は不等式 $0<|x_N-a|<\delta$ を満足して，かつ $|f(x_N)-\alpha|<\frac{\varepsilon}{2}$．したがって，$x'=x_N$ とおけば，$0<|x-a|<\delta$ 内のすべての点 $x$ で
$$|f(x)-\alpha|=|f(x)-f(x_N)+f(x_N)-\alpha|$$
$$\leqq |f(x)-f(x_N)|+|f(x_N)-\alpha|<\frac{\varepsilon}{2}+\frac{\varepsilon}{2}=\varepsilon,$$
すなわち
$$|f(x)-\alpha|<\varepsilon.$$

**定理 10.6.**　変域 $0<|x-a|<r$ における函数 $f(x), g(x)$ はともに $x=a$ において有限な極限値
$$\lim_{x\to a}f(x)=\alpha,\ \lim_{x\to a}g(x)=\beta$$
を持つものとする．このとき次のおのおのの極限値の存在がでて，しかも

（ⅰ）　$\lim_{x\to a}\{f(x)\pm g(x)\}=\alpha\pm\beta,$

(ii) $\lim_{x \to a} \{f(x) \cdot g(x)\} = \alpha \cdot \beta$,

(iii) $\lim_{x \to a} \dfrac{f(x)}{g(x)} = \dfrac{\alpha}{\beta}$

が成立する．ただし，(iii) の場合には $0 < |x-a| < r$ において $g(x) \not= 0$ かつ $\beta \not= 0$ とする．

証明．(i) 正数 $\varepsilon$ に対して，適当に正数 $\delta(<r)$ を定めれば，$0 < |x-a| < \delta$ なるとき

$$|f(x) - \alpha| < \frac{\varepsilon}{2}, \quad |g(x) - \beta| < \frac{\varepsilon}{2}$$

が成り立つようにできる．このとき，$0 < |x-a| < \delta$ なる限り

$$|(f(x)+g(x))-(\alpha+\beta)| \leq |f(x)-\alpha| + |g(x)-\beta| < \frac{\varepsilon}{2} + \frac{\varepsilon}{2} = \varepsilon.$$

$f(x) - g(x)$ についても同様にやればよい．

(ii) まず

$$f(x)g(x) - \alpha\beta = \{f(x) - \alpha\}g(x) + \alpha\{g(x) - \beta\}$$

と書き直してみる．次に $\lim_{x \to a} g(x) = \beta$ は有限であるから適当に正数 $\delta_1 (<r)$ を選べば，$0 < |x-a| < \delta_1$ において $g(x)$ は有界である．すなわち，適当な正数 $M$ があって，$0 < |x-a| < \delta_1$ の各点において

$$|g(x)| < M \ (< +\infty)$$

となる．したがって，$0 < |x-a| < \delta_1$ において

$$|f(x)g(x) - \alpha\beta| \leq |f(x) - \alpha| \cdot M + |\alpha| \cdot |g(x) - \beta|.$$

次に，任意の正数 $\varepsilon$ に対して，適当に正数 $\delta = \delta(\varepsilon) < \delta_1$ を選んで，$0 < |x-a| < \delta$ なる限り

$$|f(x) - \alpha| < \frac{\varepsilon}{M + |\alpha|}, \quad |g(x) - \beta| < \frac{\varepsilon}{M + |\alpha|}$$

が成り立つようにする．このようにすれば，$0 < |x-a| < \delta$ なる限り

$$|f(x)g(x) - \alpha\beta| < \frac{\varepsilon}{M + |\alpha|} \cdot M + |\alpha| \cdot \frac{\varepsilon}{M + |\alpha|} = \varepsilon.$$

(iii) まず

$$\frac{f(x)}{g(x)} - \frac{\alpha}{\beta} = \frac{\beta f(x) - \alpha g(x)}{\beta g(x)} = \frac{\beta\{f(x)-\alpha\} - \alpha\{g(x)-\beta\}}{\beta g(x)}.$$

$\lim_{x\to a} g(x) = \beta \neq 0$ であるから,適当に正数 $\delta_1(<r)$ を選べば $0<|x-a|<\delta_1$ において $|g(x)-\beta|<\dfrac{|\beta|}{2}$, したがって $|g(x)|>\dfrac{|\beta|}{2}$. いま簡単のため $\dfrac{|\beta|}{2}=m$ とおく.次に,任意の正数 $\varepsilon$ に対して,適当に正数 $\delta(<\delta_1)$ を選んで,$0<|x-a|<\delta$ なる限り

$$|f(x)-\alpha|<\frac{m^2}{|\alpha|+|\beta|}\varepsilon, \quad |g(x)-\beta|<\frac{m^2}{|\alpha|+|\beta|}\varepsilon$$

が成り立つようにする.このとき,$0<|x-a|<\delta$ のすべての点 $x$ で

$$\left|\frac{f(x)}{g(x)} - \frac{\alpha}{\beta}\right| \leq \frac{|\beta|\cdot|f(x)-\alpha|+|\alpha|\cdot|g(x)-\beta|}{m^2} < \varepsilon$$

が成立する.

**例 4.** $\lim_{x\to 0}\dfrac{3x^3+6x^2}{2x^4-15x^2}$ を求めよ.

**解.** $\qquad \lim_{x\to 0}\dfrac{3x^3+6x^2}{2x^4-15x^2} = \lim_{x\to 0}\dfrac{3x+6}{2x^2-15} = -\dfrac{2}{5}.$

**例 5.** $\lim_{x\to +\infty}\dfrac{x^2+3x}{5-3x^2}$ を求めよ.

**解.** $\qquad \lim_{x\to +\infty}\dfrac{x^2+3x}{5-3x^2} = \lim_{x\to +\infty}\dfrac{1+\dfrac{3}{x}}{\dfrac{5}{x^2}-3} = -\dfrac{1}{3}.$

**問 1.** 次の極限値を求めよ:

(1) $\qquad \lim_{x\to 1}\dfrac{x^2-2x+6}{x^2+3},$

(2) $\qquad \lim_{x\to +0}\dfrac{2x^3+3x^2}{x^3},$

(3) $\qquad \lim_{x\to 1}\dfrac{x^3-1}{x-1},$

(4) $\qquad \lim_{x\to +\infty}\dfrac{x^2+1}{3x^2+2x-1},$

(5) $\qquad \lim_{x\to +\infty}\dfrac{ax^2+bx+c}{dx^2+ex+f}.$

**問 2.** §7,問 5,定理 10.3,定理 10.4 を利用して,定理 10.6 を証明せよ.

## §11. 連続函数の性質

函数 $y=f(x)$ が開区間 $|x-a|<r$ で定義されているとする．このとき，もし $\lim_{x\to a}f(x)$ が存在してかつこの極限値が $f(a)$ に相等しいとき，すなわち

(11.1) $$\lim_{x\to a}f(x)=f(a)$$

ならば，$y=f(x)$ は $x=a$ において**連続である**(continuous)という．換言すれば，函数 $y=f(x)$ が開区間 $|x-a|<r$ で定義されているとき，任意の正数 $\varepsilon$ に対して，適当に正数 $\delta=\delta(\varepsilon)$ $(<r)$ を定めれば

(11.2) $\qquad |x-a|<\delta$ なる限り $|f(x)-f(a)|<\varepsilon$

が成立するようにできることである．

開区間 $(a,b)$，すなわち $a<x<b$，で函数 $y=f(x)$ が定義されているとき，$f(x)$ が区間 $(a,b)$ の各点で連続であるならば簡単に $f(x)$ は区間 $(a,b)$ において連続であるという．次に，函数 $y=f(x)$ が閉区間 $[a,b]$，すなわち $a\leqq x\leqq b$，で定義されているとき，$f(x)$ が端点 $x=a$ および $x=b$ で連続であるというのは，それぞれ

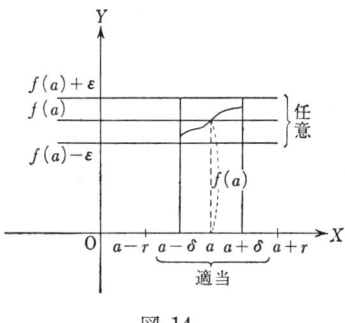

図 14

(11.3) $\qquad \lim_{x\to a+0}f(x)=f(a)$ および $\lim_{x\to b-0}f(x)=f(b)$

が成立することである．函数 $y=f(x)$ が閉区間の各点において連続であるとき，言葉をつめて $f(x)$ は閉区間 $[a,b]$ において連続であるという．

一般に，数軸 $OX$ 上の一点 $a$ を中点とする幅 $2\rho$ ($\rho$ は正数) の開区間 $(a-\rho, a+\rho)$: $|x-a|<\rho$ のことを，点 $a$ の $\rho$ **近傍**($\rho$-neighborhood)という．函数 $y=f(x)$ が開区間 $E: |x-a|<r$ で定義されているとき，$y=f(x)$ を $OX$ 軸上の開区間 $E$ から $OY$ 軸の中への写像と考えてみよう．そのとき，$y=f(x)$ が $x=a$ において連続であるというのは

$a$ の $\delta$ 近傍　　　　　　　　　　$f(a)$ の $\varepsilon$ 近傍

図 15

像 $f(a)$ の任意の $\varepsilon$ 近傍を与えたとき，適当に $x=a$ の $\delta$ 近傍を選べば，$a$ の $\delta$ 近傍内の各点 $x$ の像 $f(x)$ が $f(a)$ の $\varepsilon$ 近傍に含まれることを意味する．

さて，函数 $y=f(x)$ が(区間をも込めて)一般の変域 $E$ で定義されているとし，$a$ を $E$ の一点とする．正数 $\varepsilon$ を任意に与えたとき，適当に正数 $\delta=\delta(\varepsilon)$ を選んで

$$a \text{ の } \delta \text{ 近傍と } E \text{ との共通部分}$$

に属するすべての点 $x$ に対して

$$|f(x)-f(a)|<\varepsilon$$

が成立するようにできるならば，$f(x)$ は $x=a$ で連続であるという．この定義によれば，$f(x)$ の変域 $E$ の各点はそこで函数が連続になる点[これを**連続点**(point of continuity)という]と連続にならない点[これを**不連続点**(point of discontinuity)という)]の二種類に分類できる．

これから述べる注意は重要である．函数 $f(x)$ がある変域 $E$ で定義されているとき，$E$ の任意の部分集合 $E_1(\neq \emptyset)$ を函数 $y=f(x)$ の変域に採用して $y=f(x)$ を $E_1$ で定義された函数と考えることができる．さて，函数 $y=f(x)$ の連続，不連続を論ずる場合には，函数とその変域との一組に対して考察することが必要である．初等的な教科書には，たとえば

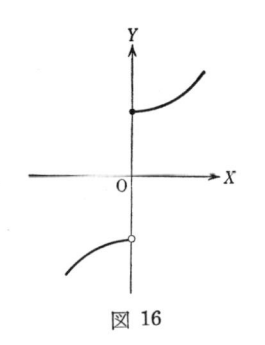

$$f(x)=\frac{x^2-4}{x-2}, \quad g(x)=\frac{1}{x-2}$$

はともに $x=2$ で不連続であるという言葉が使われている．しかし，$x=2$ では $f(x)$ も $g(x)$ も定義されていないのであって，$x=2$ で $f(x)$, $g(x)$ の連続，不連続を考えることが初めから意味がない．

図 16

また，函数

## §11. 連続函数の性質

$$f(x)=\begin{cases} x^2+1 & (x\geqq 0), \\ -(x^2+1) & (x<0) \end{cases}$$

を変域 $-\infty<x<+\infty$, または, $-1<x<1$ で考えれば $x=0$ は明らかに不連続点である. しかし, $y=f(x)$ を閉区間 $0\leqq x\leqq 1$ の函数と(制限して)考えれば, $f(x)$ は閉区間 $[0,1]$ のすべての点(特に $x=0$)で連続となる. これは式で与えられた函数の場合に, 変域をどうとるかによって連続, 不連続の事情を異にすることを示す.

**定理 11.1.** 函数 $y=f(x)$ を変域 $0<|x-a|<r$ で定義されていて, $x=a$ において有限な極限値 $\alpha$ を持つとする. すなわち

$$\lim_{x\to a}f(x)=\alpha.$$

このとき新しく $f(a)=\alpha$ と定義して, $y=f(x)$ を開区間 $|x-a|<r$ を変域とする函数と考えれば, $y=f(x)$ は $x=a$ で連続となる.

**証明.** $\lim_{x\to a}f(x)=f(a)$ であるからである.

**例 1.** 函数

$$y=f(x)=\frac{x^2-4}{x-2} \quad (x\neq 2)$$

は数軸 $OX$ から $x=2$ をとり去ったすべての点で定義されている. すなわち変域は $\{-\infty<x<+\infty\}-\{x=2\}$ である. 明らかに $\lim_{x\to 2}f(x)=4$ であるから, 新しく $f(2)=2$ と定義すれば, $f(x)$ は $-\infty<x<+\infty$ で定義されて $x=2$ で連続となる. このように修正を施された新しい函数 $f(x)$ は函数 $y=x+2$ そのものである.

定理 10.1 と定理 10.2 とから直ちにわかるように

**定理 11.2.** 函数 $y=f(x)$ が変域 $|x-a|<r$ で定義されているとき, $f(x)$ が $x=a$ で連続であるための必要かつ十分なる条件は

$0<|x_n-a|<r$, $\lim_{n\to\infty}x_n=a$ なる任意の点列 $\{x_n\}$ に対して

$$\lim_{n\to\infty}f(x_n)=f(a)$$

なることである.

**注意.** 定理 11.2 において $0<|x_n-a|<r$ は $|x_n-a|<r$ でおき換えてよい. (その理由は読者が考えられたい). また, 函数 $y=f(x)$ が閉区間 $[a,b]$ で定義されているとき, $f(x)$ が $x=a$ で連続であるための必要かつ十分なる条件は, $a\leqq x_n\leqq b$, $\lim_{n\to\infty}x_n=a$

なる任意の点列 $\{x_n\}$ に対して $\lim_{n\to\infty} f(x_n)=f(a)$ が成り立つことである．(他の端点 $x=b$ の場合も同様．)

閉区間 $[a,b]$ において函数 $y=f(x)$ を単調増加であるとする．定理 10.3 によれば，$a<c<b$ なる任意の一点 $c$ において極限値 $\lim_{x\to c-0} f(x)$, $\lim_{x\to c+0} f(x)$ が存在して

$$f(a) \leqq \lim_{x\to c-0} f(x) \leqq f(c) \leqq \lim_{x\to c+0} f(x) \leqq f(b)$$

なることは明らかである．したがって

$$\lim_{x\to c-0} f(x) = \lim_{x\to c+0} f(x)$$

ならば，

$$\lim_{x\to c-0} f(x) = f(c) = \lim_{x\to c+0} f(x),$$

すなわち

$$\lim_{x\to c} f(x) = f(c),$$

となって，$f(x)$ は $x=c$ で連続となる．

したがって，$x=c$ を $y=f(x)$ の不連続点とすれば

$$\lim_{x\to c-0} f(x) < \lim_{x\to c+0} f(x).$$

函数 $y=f(x)$ が $[a,b]$ で単調減少の場合も同様な議論が成り立つことはいうまでもない．この事実を用いて，

**定理 11.3.** 開区間 $a<x<b$ において函数 $y=f(x)$ を単調とすれば $(a,b)$ 内の $f(x)$ の不連続点の集合 $M$ は高々可付番無限である．

**証明．** いま，$c$ を $M$ の一点とすれば，

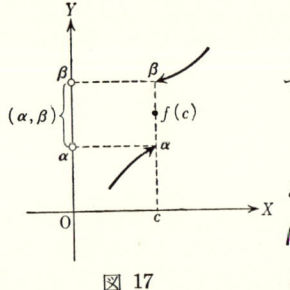

$$\lim_{x\to c-0} f(x) < \lim_{x\to c+0} f(x)$$

である．簡単のため，

$$\alpha = \lim_{x\to c-0} f(x), \quad \beta = \lim_{x\to c+0} f(x)$$

とおき，$c\in M$ に対して，$OY$ 軸上の開区間 $(\alpha, \beta)$ を対応させる．$c_1 \in M$, $c_2 \in M$, $c_1 < c_2$ なるとき，$c_1$ および $c_2$ に対応する開区間 $(\alpha_1, \beta_1)$

図 17

§11. 連続函数の性質

および $(\alpha_2, \beta_2)$ が共通点を持たないことは

$$\beta_1 = \lim_{x \to c_1 + 0} f(x) \leqq \lim_{x \to c_2 - 0} f(x) = \alpha_2$$

より明らかである．しかるに，$OY$ 軸上のどの二つも互に共通点を持たない開区間の集合は高々可付番無限である（第1章，問題9）から，$M$ もまた高々可付番無限である．

**例 2.** $x$ が有理数のとき $\varphi(x) = 1$，$x$ が無理数のとき $\varphi(x) = 0$ と定義された函数をディリクレ（Dirichlet）の函数という．$OX$ 軸上の任意の一点を $x = c$ とする．$\varepsilon$ を任意の正数とするとき，実数の稠密性によって，開区間 $c < x < c + \varepsilon$ には無限に多くの有理点と無限に多くの無理点とが含まれるから $\lim_{x \to c+0} f(x)$ は存在しない．ゆえに，$x = c$ は $y = \varphi(x)$ の不連続点である．すなわち，ディリクレの函数 $y = \varphi(x)$ に対して $OX$ 軸上のすべての点が不連続点である．

**例 3.** 不連続点の近くで複雑な状態を示す一つの函数を作ってみよう．まず，数列 $a_n = \dfrac{1}{n}$ $(n = 1, 2, \cdots)$ は明らかに極限値 $0$ を持つ．いま，$y = \psi(x)$ は偶函数（すなわち $\psi(x) = \psi(-x)$）であって，$\psi(0) = 0$，$n$ が奇数のとき $\psi\left(\dfrac{1}{n}\right) = 1$，$n$ が偶数のとき，$\psi\left(\dfrac{1}{n}\right) = -1$ とし，閉区間

$$\frac{1}{n+1} \leqq x \leqq \frac{1}{n} \quad (n = 1, 2, \cdots)$$

では $y = \psi(x)$ のグラフは二点 $\left(\dfrac{1}{n+1}, \psi(n+1)\right)$，$\left(\dfrac{1}{n}, \psi(n)\right)$ を結ぶ線分であるとしよう．このようにして閉区間 $[-1, 1]$ で定義された函数 $y = \psi(x)$ のグラフは次の図のようになる．

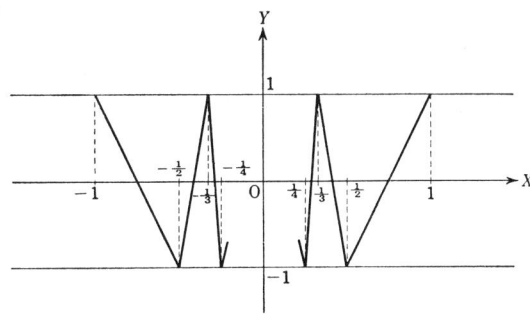

図 18

明らかに $\lim_{x \to +0} \psi(x)$ が存在しないから，$x = 0$ は $y = \psi(x)$ の不連続点である．ついでながら，

$\varliminf_{x\to 0}\psi(x)=-1$, $\varlimsup_{x\to 0}\psi(x)=1$. また, $x=0$ における $y=\psi(x)$ の集積値集合 $S$ は $OY$ 軸上の閉区間 $-1\leq y\leq 1$ である.

**定理 11.4.** 開区間 $|x-a|<r$ において定義された関数 $f(x)$ および $g(x)$ は $x=a$ で連続とする. このとき, $f(x)\pm g(x)$ および $f(x)\cdot g(x)$ は $x=a$ で連続である. さらに, $|x-a|<r$ において $g(x)\neq 0$ と仮定すれば, $\dfrac{f(x)}{g(x)}$ もまた $x=a$ で連続である.

**証明.** たとえば, $f(x), g(x)$ が $x=a$ で連続であることは
$$\lim_{x\to a}\{f(x)\cdot g(x)\}=(\lim_{x\to a}f(x))\cdot(\lim_{x\to a}g(x))=f(a)\cdot g(a).$$

**定理 11.5.** 関数 $y=f(x)$ を閉区間 $a\leq x\leq b$ で連続とし, $\alpha=f(a)<\beta=f(b)$ とする. いま $\alpha<\gamma<\beta$ なる任意の値を $\gamma$ とすれば, 必ず
$$f(c)=\gamma \quad (\text{ただし } a<c<b)$$
なるような点 $c$ がある. （連続関数の中間値の定理）

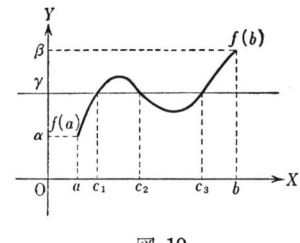

図 19 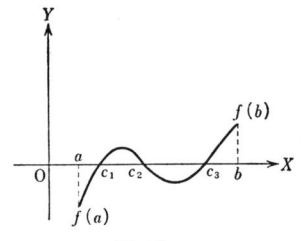　　　　　　　　　図 20

**証明.** まず, $f(a)<0$, $f(b)>0$ とすれば, 必ず
$$f(c)=0 \quad (a<c<b)$$
なる点 $c$ があることをいわゆる二等分法で証明しよう（図 20 を見よ）.

最初に $f\left(\dfrac{a+b}{2}\right)=0$ であるならば, 定理は正しい. もし, $f\left(\dfrac{a+b}{2}\right)<0$ ならば, $a_1=\dfrac{a+b}{2}$, $b_1=b$ とおき, $f\left(\dfrac{a+b}{2}\right)>0$ ならば, $a_1=a$, $b_1=\dfrac{a+b}{2}$ とおく. そうすれば, いずれの場合にせよ
$$f(a_1)<0, \quad f(b_1)>0$$
である. 次に $f\left(\dfrac{a_1+b_1}{2}\right)=0$ であるならば, 定理は正しい. $f\left(\dfrac{a_1+b_1}{2}\right)<0$ な

## §11. 連続函数の性質

らば, $a_2=\dfrac{a_1+b_1}{2}$, $b_2=b_1$ とおき, $f\left(\dfrac{a_1+b_1}{2}\right)>0$ ならば, $a_2=a_1$, $b_2=\dfrac{a_1+b_1}{2}$ とおく. この方法を限りなく続けて行けば

$$a_1 \leq a_2 \leq \cdots \leq a_n \leq \cdots \leq b_n \leq \cdots \leq b_2 \leq b_1,$$

$$b_n - a_n = \frac{b-a}{2^n} \quad (n=1, 2, \cdots),$$

$$f(a_n)<0, \quad f(b_n)>0$$

なる点列 $\{a_n\}$, $\{b_n\}$ が得られる. 定理 7.2 によれば $\lim\limits_{n\to\infty} a_n = \lim\limits_{n\to\infty} b_n = c$ が存在する. $y=f(x)$ は $x=c$ で連続であるから,

$$f(c) = \lim_{n\to\infty} f(a_n) \leq 0,$$

$$f(c) = \lim_{n\to\infty} f(b_n) \geq 0.$$

ゆえに $f(c)=0$, $a<c<b$ なることはいうまでもない.

次に一般の場合には, $\varphi(x)=f(x)-\gamma$ を考える. $\varphi(x)$ は $a\leq x\leq b$ で連続, $\varphi(a)=\alpha-\gamma<0$, $\varphi(b)=\beta-\gamma>0$. したがって, いま証明したばかりの事実を用いて, $\varphi(c)=0$ $(a<c<b)$ なるような点 $c$ がある. すなわち, $\varphi(c)=f(c)-\gamma$ であるから, $f(c)=\gamma$.

**別証明.** $f(a)<0$, $f(b)>0$ とすれば $f(c)=0$ $(a<c<b)$ なる点 $c$ があることを別な方法で証明しよう. まず, $f(x)<0$ であるような区間 $[a,b]$ のすべての点 $x$ の集合を $E$ とすれば, $x=a$ は $E$ に属し, $x=b$ は $E$ に属さない. $E$ の上限を $c$ とすれば, 明らかに $a\leq c\leq b$. $f(c)<0$ とすれば, $c<b$ であって, 適当に正数 $\delta$ を定めるとき, 区間 $c\leq x<c+\delta$ $(<b)$ のすべての点 $x$ で $|f(x)-f(c)|<|f(c)|$, したがって $f(x)<0$ となる. これは $c=\sup E$ に反する. また $f(c)>0$ とすれば, $a<c$ であって, 適当に正数 $\delta$ を定めるとき, 前と同様な議論で, 区間 $c-\delta<x\leq c$ のすべての点 $x$ で $f(x)>0$ となる. これもまた $c=\sup E$ に反する. ゆえに $f(c)=0$.

**定理 11.6.** 函数 $y=f(x)$ を閉区間 $E:[a,b]$ において連続とすれば, $f(x)$ は $[a,b]$ において有界である.

**注意.** $f(x)$ の $E:[a,b]$ においてとる値の集合 $f(E)$ が上(下)に有界であるとき, $f(x)$ を $[a,b]$ において上(下)に有界であるという.

**証明.** 値域 $f(E)$ が上界を持たないとすれば, おのおのの自然数 $n$ に対して

(11.4) $$f(x_n) > n \quad (n=1, 2, \cdots)$$

を満足する点 $x_n \in E$ がある．数列 $x_n$ ($n=1, 2, \cdots$) の適当な部分列 $x_{n_k}$ ($k=1, 2, \cdots$) を選べば，$\{x_{n_k}\}$ が収束するようにできる（第1章，問題15）．いま，$\lim_{k\to\infty} x_{n_k} = c$ とすれば，明らかに $a \leq c \leq b$．函数 $f(x)$ は $x=c$ で連続であるから，$f(c) = \lim_{k\to\infty} f(x_{n_k})$．しかるに，(11.4) によれば $\lim_{k\to\infty} f(x_{n_k}) = +\infty$ であるから，不都合がおこる．こうして，$f(x)$ は $[a,b]$ において上に有界なことがわかる．$f(x)$ が $[a,b]$ において下に有界であることも同様に証明できる．

**定理 11.7.** 函数 $y=f(x)$ を閉区間 $E:[a,b]$ において連続とすれば，$f(x)$ は $[a,b]$ において最大値および最小値を必ずとる．

**証明．** $f(x)$ の $E:[a,b]$ においてとる値の集合 $f(E)$ は，定理 11.6 によって，有界である．いま，集合 $f(E)$ の上限および下限をそれぞれ $G$ および $g$ で表わそう．$[a,b]$ の適当な点で函数 $f(x)$ が実際に値 $G$ および $g$ をとることを示せばよい．まず，定理 6.2 によれば，$[a,b]$ のすべての点 $x$ で $f(x) \leq G$ かつ任意の正数 $\varepsilon$ に対して

(11.5) $$f(x_\varepsilon) > G - \varepsilon$$

を満足する $[a,b]$ の点 $x_\varepsilon$ があることに注意する．仮に，$[a,b]$ のすべての点 $x$ で $f(x) \neq G$ とすれば，$G - f(x) > 0$ であるから，

$$F(x) = \frac{1}{G - f(x)}$$

は $[a,b]$ で正値ばかりをとる連続な函数である．したがって，$F(x)$ は $[a,b]$ で有界となる．そこで，$F(x)$ の $[a,b]$ における上限を $M$ としよう．いま，$\varepsilon < \frac{1}{M}$ なる正数 $\varepsilon$ をとれば，$[a,b]$ のすべての点 $x$ で $F(x) < \frac{1}{\varepsilon}$，すなわち，

$$\frac{1}{G - f(x)} < \frac{1}{\varepsilon},$$

これを書き直して，$f(x) < G - \varepsilon$．これは (11.5) と矛盾する．したがって，$[a,b]$ のある点 $x$ で必ず $f(x) = G$ となる．最小値の方についても同様に証明できる．

§11. 連続函数の性質

**注意.** 定理 11.6 および定理 11.7 においては，函数が閉区間 $a \leqq x \leqq b$ で連続ということが大切である．たとえば，函数 $y=\dfrac{1}{x}$ は区間 $0<x\leqq 1$ で連続であるが上に有界ではない．また函数 $y=x$ は開区間 $0<x<1$ で連続であるが，開区間 $(0,1)$ においては最大値も最小値もとらない．さらに，$\varphi(x)=x^2$ ($0<|x|\leqq 1$) かつ $\varphi(0)=1$ とおけば，$y=\varphi(x)$ は閉区間 $[-1,1]$ で定義された函数であって，$x=0$ では不連続となる．この函数 $y=\varphi(x)$ は閉区間 $[-1,1]$ で最小値をとらない．

簡単のため，$E$ を開区間 $a<x<b$，閉区間 $a\leqq x\leqq b$，区間 $(a,b]$ または $[a,b)$ としよう．函数 $y=f(x)$ が変域 $E$ のすべての点 $x=c$ で連続であるとする．$\varepsilon$ を任意の正数としたとき，適当に正数 $\rho$ を選んで $c$ の $\rho$ 近傍と $E$ との共通部分の各点 $x$ で

(11.6) $$|f(x)-f(c)|<\varepsilon$$

が成立するようにできる．この正数 $\rho$ は $\varepsilon$ に依存することはいうまでもないが，一般には，$\rho$ は点 $c$ にも依存する，すなわち，$\rho=\rho(c,\varepsilon)$ である．いま，$c$ の代りに $x$ と書き，$\varepsilon$ を一定にしておけば，$\rho(x,\varepsilon)$ は $E$ で定義された正の値をとる函数となる．$\rho(x,\varepsilon)$ の $E$ における下限は明らかに $\geqq 0$ であるが，つねに正になるとは限らない（そのことは直ぐあとでわかる）．$\rho(x,\varepsilon)$ の $E$ における下限 $\sigma$ が正であるならば，$E$ のすべての点 $x=c$ において共通の正数 $\sigma$ を用いて，"$c$ の $\sigma$ 近傍と $E$ との共通部分において不等式 (11.6) が成立するようにできる"．われわれは，このとき，函数 $y=f(x)$ は $E$ において**一様連続**である(uniformly continuous)という．

$E$ で一様連続な函数は当然 $E$ で連続であるが，逆は必ずしも成立しない．$y=f(x)$ を $E$ において一様連続とすれば必ず $E$ において有界となることに注意しよう．なぜならば，適当に正数 $\sigma$ を選べば，$E$ の各点 $c$ の $\sigma$ 近傍と $E$ との共通部分のすべての点 $x$ で

$$|f(x)-f(c)|<1$$

が成り立つようにできる．いま，自然数 $N$ を $\dfrac{b-a}{N}<\sigma$ なるようにとり，区間 $E$ を $N$ 等分して，その分点を $x_1,x_2,\cdots,x_{N-1}$ とする．すなわち，

$$a<x_1<x_2<\cdots\cdots<x_{N-1}<b.$$

さらに，$|f(x_1)|,\ |f(x_2)|,\cdots,|f(x_{N-1})|$ のうちの最大値を $M$ とおく．$E$

の任意の一点を $x$ とし，$x$ にもっとも近い分点の一つを $x_k$ とすれば，明らかに $|f(x)-f(x_k)|<1$, したがって

$$|f(x)|<|f(x_k)|+1, \quad |f(x)|<M+1.$$

このことから，たとえば $y=\dfrac{1}{x}$ は $(0,1]$ で連続ではあるが，ここで有界でないから，一様連続にならない．

したがって，次の定理は重要である．

**定理 11.8.** 閉区間 $a \leqq x \leqq b$ で函数 $y=f(x)$ を連続とすれば，必ず一様連続である．すなわち，任意の正数 $\varepsilon$ を与えたとき，適当に正数 $\delta=\delta(\varepsilon)$ を選んで，$[a,b]$ の任意の二点 $x_1, x_2$ に対して

$$|x_2-x_1|<\delta \text{ なる限り } |f(x_2)-f(x_1)|<\varepsilon$$

が成立するようにできる．

**証明．** 仮に，一様連続でないとすれば，ある(例外)の正数 $\varepsilon$ があって，おのおのの自然数 $n$ $(n=1,2,\cdots)$ に対して

$$|x_2{}^{(n)}-x_1{}^{(n)}|<\frac{1}{n} \text{ かつ } |f(x_2{}^{(n)})-f(x_1{}^{(n)})| \geqq \varepsilon > 0$$

となるような $[a,b]$ の一対の点 $x_1{}^{(n)}, x_2{}^{(n)}$ があることになる．点列 $\{x_1{}^{(n)}\}$, $\{x_2{}^{(n)}\}$ から適当な部分列 $\{x_1{}^{(n_k)}\}$, $\{x_2{}^{(n_k)}\}$ を選んで両方とも極限値 $c_1$, $c_2$ を持つようにできる．[1] 明らかに，$c_1, c_2$ は閉区間 $[a,b]$ にぞくする．これらの部分点列に対しては

$$|x_2{}^{(n_k)}-x_1{}^{(n_k)}|<\frac{1}{n_k} \text{ かつ } |f(x_2{}^{(n_k)})-f(x_1{}^{(n_k)})| \geqq \varepsilon > 0$$

が成り立つ．これらの最初の不等式から，$c_1=c_2$ なることがわかる．いま $c_1=c_2=c$ とおく．こうすれば

$$\lim_{k \to \infty}(f(x_2{}^{(n_k)})-f(x_1{}^{(n_k)}))=f(c)-f(c)=0$$

となって第二の不等式と矛盾する．

**注意．** この証明の中で，二つの数列 $\{a_n\}, \{b_n\}$ が与えられたとき，適当に部分列 $\{a_{n_k}\}, \{b_{n_k}\}$ を選んで，両方ともがそれぞれ極限値を持つようにできるという事実を用いた．念のため，これを証明しておこう．まず，$\{a_n\}$ から適当な部分列 $\{a_{n_m}\}$ を選んで

---

1) 次の注意を見よ．

これが極限値を持つようにする．次に，対応する数列 $\{b_{nm}\}$ から適当な部分列 $\{b_{nml}\}$ を選んで，これが極限値を持つようにする．$\{a_{nml}\}$ は $\{a_{nm}\}$ の部分列であるから極限値を持つことは明らかである．$\{a_{nml}\}$, $\{b_{nml}\}$ をそれぞれ $\{a_{n_k}\}$, $\{b_{n_k}\}$ と書けばよろしい．

**問 1.** 二つの函数 $f(x)=\dfrac{x^2-4}{x-2}$, $g(x)=x+2$ とはどういう点で相異なるか．

**問 2.** $x>0$ として，$[x]$ を $x$ を超えない最大整数とする．函数 $y=x-[x]$ は $x$ が正の整数のとき不連続になることを示せ．

**問 3.** 開区間 $|x-a|<r$ で定義された函数 $y=f(x)$ が $x=a$ で連続であってかつ $f(a) \neq 0$ とする．このとき，適当に正数 $\delta$ を選べば，$x=a$ の $\delta$ 近傍 $(a-\delta, a+\delta)$ の各点 $x$ で $f(x)$ は $f(a)$ と同符号であることを証明せよ．

**問 4.** 無限等比級数
$$f(x)=x^2+\frac{x^2}{1+x^2}+\cdots+\frac{x^2}{(1+x^2)^n}+\cdots$$
で定義された函数 $f(x)$ は $x=0$ で不連続であることを証明せよ．

## §12. 単調函数

単調函数の意味についてはすでに §10 で述べておいた．函数 $y=f(x)$ が区間 $a \leq x \leq b$ で単調増加(monotone increasing)，すなわち，$a \leq x_1 < x_2 \leq b$ の任意の二点 $x_1, x_2$ に対してつねに $f(x_1) \leq f(x_2)$ であるとき，定理10.3によれば，$a \leq x \leq b$ の任意の一点 $c$ で $\lim_{x \to c-0} f(x)$, $\lim_{x \to c+0} f(x)$ ($c$ が端点 $a, b$ のときはそのうち一方だけ）が存在して
$$\lim_{x \to c-0} f(x) \leq f(c) \leq \lim_{x \to c+0} f(x)$$
である．いま，$\lim_{x \to c-0} f(x)=f(c-0)$, $\lim_{x \to c+0} f(x)=f(c+0)$ なる記号を使えば

(12.1)    $f(c-0) \leq f(c) \leq f(c+0)$.

**定理 12.1.** $y=f(x)$ を閉区間 $E: a \leq x \leq b$ において定数でない単調増加函数とする．このとき，$f(x)$ が $E$ において連続であるための必要かつ十分なる条件は $f(x)$ の $E$ における値の集合 $f(E)$ が OY 軸上の閉区間 $[f(a), f(b)]$ と一致することである．

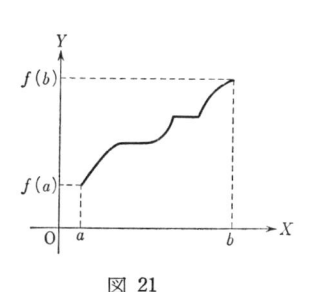

図 21

**証明.** 函数 $y=f(x)$ を $[a,b]$ で連続とすれば，連続函数の中間値の定理（定理 11.5）によって，$f(a)<\gamma<f(b)$ なる任意の値 $\gamma$ に対して $f(c)=\gamma$ なる点 $c$ $(a<c<b)$ が必ずある．ゆえに $f(E)$ は閉区間 $[f(a),\,f(b)]$ と一致する．次に，$y=f(x)$ が $[a,b]$ の一点 $c$（たとえば $a<c<b$）で不連続であるとすれば

$$f(c-0)<f(c+0)$$

であって，かつ $f(c-0)\leqq f(c)\leqq f(c+0)$ であるから，$f(E)$ は開区間 $f(c-0),\,f(c+0))$ に含まれるある小さい開区間を被わない．

この機会に，われわれは**ベキ根函数**

$$y=\sqrt[n]{x}\quad (\boldsymbol{n}\text{ 整数},\ \boldsymbol{n}\geqq 2)$$

を説明しよう．

まず，任意の実数 $a$ を底とするベキが次の四つの公式で定義されていることは諸君のよく知っている所である．

A. $\qquad\qquad\qquad a^1=a.$
B. $n=2,3,4,\cdots$ に対して，$a^n=a\cdot a\cdots a$; ここに右辺の因数の数は $n$ とする．
C. $\qquad\qquad\qquad a^{-n}=\dfrac{1}{a^n}\quad (a\neq 0,\ n=1,2,\cdots).$
D. $\qquad\qquad\qquad a^0=1\quad (a\neq 0).$

A～D の公式から任意の整指数の場合に容易に次の法則が出てくる： I. $a^n a^m=a^{n+m}$, II. $\dfrac{a^n}{a^m}=a^{n-m}$, III. $(a^n)^m=a^{nm}$, IV. $a^n b^n=(ab)^n$, V. $\dfrac{a^n}{b^n}=\left(\dfrac{a}{b}\right)^n$, VI. $1^n=1$, VII. $0<a<b$ なるとき，$n>0$ ならば $0<a^n<b^n$. ただし，I－V の法則においては，$a\neq 0, b\neq 0$ とする．換言すれば，両辺は共に意味を持つものとする．函数

$$y=f(x)=x^n\quad (n\text{ 整数},\ \geqq 2)$$

は $-\infty<x<+\infty$ で連続な函数である．なぜならば，明らかに $y=x$ は $-\infty<x<+\infty$ で連続，したがって

$$f(x)=x^n=\underbrace{x\cdot x\cdots x}_{n}$$

## §12. 単調函数

は定理 11.4 によって $-\infty < x < \infty$ で連続である.

$x$ が偶数なるとき，明らかに $f(x) = f(-x)$，すなわち $f(x)$ は偶函数であり，$n$ が奇数なるとき，$f(x) = -f(-x)$ であって，$f(x)$ は奇函数である.

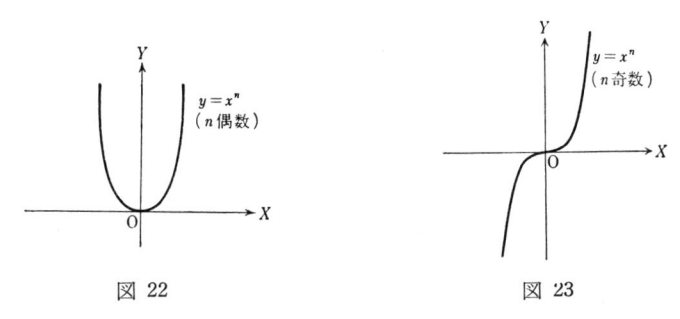

図 22

図 23

変域 $E: 0 \leqq x < +\infty$ において，$n$ を任意の正の整数とするとき $f(x) = x^n$ は狭義の増加函数である. $0 \leqq x_1 < x_2$ とすれば，$0 \leqq x_1{}^n < x_2{}^n$ である（法則 VII）. また，明らかに $\lim\limits_{x \to +\infty} x^n = +\infty$ である. したがって，$0 \leqq \alpha < \infty$ とすれば，方程式
$$x^n = \alpha$$
を満足する $x$ は必ず存在して（定理 12.1）しかもただ一つである（$y = x^n$ は $0 \leqq x < +\infty$ で狭義の単調増加であるから）．これを
$$x = \sqrt[n]{\alpha} \quad \text{または} \quad x = \alpha^{1/n}$$
と書く.

特に，$n$ が奇数なるとき，
$$y = f(x) = x^n$$
は $-\infty < x < \infty$ で狭義の単調増加函数であって
$$\lim_{x \to -\infty} x^n = -\infty, \quad \lim_{x \to +\infty} x^n = \infty$$
である. したがって，$y = f(x) = x^n$ によって，$-\infty < x < +\infty$ は $-\infty < y < \infty$ に一対一に写像される. $-\infty < \alpha < \infty$ なる $\alpha$ に対して，$x^n = \alpha$ を満足する $x$ はただ一つ存在する. これを
$$x = \sqrt[n]{\alpha} \quad \text{または} \quad x = \alpha^{1/n}$$
と書く. いま $\alpha$ の代りに文字 $y$ を使用すれば，函数

$$x = \varphi(y) = y^{1/n}$$

が定義される.

$n$ が偶数のときは，その変域は $0 \leqq y < \infty$,

$n$ が奇数のときは，その変域は $-\infty < y < \infty$;

である．$\varphi(0) = 0$ であって，$x = y^{1/n}$ はその変域において狭義の増加函数である.

仮に，$y_1 < y_2$ のとき $x_1 = \varphi(y_1) \geqq x_2 = \varphi(y_2)$ とすれば $y_1 = x_1{}^n \geqq y_2 = x_2{}^n$ となるからである．しかのみならず，定理 12.1 を応用すれば，$x = y^{1/n}$ はその変域で連続な函数であることが分る．ここでさらに，$x$ と $y$ との文字を入れかえれば函数 $y = x^{1/n}$ がえられる.

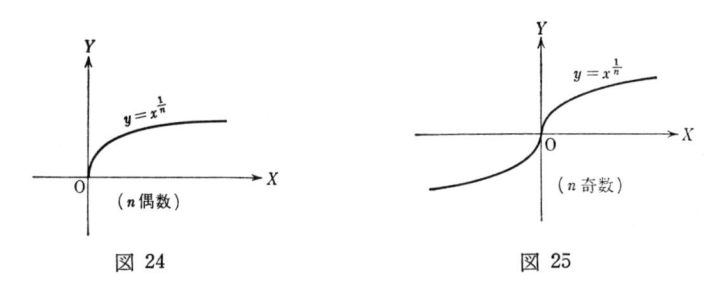

図 24 ($n$偶数)

図 25 ($n$奇数)

## §13. 合成函数

函数 $y = f(x)$ は OX 軸上の変域 $E_x$ で定義され，函数 $z = g(y)$ は OY 軸上の変域 $E_y$ で定義されているとし，かつ $y = f(x)$ のとる値はすべて変域 $E_y$ に含まれるものとする．すなわち，$f(E_x) \subset E_y$. このとき，$E_x$ の各点 $x$ に

$$x \to y = f(x) \to z = g[f(x)]$$

の仕方で，値 $z = g[f(x)]$ を対応させれば，$E_x$ を変域とする函数 $z = g[f(x)]$ が得られる．これを二つの函数 $z = g(y)$ と $y = f(x)$ との**合成函数**(composite function)という．たとえば，$y = ax^2 + bx + c$ と $z = y^n$ ($n \geqq 2$, 整数)とを合成すれば，合成函数 $z = (ax^2 + bx + c)^n$ で得られる.

**定理 13.1** 函数 $y = f(x)$ に $0 < |x - a| < \delta$ で定義されていて

$$\lim_{x \to a} f(x) = \alpha$$

## §13. 合成函数

とする．函数 $z=g(y)$ は変域 $0<|y-\alpha|<\rho$ で定義されていて
$$\lim_{y\to\alpha} g(y) = \gamma$$
とする．さらに，$0<|x-a|<r$ における $y=f(x)$ の値の集合は $0<|y-\alpha|<\rho$ に含まれるものとする．このとき，$0<|x-a|<r$ で合成函数
$$z = F(x) = g[f(x)]$$
が定義されて，かつ
$$\lim_{x\to a} F(x) = \gamma$$
である．

**証明．** まず，任意の正数 $\varepsilon$ に対して，適当に正数 $\eta$ を定めて
$$0<|y-\alpha|<\eta \text{ なる限り } |g(y)-\gamma|<\varepsilon$$
が成り立つようにする．次にこの正数 $\eta$ に対して，適当に正数 $\delta$ を定めて
$$0<|x-a|<\delta \text{ なる限り } |f(x)-\alpha|<\eta$$
が成り立つようにすれば，定理の仮定から，実は $0<|f(x)-\alpha|<\eta$ が成り立つことになる．したがって，$0<|x-a|<\delta$ なる限り
$$|g[f(x)]-\gamma|<\varepsilon.$$

**定理 13.2.** 函数 $y=f(x)$ は $0<|x-a|<r$ で定義されていて $\lim_{x\to a} f(x)=\alpha$ とする．函数 $z=g(y)$ は今度は開区間 $|y-\alpha|<\rho$ で定義されていて，$y=\alpha$ で連続であって，かつ $g(\alpha)=\gamma$ とする．さらに，$0<|x-a|<r$ の各点で $y=f(x)$ のとる値は区間 $|y-\alpha|<\rho$ に含まれるものとする．このとき，$0<|x-a|<r$ において合成函数 $z=F(x)=g[f(x)]$ が定義されてかつ $\lim_{x\to a} F(x)=\gamma$ である．

**証明．** 函数 $z=g(y)$ は $y=\alpha$ で連続であるから，任意に正数 $\varepsilon$ を与えたとき，適当に正数 $\eta$ を定めれば
$$0<|y-\alpha|<\eta \text{ なる限り } |g(y)-g(\alpha)|<\varepsilon$$
が成り立つようにできる．しかるに，この場合 $y=\alpha$ に対して $|g(y)-g(\alpha)|<\varepsilon$ の成り立つことは自明であるから
$$|y-\alpha|<\eta \text{ なる限り } |g(y)-g(\alpha)|<\varepsilon$$
が成立するといってよい．次に，この正数 $\eta$ に対して，適当に正数 $\delta$ を定めて

$$0<|x-a|<\delta \text{ なる限り } |f(x)-\alpha|<\eta$$

が成立するようにすれば，明らかに

$$0<|x-a|<\delta \text{ なる限り}$$
$$|g[f(x)]-g(\alpha)|<\varepsilon, \text{ すなわち}$$
$$|g[f(x)]-\gamma|<\varepsilon.$$

次の注意は大切である．定理 13.2 において，函数 $z=g(y)$ に関する仮定を単に，函数 $z=g(y)$ は開区間 $|y-\alpha|<\rho$ が定義されていて $\lim_{y\to\alpha}g(y)=\gamma$ であるというように弱めることは許されない．実際，反例を作ってみよう．まず，

$$y=f(x)=\begin{cases} x & \left(0<|x|<1, \text{ ただし } x \neq \dfrac{1}{2^n} \ (n=1,2,\cdots)\right), \\ 0 & \left(x=\dfrac{1}{2^n} \ (n=1,2,\cdots)\right) \end{cases}$$

とすれば，$y=f(x)$ は $0<|x|<1$ で定義されていて $\lim_{x\to 0}f(x)=0$ である．次に

$$z=g(y)=\begin{cases} y^2 & (0<|y|<1), \\ 1 & (y=0) \end{cases}$$

とすれば，$z=g(y)$ は開区間 $|y|<1$ で定義されていて $\lim_{y\to 0}g(y)=0$ である．

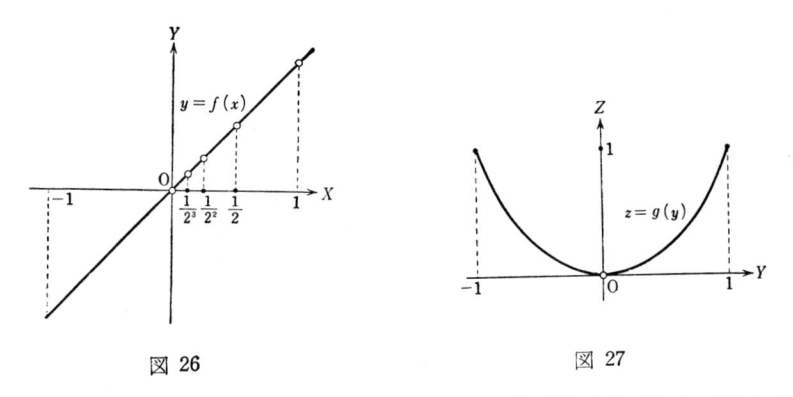

図 26

図 27

このとき，$y=f(x)$ の $0<|x|<1$ でとる値が開区間 $|y|<1$ に含まれることは明らかであろう．合成函数 $z=F(x)=g[f(x)]$ は $0<|x|<1$ で定義さ

## §13. 合成函数

れる. すなわち,

$$z = F(x) = g[f(x)] = \begin{cases} x^2 & \left(0 < |x| < 1, \text{ ただし } x \neq \dfrac{1}{2^n} \ (n=1, 2, \cdots)\right), \\ 1 & \left(x = \dfrac{1}{2^n} \ (n=1, 2, \cdots)\right) \end{cases}$$

は $\lim_{x \to 0} F(x)$ を持たない.

**注意.** 函数 $y = f(x)$ が変域 $E: 0 < |x-a| < r$ で定義されているとき, 文字 $x$ を独立変数(independent variable), 文字 $y$ を従属変数(dependent variable)ということがある. つまり, $x$ は変域内の任意の点の座標を表わすのに, $y$ は一定の対応 $f$ に依存して変り得ることからそういうわけである. しばしば, $\lim_{x \to a} f(x) = \alpha$ のことを

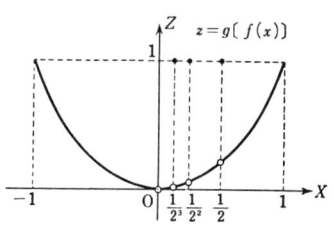

$$x \to a \text{ ならば } y \to \alpha$$

図 28

と書くことがある. この記法は便利ではあるが, 誤解もされ易い. 独立変数 $x$ に関しては, $x \to a$ は $x \neq a$ であって $x$ が $a$ に限りなく近づくことを意味するのに, これに反して, 従属変数 $y$ の方に関して, $y \to \alpha$ は単に $y$ が $\alpha$ に近づくことを意味する. 極端な場合, $0 < |x-a| < r$ における定数函数 $y = f(x) \equiv \alpha$ を考えれば, $\lim_{x \to a} f(x) = \alpha$ なることは明白であるが, これを前の記法で書けば

$$x \to a \text{ ならば } (y \text{ は常に } \alpha \text{ に等しくて}) \ y \to \alpha$$

となる. 漠然と, $y$ を $x$ の函数, $z$ を $y$ の函数として $x \to a$ ならば $y \to \alpha$, $y \to \alpha$ ならば $z \to \gamma$ なるとき, 合成して得られる $x$ の函数 $z$ は, $x \to a$ のとき $z \to \gamma$ であるというような議論は正しくはない.

**定理 13.3.** 函数 $y = f(x)$ は区間 $a < x < b$ で連続, 函数 $z = g(y)$ は区間 $\alpha < y < \beta$ で連続でかつ $y = f(x)$ の区間 $a < x < b$ における値は区間 $\alpha < y < \beta$ に含まれるものとする. このとき, 合成函数 $z = g[f(x)]$ は $a < x < b$ で連続である.[1]

**証明.** $a < c < b$ なる任意の一点を $c$ とすれば

$$\lim_{x \to c} g[f(x)] = g[f(c)].$$

定理 13.3 の応用を述べよう.

さて, 函数 $y = f(x) = x^p$ ($p$ は正の整数) は変域 $E_x : 0 \leq x < +\infty$ におい

---

[1] $(a, b)$ の代りに $[a, b], [a, b), (a, b]$ をとっても同様である.

て連続な狭義の単調増加函数であって，その値の集合は $0 \leq y < +\infty$ である．また，$z = g(y) = \sqrt[q]{y}$（$q$ は正の整数）は変域 $0 \leq y < +\infty$ で連続な狭義の単調増加函数である．したがって，合成函数

$$z = F(x) = g[f(x)] = \sqrt[q]{x^p}$$

は変域 $E_x : 0 \leq x < +\infty$ で定義された，連続な狭義の単調増加函数である．明らかに $F(0) = 0$，かつ $\lim_{x \to +\infty} F(x) = +\infty$ である．

次に，函数 $y = f(x) = x^p$（$p$ は負の整数）は変域 $0 < x < +\infty$ において連続な狭義の単調減少函数であって，$\lim_{x \to +0} f(x) = +\infty$，$\lim_{x \to +\infty} f(x) = 0$ である．したがって，合成函数 $z = F(x) = g[f(x)] = \sqrt[q]{x^p}$ は今度は変域 $0 < x < +\infty$ で定義された，連続な狭義の単調減少函数であって，明らかに $\lim_{x \to +0} F(x) = +\infty$，$\lim_{x \to +\infty} F(x) = 0$ である．

さて，$a$ を任意の正の実数とする．$q$ を正の整数，$p$ を任意の（正，負または 0 なる）整数としたとき

(13.1) $$a^{p/q} = \sqrt[q]{a^p}$$

で正数 $a$ を底とする分数指数のベキ $a^{p/q}$ を定義する．$\zeta$ を有理数としたとき $\zeta = \dfrac{p}{q}$（$q$ は正の整数，$p$ は整数）という表わし方はただ一つとは限らない．いま，$\zeta = \dfrac{p}{q} = \dfrac{p'}{q'}$（$q > 0$, $q' > 0$）とする．$a^{p/q} = a^{p'/q'}$ を念のため証明してみよう．$p = p' = 0$ のときは明白である．なぜならば，両方とも 1 に等しい．しからざる場合 $\sqrt[q]{a^p} = \alpha$, $\sqrt[q']{a^{p'}} = \beta$ とおけば，$\alpha^q = a^p$, $\beta^{q'} = a^{p'}$. したがって $\alpha^{qp'} = \beta^{pq'}$, しかるに $qp' = pq'$ であるから $\alpha = \beta$ となる．

このようにして，$\zeta$ が有理数であるとき，函数 $y = x^\zeta$ を考えることができる．$\zeta$ が正の有理数のときは，$y = x^\zeta$ は $0 \leq x < +\infty$ で連続な狭義単調増加函数，$\zeta$ が負の有理数のときは，$y = x^\zeta$ は $0 < x < \infty$ で連続な狭義単調減少函数である．

**問 1.** 底を正の実数とする．有理指数のベキに関して，§12 で述べたベキの公式 I－VII の成立することを証明せよ．

**問 2.** 次の函数の変域を求めよ：

(1) $y = \sqrt{(x-1)(x-2)(x-3)}$, (2) $y = \sqrt{x^2(x^2-1)}$.

**問 3.** 函数 $y=2+(x-4)^{1/3}$ のグラフを描け．

**問 4.** 一般には，$p$ を整数，$q$ を正の整数，底 $a$ は正数のとき，分数指数のベキ
$$a^{p/q} = \sqrt[q]{a^p}$$
が定義される．しかしながら，$p$ が偶数の場合には，$a$ が負数であっても $a^p$ は正であるから，$a^{p/q} = \sqrt[q]{a^p}$ と定義を拡げることができる．とくに $p>0$ の場合には，さらに $a=0$ のとき $a^{p/q}=0$ と定める．こう約束したとき，函数 $y=x^{2/3}$ のグラフを描け．

## §14. 逆 函 数

函数 $y=f(x)$ を閉区間 $E: a \leqq x \leqq b$ において定義された連続な狭義の増加函数とする．いま，$\alpha=f(a), \beta=f(b)$ とおけば，定理 12.1 によって，$y=f(x)$ の $E$ における値の集合 $f(E)$ は OY 軸上の閉区間 $[\alpha, \beta]$ である．

したがって，$y=f(x)$ は OX 軸上の閉区間 $[a,b]$ を一対一に OY 軸上の閉区間 $[\alpha, \beta]$ に写像する．すでに述べたように，一対一写像は可逆的である．すなわち，閉区間 $[\alpha, \beta]$ の各点 $y$ に対して，$f(x)=y$ を満足する $x$ は $[a,b]$ に必ず存在してただ一つである．この $x$ を $[\alpha, \beta]$ の各点 $y$ に対応させれば函数 $x=\varphi(y)$ がえられる．$[\alpha, \beta]$ で定義された函数 $x=\varphi(y)$ を $y=f(x)$ の**逆函数**(inverse function)といい，しばしば $x=f^{-1}(y)$ なる記号で表わす．明らかに

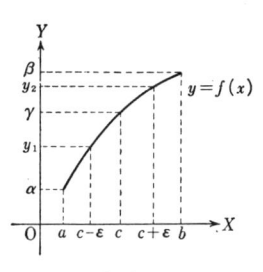

図 29

$$a \leqq x \leqq b \text{ において } \varphi[f(x)]=x,$$
$$\alpha \leqq y \leqq \beta \text{ において } f[\varphi(y)]=y;$$

である．逆函数 $x=\varphi(y)$ が $\alpha \leqq y \leqq \beta$ で狭義の単調増加であることは，$\alpha \leqq y_1 < y_2 \leqq \beta$ に対して仮に $x_1=\varphi(y_1) \geqq x_2=\varphi(y_2)$ とすれば $y_1=f(x_1) \geqq y_2=f(x_2)$ となって仮定に背く．次に，$x=\varphi(y)$ が $[\alpha, \beta]$ で連続であることは定理 12.1 によって明白であるが別の証明を与えよう．$\alpha < \gamma < \beta$ かつ $\varphi(\gamma) = c$ としよう．$\varepsilon$ を任意の正数として，$f(c-\varepsilon)=y_1, f(c+\varepsilon)=y_2$ とおけば $y_1 < \gamma < y_2$ である．いま，正数 $\delta$ を開区間 $(c-\delta, c+\delta)$ が $(y_1, y_2)$ に含ま

れるように選べば，$|y-\gamma|<\delta$ なる限り $|\varphi(y)-\varphi(\gamma)|<\varepsilon$ となる．

これまでの説明をまとめれば，次の定理がえられる．

**定理 14.1.** $y=f(x)$ を閉区間 $a\leqq x\leqq b$ において連続な狭義の単調増加関数とし，$f(a)=\alpha$, $f(b)=\beta$ とする．このとき，逆関数 $x=\varphi(y)$ は必然的に閉区間 $\alpha\leqq y\leqq \beta$ で連続かつ狭義の単調増加となる．

関数 $y=f(x)$ の逆関数 $x=\varphi(y)$ において，$x$ と $y$ との文字を入れ換えれば
$$y=\varphi(x) \quad (\alpha\leqq x\leqq \beta).$$

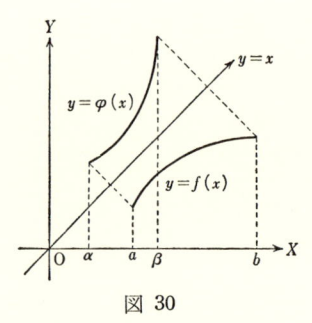

逆関数 $y=\varphi(x)$ $(\alpha\leqq x\leqq \beta)$ のグラフは関数 $y=f(x)$ のグラフと直線 $y=x$ に関して対称となることはいうまでもない．

**注意.** 定理 14.1 を単調減少関数の場合に書き直せば，次のようになる．$y=f(x)$ を閉区間 $a\leqq x\leqq b$ において連続な狭義の単調減少関数として，$f(a)=\alpha, f(b)=\beta$ とする．このとき，逆関数 $x=\varphi(y)$ は必然的に閉区間 $\beta\leqq y\leqq \alpha$ で連続かつ狭義の単調減少となる．

図 30

**注意.** たとえば，$y=x^2$ は $-\infty<x<+\infty$ では単調ではないが，二つの変域 $-\infty<x\leqq 0$, $0\leqq x<\infty$ に分けて考えればそこで単調である．これらの $y=x^2$ の分枝に対応する逆関数を作れば，それぞれ変域 $0\leqq x<+\infty$ において $y=-\sqrt{x}$ および $y=\sqrt{x}$ がえられる．

## 問 題 2

**1.** 関数 $y=\dfrac{x}{1-|x|}$ によって $OX$ 軸上の線分 $-1<x<1$ は一対一に $OY$ 軸全体に写像されることを証明せよ．

**2.** 関数 $y=|(x-\alpha)(x-\beta)|$，ただし $\alpha<\beta$，のグラフを描け．

**3.** 次の関数の変域を求めよ：

(1)　　　$y=\sqrt{(x-1)(x-2)(x-3)(x-4)}$,

(2)　　　$y=\sqrt{x^2(x-1)(x-2)}$,

(3)　　　$y=x^{1/5}$,

(4)　　　$y=x^{5/6}$.

**4.** $a<b<c$ として，関数
$$y=\frac{1}{x-a}+\frac{1}{x-b}+\frac{1}{x-c}$$

のグラフを描け．さらに，このグラフを使って方程式
$$\frac{1}{x-a}+\frac{1}{x-b}+\frac{1}{x-c}=\lambda \quad (-\infty<\lambda<+\infty)$$
の根の性質を調べよ．

**5.** 次の函数の極限値を求めよ：

(1) $\displaystyle\lim_{x\to 0}\frac{x^2-2x+6}{x^2+8}$,

(2) $\displaystyle\lim_{x\to +\infty}\frac{5x^2-3x}{x}$,

(3) $\displaystyle\lim_{x\to +\infty}\frac{2x^3-5x^2+3}{5x-2x^2-7x^3}$,

(4) $\displaystyle\lim_{x\to 0}\frac{\sqrt{a+x}-\sqrt{a-x}}{x}\quad (a>0)$,

(5) $\displaystyle\lim_{x\to +\infty}(\sqrt{1+x+x^2}-x)$.

**6.** 函数 $y=f(x)$ は開区間 $(a,b)$ で定義されているとする．いま，点列 $\{x_n\}$ は $(a,b)$ 内にあって，単調減少で，しかも $\displaystyle\lim_{n\to\infty}x_n=a$ とする．このとき，もし $\displaystyle\lim_{n\to\infty}f(x_n)=\alpha$ ならば $\displaystyle\lim_{x\to a+0}f(x)=\alpha$ であると結論してよいか．

**7.** 函数 $y=f(x)$ は開区間 $(a,b)$ で有界とする．$f(x)$ の $(a,b)$ における上限，下限をそれぞれ $G,g$ で表わしたとき，$w=G-g$ を $f(x)$ の $(a,b)$ における**振幅**という．振幅 $w$ は，$(a,b)$ 内を二点 $x_1, x_2$ が動いたときの $|f(x_2)-f(x_1)|$ の上限であることを証明せよ．

**8.** 函数 $y=f(x)$ は一点 $c$ のある近傍 $|x-c|<r$ で有界であるとする．いま点 $c$ の $\rho$ 近傍 $|x-c|<\rho(<r)$ における $f(x)$ の振幅を $w(\rho)$ とすれば，明らかに $w(\rho)$ は $0<\rho<r$ で単調増加であって $\displaystyle\lim_{\rho\to +0}w(\rho)$ が存在する．$\displaystyle\lim_{\rho\to +0}w(\rho)$ のことを函数 $f(x)$ の $x=c$ における振幅といって，これを $\omega(c)$ で表わす．函数 $f(x)$ が $x=c$ で連続であるための必要かつ十分な条件は $\omega(c)=0$ であることを証明せよ．

**9.** 函数 $f(x), g(x)$ はともに区間 $(a,b)$ で連続であるとする．$(a,b)$ の各点 $x$ における $f(x), g(x)$ の値のうち小でないものを $\max(f(x),g(x))$ で表わす．函数 $\varphi(x)=\max(f(x),g(x))$ は $(a,b)$ で連続であることを証明せよ．

**10.** 閉区間 $E:[a,b]$ で，$y=f(x)$ を定数でない連続函数とし，その最大値を $M$, 最小値を $m$ で表わす．このとき，$E$ の $y=f(x)$ による像集合 $f(E)$ は $OY$ 軸上の閉区間 $[m, M]$ であることを証明せよ．

**11.** 二つの平面曲線 $f(x,y)=0$ と $f(y,x)=0$ とは直線 $y=x$ に関して対称であることを証明せよ．

**12.** 曲線 $y^2=x^3$ および $y^3=x^2$ を描け．

# 第3章 初 等 函 数

## §15. 指 数 函 数

底 $a$ を正の実数とする．$\zeta$ が有理数の場合に $a^\zeta$ の意味はすでに §13 で述べておいた．任意の有理数 $\zeta$ は $p$ を整数，$q$ を正の整数として $\zeta = \dfrac{p}{q}$ と表わすことができる．そのことを用いて

(15.1) $$a^\zeta = a^{p/q} = \sqrt[q]{a^p} \quad (\text{ただし } a>0)$$

で定義した．また，有理指数のベキに関してもベキの法則(§12, I—Ⅶ)の成立することを注意しておいた．

これから $x$ を任意の実数とするとき，ベキ $a^x$ を定義しよう．そのために

**定理 15.1.** 一つの有理数列 $\{x_n\}$ が収束すれば，数列 $\{a^{x_n}\}$ $(a>0)$ もまた収束する．

**証明．** $a=1$ の場合は明らかに定理は成立する．

（1）$a>1$ の場合を考える．このとき，まず $a^r$ ($r$ は有理数) は $r$ と共に(狭義で)増加する．なぜならば，$r_1 > r_2$ から $r_1 - r_2 > 0$ であるから，法則Ⅶと Ⅵ によって

$$a^{r_1-r_2} > 1^{r_1-r_2} = 0, \quad \text{したがって } a^{r_1} = a^{r_2} \cdot a^{r_1-r_2} > a^{r_2} \cdot 1 = a^{r_2}.$$

次に，$q$ を任意の正の整数とすれば，$\{x_n\}$ は収束するから，定理 7.11(コーシーの定理)によれば，適当に自然数 $N$ を定めて，$n \geq N, m \geq N$ のすべての自然数 $m, n$ に対して

$$-\frac{1}{q} < x_m - x_n < \frac{1}{q}$$

が成り立つようにできる．$a^x$ (ただし $x$ は有理数) は単調に増加(狭義)するから，

(15.2) $$a^{-1/q} < a^{x_m - x_n} < a^{1/q}$$

である．いま $a = 1 + d$ $(d>0)$ とおけば，

$$a^{1/q} = \sqrt[q]{a} = \sqrt[q]{1+d} < 1 + \frac{d}{q},$$

したがって

$$a^{-1/q} = \frac{1}{a^{1/q}} > \frac{1}{1+\dfrac{d}{q}} > 1 - \frac{d}{q}$$

であるから，

$$1 - \frac{d}{q} < a^{x_m - x_n} < 1 + \frac{d}{q},$$

すなわち

$$|a^{x_m - x_n} - 1| < \frac{a-1}{q}.$$

さて，$\{x_n\}$ は収束するから必ず有界，いまその上界の一つである有理数を $G$ とすれば $x_n \leqq G$，したがって $a^{x_n} \leqq a^G$ であるから

$$|a^{x_m} - a^{x_n}| = |a^{x_n} \cdot a^{x_m - x_n} - a^{x_n}|$$

$$= a^{x_n} \cdot |a^{x_m - x_n} - 1| < a^G \frac{a-1}{q}.$$

$a, G$ はともに一定な正数であって $q$ は任意の正数である．ゆえに正数 $\varepsilon$ を任意に与えたとき，まず $\dfrac{1}{q} a^G (a-1) < \varepsilon$ となるように，正の整数 $q$ をえらび，$q$ に対して (15.2) が成立するように自然数 $N$ を選べば，$N \leqq n$，$N \leqq m$ に対して

$$|a^{x_m} - a^{x_n}| < \varepsilon$$

が成立する．定理 7.11 (コーシーの定理) によって，数列 $\{a^{x_n}\}$ は収束する．

（2） $a < 1$ の場合を考える．いま，$a = \dfrac{1}{b}$ とおけば $b > 1$ である．数列 $\{-x_n\}$ は収束するから，(1) によれば $\{b^{-x_n}\}$ も収束する．しかるに

$$b^{-x_n} = b^{0-x_n} = \frac{b^0}{b^{x_n}} = \frac{1}{b^{x_n}} = \frac{1^{x_n}}{b^{x_n}} = \left(\frac{1}{b}\right)^{x_n} = a^{x_n}.$$

である．したがって，$\{a^{x_n}\}$ は収束する．

さて，今度は $x$ を任意の実数とする．このとき，$x$ を極限値とする有理数列 $\{x_n\}$ が必ず存在する（第1章，問題13）．さらに定理 10.2 の証明からわかるように，$x$ を極限値とする二つの有理数列 $\{x_n\}, \{x'_n\}$ に対して，二つの

実数列 $\{a^{x_n}\}, \{a^{x'_n}\}$ は同一の極限値を持つ．特に，$x$ が有理数のときは，
$$\{x'_n\} \text{ を } x, x, x, \cdots$$
にとってみればわかるように，その極限値は $a^x$ となる．そこで，われわれは $x$ が実数なるとき

(15.3)  $$a^x = \lim_{n\to\infty} a^{x_n} \quad (a>0)$$

(ただし，$\{x_n\}$ は実数 $x$ を極限値とする任意の有理数列)と定義する．

実数 $x$ の指数の場合においても，$a^x$ は正である．いま，有理数列 $\{x_n\}$ は極限値 $x$ を持つものとする．$\{x_n\}$ は有界であるからすべての $n$ に対して $g<x_n<G$ なる有理数 $g,G$ がある．$a>1$ の場合は $a^{x_n}>a^g$，したがって $a^x \geqq a^g > 0$．$a<1$ の場合は $\left(\dfrac{1}{a}\right)^{-x_n} > \left(\dfrac{1}{a}\right)^{-G}$，すなわち $a^{x_n}>a^G$，ゆえに $a^x \geqq a^G > 0$．

**例 1．** $x, y$ を実数とするときベキの法則 I:

(15.4)  $$a^x \cdot a^y = a^{x+y} \quad (a>0)$$

を証明してみよう．いま $x=\lim\limits_{n\to\infty} x_n, y=\lim\limits_{n\to\infty} y_n$ ($x_n, y_n$ は有理数)とすれば，$a^{x_n} \cdot a^{y_n} = a^{x_n+y_n}$ であるからその極限値を考えれば $a^x \cdot a^y = a^{x+y}$ である．

**例 2．** $0<a<b, x>0$ とすれば，

(15.5)  $$a^x < b^x$$

である(法則 VII)ことを証明してみよう．$\{x_n\}$ を有理数列，$x=\lim\limits_{n\to\infty} x_n$ とする．自然数 $N$ を適当に大きくとれば $N \leqq n$ に対して $|x_n - x| < \dfrac{x}{2}$，したがって，$\dfrac{x}{2} < x_n$ となる．$r$ を $0$ と $\dfrac{x}{2}$ との間にある有理数とすれば，$N \leqq n$ に対して $0 < r < x_n$ となる．したがって $a^{x_n-r} < b^{x_n-r}$．この両辺の極限値を考えれば $a^{x-r} \leqq b^{x-r}$ である．他方において $a^r < b^r$ であるから，(15.4)を用いて $a^x < b^x$ である．

**定理 15.2．** $a>1$ ならば $y=a^x$ は $-\infty < x < \infty$ において狭義の単調増加函数であり，$a<1$ ならば，$y=a^x$ は狭義の単調減少函数である．

**証明．** $a>1$ の場合を証明すれば十分であろう．$\Big($なぜならば $a<1$ の場合には $a=\dfrac{1}{b}$ とおけばよい．$\Big)$

$x_1 < x_2$ とすれば $x_2 - x_1 > 0$ であるから，法則 VII(例 2)によって $1^{x_2-x_1} < a^{x_2-x_1}$，しかるに容易にわかるように $1^{x_2-x_1} = 1$ であるから，$1 < a^{x_2-x_1}$．法

## §15. 指数函数

則 I を応用すれば（例 1），
$$a^{x_1} = a^{x_1} \cdot 1 < a^{x_1} \cdot a^{x_2-x_1} = a^{x_2}.$$

**定理 15.3.** $a > 0$ ならば，$y = x^a$ は $0 < x < +\infty$ において狭義の単調増加函数である．$a < 0$ ならば，$y = x^a$ は $0 < x < +\infty$ は狭義の単調減少函数である．

**証明．** $a > 0$ の場合は例 2 において証明してある．$a < 0$ の場合は $b = -a$ とおけば上の場合になる．

**定理 15.4.** 実数列 $\{x_n\}$ が有限な極限値 $x$ を持つとき，
$$(15.6) \qquad \lim_{n \to \infty} a^{x_n} = a^x \quad (a > 0)$$
である．換言すれば，函数 $y = a^x$ は $-\infty < x < +\infty$ において連続である．

**証明．** (1) $a = 1$ の場合は明白である．
(2) $a > 1$ の場合を考える．$q$ を任意に大きな正の整数とするとき，適当に自然数 $N$ を定めれば，$N \leq n$ なる限り
$$-\frac{1}{q} < x_n - x < \frac{1}{q}.$$
が成立するから，定理 15.2 によって，
$$a^{-1/q} < a^{x_n-x} < a^{1/q}.$$
$a = 1 + d \; (d > 0)$ とおけば，
$$|a^{x_n-x} - 1| < \frac{d}{q} = \frac{a-1}{q}.$$

したがって，任意に正数 $\varepsilon$ を与えたとき，$\dfrac{a-1}{q} < \varepsilon$ なるように，自然数 $q$ をとり，しかる後に自然数 $N$ を選んだとすれば
$$N \leq n \text{ なる限り } |a^{x_n-x} - 1| < \varepsilon,$$
すなわち
$$\lim_{n \to \infty} a^{x_n-x} = 1.$$
ゆえに
$$\lim_{n \to \infty} a^{x_n} = \lim_{n \to \infty} (a^x \cdot a^{x_n-x}) = a^x \cdot \lim_{n \to \infty} a^{x_n-x} = a^x \cdot 1 = a^x.$$

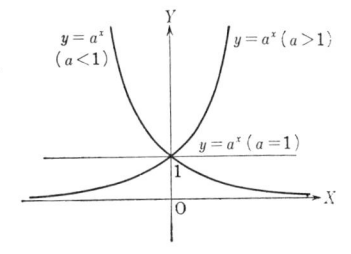

図 31

（3） $a<1$ の場合は $a=\dfrac{1}{b}$ とおけば（2）の場合になる.

**定理 15.5.** $a>0$, $x$ と $y$ を任意の実数とすれば,
$$(15.7) \qquad (a^x)^y = a^{xy}$$
(ベキの法則 III) が成立する.

**証明.** （1） $y=0$ の場合は明らかである.

（2） $y$ が正の有理数の場合には
$$y=\frac{p}{q}, \quad (a^x)^{p/q}=\xi, \quad a^{xp/q}=\eta$$
(ただし, $p, q$ は自然数)とおいて $\xi=\eta$ を示せばよい.
$$\xi^q = (a^x)^p = \underbrace{a^x a^x \cdots a^x}_{p \text{ 個}} = a^{x+x+\cdots+x} = a^{xp},$$

他方において
$$\eta^q = (a^{xp/q})^q = \underbrace{a^{xp/q} \cdot a^{xp/q} \cdots a^{xp/q}}_{q \text{ 個}} = a^{xp/q+\cdots+xp/q} = a^{q \cdot xp/q} = a^{xp}.$$

ゆえに $\xi^q = \eta^q$, したがって, $\xi = \eta$.

（3） $y$ が負の有理数の場合には, $y=-z$ とおけば, （2）によって $(a^x)^y = (a^x)^{-z} = \dfrac{1}{(a^x)^z} = \dfrac{1}{a^{xz}} = a^{-xz} = a^{xy}$.

（4） $y$ が実数の場合には, $\{y_n\}$ を有理数列として, $y=\lim\limits_{n\to\infty} y_n$ とおくことができる. $y_n$ については（2）および（3）によって $(a^x)^{y_n} = a^{xy_n}$ である. その極限値を考えれば, 左辺の方は, $\lim\limits_{n\to\infty}(a^x)^{y_n} = (a^x)^y$ で右辺の方は定理 15.4 によって $\lim\limits_{n\to\infty} a^{xy_n} = a^{xy}$ であるから, $(a^x)^y = a^{xy}$ である.

**定理 15.6.** 関数 $y=x^a$ ($a$ は実数) は $0<x<+\infty$ において連続な函数である.

**証明.** $a=0$ の場合は明白である. $a \neq 0$ としよう. いま, $0<x<+\infty$ の任意の一点を $x=c$ とし, $\varepsilon$ を $c^a$ よりも小なる任意の正数,
$$(c^a-\varepsilon)^{1/a}=\beta, \quad (c^a+\varepsilon)^{1/a}=\gamma$$
とおく. （15.7）によれば
$$\beta^a = c^a - \varepsilon, \quad \gamma^a = c^a + \varepsilon \quad \text{ゆえに} \quad \beta^a < c^a < \gamma^a.$$

§15. 指 数 函 数

$a>0$ とすれば $\beta<c<\gamma$, $a<0$ とすれば $\beta>c>\gamma$ (定理15.3). いずれの場合にせよ, 適当に正数 $\delta$ を選べば区間 $|x-c|<\delta$ を満足する $x$ は $\beta$ と $\gamma$ の間にあるようにできる. 定理 15.3 によって $x^a$ は $\beta^a$ と $\gamma^a$ の間にある. すなわち
$$c^a-\varepsilon<x^a<c^a+\varepsilon.$$

**定理 15.7.** $a>1$ ならば,
$$\lim_{x\to+\infty}a^x=+\infty, \quad \lim_{x\to-\infty}a^x=0.$$
$a<1$ ならば,
$$\lim_{x\to+\infty}a^x=0, \quad \lim_{x\to-\infty}a^x=+\infty.$$

**証明.** 函数 $y=a^x$ は $-\infty<x<+\infty$ で単調であるから $\lim_{x\to+\infty}a^x$, $\lim_{x\to-\infty}a^x$ の存在することは明らかである(定理 10.3 をみよ). $a>1$ の場合に $a=1+d$ ($d>0$) とおけば, $n$ を自然数とするとき,
$$a^n=(1+d)^n\geqq 1+nd, \text{ したがって,}$$
$$\lim_{n\to\infty}a^n=+\infty \quad \text{ゆえに} \quad \lim_{x\to+\infty}a^x=+\infty.$$

次に $x=-z$ とおけば, $a>1$ のとき,
$$\lim_{x\to-\infty}a^x=\lim_{z\to+\infty}a^{-z}=\lim_{z\to+\infty}\frac{1}{a^z}=0.$$

$a<1$ の場合には $a=\dfrac{1}{b}$ とおけば上に述べた場合に帰着できる.

**定理 15.8.** $a>0$ なるとき,
$$\lim_{x\to+0}x^a=0, \quad \lim_{x\to+\infty}x^a=+\infty$$
である.

**証明.** 函数 $y=x^a$ は $0<x<+\infty$ で定義されている. $\varepsilon$ を任意の正数として, $\varepsilon^{1/a}=\delta$ とおけば, $0<x<\delta$ に対して $0<x^a<\delta^a=\varepsilon$.

ゆえに $\lim_{x\to+0}x^a=0$. $\lim_{x\to+\infty}x^a=+\infty$ も同様に証明できる.

**注意.** 正の数 $a$ に対して
$$0^a=0$$
と約束する. こうすれば, 函数 $y=x^a$ ($a>0$) は変域 $0\leqq x<+\infty$ で連続な狭義の単調

増加函数となる．

一般に底 $a$ を正数として函数 $y=a^x$ のことを**指数函数**(exponential function)という．解析学で最も重要な指数函数は

$$\lim_{n\to\infty}\left(1+\frac{1}{n}\right)^n$$

を底とするものである．

$u_n=\left(1+\frac{1}{n}\right)^n$ とおいて，数列 $\{u_n\}$ が有限な極限値を持つことを証明する．それには $\{u_n\}$ が単調に増加することおよび一つの上界を持つことを示せばよい．$u_n$ を二項定理で $n+1$ 項の和に展開すれば

$$u_n=1+n\frac{1}{n}+\frac{n(n-1)}{1\cdot 2}\frac{1}{n^2}+\cdots+\frac{n\cdots(n-p+1)}{1\cdot 2\cdots p}\frac{1}{n^p}+\cdots$$

$$=1+1+\frac{1}{2}\left(1-\frac{1}{n}\right)+\cdots$$

$$+\frac{1}{1\cdot 2\cdots p}\left(1-\frac{1}{n}\right)\left(1-\frac{2}{n}\right)\cdots\left(1-\frac{p-1}{n}\right)+\cdots.$$

右辺は $n$ と共に項の数と各項の値が増加するから，$\{u_n\}$ は単調増加である．次に $p+1$ 番目の項は

$$\frac{1}{1\cdot 2\cdots p}<\frac{1}{2^{p-1}}$$

であるから

$$u_n<1+1+\frac{1}{2}+\frac{1}{2^2}+\cdots+\frac{1}{2^{n-1}}<3.$$

ゆえに $\{u_n\}$ は一つの上界 3 を持つ．われわれはこの $\{u_n\}$ の極限値を文字 $e$ で表わす習慣である．すなわち

(15.8) $$e=\lim_{n\to\infty}\left(1+\frac{1}{n}\right)^n.$$

$e$ の数値を求めるには次のようにする．$u_n$ の展開式から

$$u_n<1+\frac{1}{1!}+\frac{1}{2!}+\cdots+\frac{1}{n!} \quad (n!=1\cdot 2\cdots n).$$

他方において $p$ を固定して $n>p$ とすれば，

## §15. 指数函数

$$u_n > 1 + \frac{1}{1!} + \frac{1}{2!}\left(1-\frac{1}{n}\right) + \cdots + \frac{1}{p!}\left(1-\frac{1}{n}\right)\cdots\left(1-\frac{p-1}{n}\right).$$

$n$ を $\infty$ に近づけた極限値を求めると

$$e \geqq 1 + \frac{1}{1!} + \frac{1}{2!} + \cdots + \frac{1}{p!},$$

$p$ は任意の自然数であるから

$$u_n < 1 + \frac{1}{1!} + \frac{1}{2!} + \cdots + \frac{1}{n!} \leqq e.$$

ゆえに

(15.9) $$e = \lim_{n \to \infty}\left(1 + \frac{1}{1!} + \frac{1}{2!} + \cdots + \frac{1}{n!}\right).$$

これから $e$ の値を求めれば,

$$e = 2 \cdot 718281828\cdots$$

である.

次に変域 $0 < |x| < +\infty$ で定義された函数

(15.10) $$f(x) = \left(1 + \frac{1}{x}\right)^x$$

を考えてみよう. $n$ を自然数 $n < x < n+1$ とすれば,

$$1 + \frac{1}{n} > 1 + \frac{1}{x} > 1 + \frac{1}{n+1}$$

$$\left(1+\frac{1}{n}\right)^{n+1} > \left(1+\frac{1}{x}\right)^x > \left(1+\frac{1}{n+1}\right)^n$$

$$\left(1+\frac{1}{n}\right)^n\left(1+\frac{1}{n}\right) > \left(1+\frac{1}{x}\right)^x > \left(1+\frac{1}{n+1}\right)^{n+1}\left(1+\frac{1}{n+1}\right)^{-1}$$

であるから, (15.8) によって

(15.11) $$\lim_{x \to +\infty}\left(1+\frac{1}{x}\right)^x = e.$$

次に $x < 0$ のとき, $x = -z$ とおけば,

$$\left(1+\frac{1}{x}\right)^x = \left(1-\frac{1}{z}\right)^{-z} = \left(\frac{z-1}{z}\right)^{-z} = \left(\frac{z}{z-1}\right)^z$$

$$= \left(1+\frac{1}{z-1}\right)^z = \left(1+\frac{1}{z-1}\right)^{z-1}\left(1+\frac{1}{z-1}\right).$$

しかるに
$$\lim_{z\to+\infty}\left(1+\frac{1}{z}\right)^z=e$$
であるから，

(15.12) $$\lim_{x\to-\infty}\left(1+\frac{1}{x}\right)^x=e.$$

(15.11) と (15.12) とをまとめて

(15.13) $$\lim_{x\to\pm\infty}\left(1+\frac{1}{x}\right)^x=e.$$

**問 1．** $a$ を一つの正の実数，$n$ を一つの正の整数とすれば，$x^n>a$ を満足するすべての正の実数 $x$ の集合 $M$ の下限 $\xi$ が $\xi^n=a$ を満足することを証明せよ．

**問 2．** 実数の指数のベキに関して §12 の法則 I～Ⅶ の成立することを証明せよ．

**問 3．** $\lim_{x\to+0}e^{1/x}$ および $\lim_{x\to-0}e^{1/x}$ を求めよ．

## §16. 対数函数

前節で述べたように

（ⅰ） $a>1$ のときは，$y=a^x$ は $-\infty<x<+\infty$ において正値，連続な（狭義の）単調増加函数であって
$$\lim_{x\to-\infty}a^x=0,\quad \lim_{x\to+\infty}a^x=+\infty,$$

（ⅱ） $0<a<1$ のときは，$y=a^x$ は $-\infty<x<+\infty$ において正値，連続な（狭義の）単調減少函数であって
$$\lim_{x\to-\infty}a^x=+\infty,\quad \lim_{x\to+\infty}a^x=0$$
である．

したがって，定理 14.1 によって，$-\infty<x<+\infty$ における指数函数 $y=a^x$ ($a>0, a\neq 1$) の逆函数 $y=\varphi(x)$ が変域 $0<x<+\infty$ で定義される．これを
$$y=\log_a x$$
で表わす．函数 $y=\log_a x$ を $a$ を底とする **対数函数**(logarithmic function) という．特に，$e$ を底とする $\log_e x$ を単に $\log x$ と書き，これを $x$ の **自然対数**(natural logarithm) という．

## §16. 対数関数

**注意.** $a=1$ なるとき, $y=a^x$ は $y=1$ という定数函数となるから, その逆函数なるものは定義されない. しかし, 対数の底 $a$ には 1 を例外としていかなる正数でも用いられる. 指数法則から対数に関して次の法則が成立することがわかる:

I. $\log_a(uv) = \log_a u + \log_a v,$
II. $\log_a \dfrac{u}{v} = \log_a u - \log_a v,$
III. $\log_a u^\gamma = \gamma \cdot \log_a u,$
IV. $\log_a 1 = 0,$
V. $\log_a a = 1,$
VI. $\log_b u = \dfrac{\log_a u}{\log_a b},$
VII. $\log_{1/a} u = -\log_a u.$

たとえば VI は次のように証明される. まず, $b$ は底であるから $b \neq 1$. $\log_b u = \xi$, $\log_a b = \eta$ とおけば $b^\xi = u, a^\eta = b$, したがって
$$u = b^\xi = (a^\eta)^\xi = a^{\eta\xi}.$$
ゆえに $\eta\xi = \log_a u$. $b \neq 1$ であるから, $\eta \neq 0$. $\eta$ で割って, $\xi, \eta$ を元にもどせば
$$\log_b u = \dfrac{\log_a u}{\log_a b}.$$

他の法則の証明は省略する.

定理 14.1 から直ちに次の定理がえられる.

**定理 16.1.** 対数函数
$$y = \log_a x \quad (a > 0, \ a \neq 1)$$
は $0 < x < +\infty$ において連続な函数であって

(i) $a > 1$ の場合には, $y = \log_a x$ は $0 < x < +\infty$ で(狭義の)単調増加函数で
$$\lim_{x \to +\infty} \log_a x = +\infty, \ \lim_{x \to +0} \log_a x = -\infty.$$

(ii) $0 < a < 1$ の場合には, $\log_a x$ は $0 < x < +\infty$ で(狭義の)単調減少函数で
$$\lim_{x \to +\infty} \log_a x = -\infty, \ \lim_{x \to +0} \log_a x = +\infty.$$

公式 (15.13) において $x = \dfrac{1}{z}$ とおけば,
$$\lim_{z \to 0}(1+z)^{1/z} = e$$
となる. したがって,

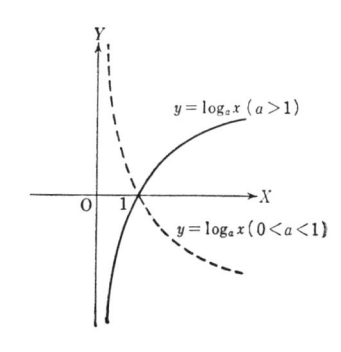

図 32

$$\lim_{z \to 0} \log(1+z)^{1/z} = \log e = 1.$$

ゆえに

$$\lim_{z \to 0} \frac{\log(1+z)}{z} = 1.$$

すなわち，公式

(16.1) $$\lim_{x \to 0} \frac{\log(1+x)}{x} = 1.$$

次に，$a>0$ として，(16.1) において $x=a^z-1$ とおけば，

$$\lim_{x \to 0} \frac{\log(1+x)}{x} = \lim_{z \to 0} \frac{\log a^z}{a^z-1} = \lim_{z \to 0} \frac{z \log a}{a^z-1} = 1.$$

したがって

$$\lim_{z \to 0} \frac{z}{a^z-1} = \frac{1}{\log a}.$$

ゆえに

(16.2) $$\lim_{x \to 0} \frac{a^x-1}{x} = \log a.$$

**問 1.** $a$ を任意の実数とするとき，次の極限値を求めよ：

$$\lim_{x \to 0} \frac{(1+x)^a-1}{x}.$$

**問 2.** 次の極限値を求めよ：

$$\lim_{x \to 0} \frac{e^x-1}{\log(1+x)}.$$

**問 3.** $x$ が正数なるとき，任意の実数 $a$ に対して

$$x^a = e^{a \log x}$$

なることを証明せよ．

## §17. 円弧の長さ

まず原点 O を中心として半径 1 の円(単位円という)を描き，中心角 ∠AOB が 180° よりも小である円弧 $\overparen{AB}$ を考える．円弧 $\overparen{AB}$ 上に順次に有限個の点

$$A = P_0, P_1, \cdots, P_n, P_{n+1} = B$$

をとって順次に線分で結び，弧 $\overparen{AB}$ に内接する多辺形 $\varPi: P_0 P_1 \cdots P_{n+1}$ を作

## §17. 円弧の長さ

る．この内接多辺形 $\Pi$ の長さ $L$ は各線分（辺）の長さの和 $\overline{P_0P_1}+\overline{P_1P_2}+\cdots+\overline{P_nP_{n+1}}$ で与えられる．さて，A および B で接線をひき，その交点を Q とする．こうすれば容易に

$$L=\overline{P_0P_1}+\overline{P_1P_2}+\cdots+\overline{P_nP_{n+1}}<AQ+BQ$$

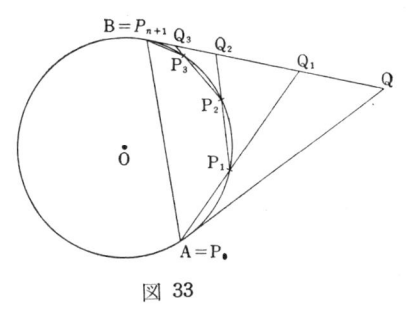

図 33

が証明できる．なぜならば，図 33 から明らかなように

$$\overline{AP_1}+\overline{P_1Q_1}<\overline{AQ}+\overline{QQ_1},$$
$$\overline{P_1P_2}+\overline{P_2Q_2}<\overline{P_1Q_1}+\overline{Q_1Q_2},$$
$$\overline{P_2P_3}+\overline{P_3Q_3}<\overline{P_2Q_2}+\overline{Q_2Q_3},$$
$$\cdots\cdots\cdots\cdots\cdots\cdots\cdots\cdots\cdots,$$
$$\overline{P_nB}\quad<\overline{P_nQ_n}+\overline{Q_nB}$$

を辺々相加えてみれば，

(17.1) $$\overline{AP_1}+\overline{P_1P_2}+\cdots+\overline{P_nB}$$
$$<\overline{AQ}+(\overline{QQ_1}+\overline{Q_1Q_2}+\cdots+\overline{Q_nB})=\overline{AQ}+\overline{BQ}.$$

また，他方で

(17.2) $$\overline{AP_1}+\overline{P_1P_2}+\cdots+\overline{P_nB}<2n\,\overline{AB}$$

である．

(17.1) からわかるように，弧 $\overparen{AB}$ の内接多辺形 $\Pi$ の長さ $L$ のすべての集合は上界 $\overline{AQ}+\overline{BQ}$ を持つから，その上限 $\theta$ が存在する．この実数 $\theta$ のことを円弧 $\overparen{AB}$ の長さという．

次に，頂点の個数を増大して内接多辺形 $\Pi$ の各辺の長さがすべて 0 に近づくようにすれば，$\Pi$ の長さ $L$ が $\theta$ に限りなく近づくことを証明してみよう．

まず，$\varepsilon$ を任意の正数として，$\overparen{AB}$ の適当な内接多辺形 $\Pi'$ の長さ $L'$ が $\theta-\varepsilon<L'$ となるようにえらぶ．次に，$\Pi'$ の A, B 以外の頂点の個数を $N$ とする．今度は弧 $\overparen{AB}$ の任意の内接多辺形を $\Pi$ とし，内接多辺形 $\Pi$ の各辺

の長さは $\frac{\varepsilon}{2N}$ よりも小とする．いま，$\varPi$ と $\varPi'$ の頂点の全部を使って $\overparen{AB}$ の第三の内接多辺形 $\varPi''$ を作れば，$\varPi'$ に $\varPi$ の頂点を新しく付け加えて $\varPi''$ がえられたと考えられるから $L' \leqq L''$，また $\varPi$ に $\varPi'$ の頂点を付加して $\varPi''$ がえられたと考えれば $L'' \leqq L + \frac{\varepsilon}{2N} \cdot 2N$，すなわち，$L'' \leqq L + \varepsilon$．

したがって
$$\theta - \varepsilon < L' \leqq L + \varepsilon. \quad \text{ゆえに} \quad \theta - 2\varepsilon < L < \theta.$$

弧度法というのは結局 $\angle AOB$ を測るのに円弧 $\overparen{AB}$ の長さ $\theta$ を使用することである．周知のように，単位円周 $K$ の長さは $2\pi$ と定義する．したがって弧度法では $180°$ の角に対しては $\pi$，$90°$ の角に対しては $\frac{\pi}{2}$ が与えられる．今後われわれは角を測るのに弧度法による．

原点 $O$ を始点とする半直線 $g$ を正の $OX$ 軸の位置から時計の針の反対の向き(正の向き)に回転したとき，$g$ と正の $OX$ 軸とのつくる角に正値を与え，これに反して時計の針と同じ向き(負の向き)に回転したときこの角に負値を与える．半直線 $g$ と正の $OX$ 軸との作る一つの角を $\theta_0$ とすれば，この $g$ を固定したとき，$g$ と正の $OX$ 軸との作るすべての角 $\theta$ は $\theta = \theta_0 + 2n\pi$ ($n$ は正，負または 0 の整数)で表わされる．

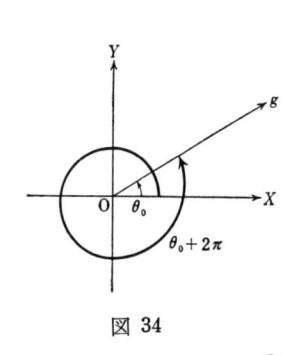

図 34

**問 1.** 単位円周 $K$ の弧 $\overparen{AB}$ を分点 C で二つの円弧 $\overparen{AC}, \overparen{CB}$ に分けたとき，$\overparen{AB}$ の長さは $\overparen{AC}, \overparen{CB}$ の長さの和に等しいことを証明せよ．

## §18. 三角函数

単位円周 $K$ 上の一点 P の直角座標を $(x, y)$ とし，$OX$ と $OP$ との作る角を $\theta$ とすれば，

(18.1) $$\cos\theta = x, \quad \sin\theta = y$$

で与えられる．

## §18. 三角函数

$A=(1,0)$ における単位円 $K$ の接線と $OP$ の延長との交点を $T$ とすれば

(18.2) $\tan\theta = \dfrac{\overline{AT}}{\overline{OA}} = \overline{AT}$ （すなわち $T$ の $y$ 座標）

である．これらの関係式を使って，三角函数 $y=\sin x$, $y=\cos x$, $y=\tan x$ のグラフを描くことができる．これらのグラフから $y=\sin x$, $y=\cos x$ はともに $-\infty < x < +\infty$ で定義された週期 $2\pi$ を持つ連続な函数，$y=\tan x$ は，$\dfrac{\pi}{2}(2n+1)$ $(n=0, \pm 1, \pm 2, \cdots)$ 以外のすべての点 $x$ で定義され，週期が $\pi$ であって，定義域 $-\infty < x < +\infty$，ただし $x \neq \dfrac{\pi}{2}(2n+1)$ $(n=0, \pm 1, \pm 2, \cdots)$ のすべての点 $x$ で連続な函数であることがわかる．

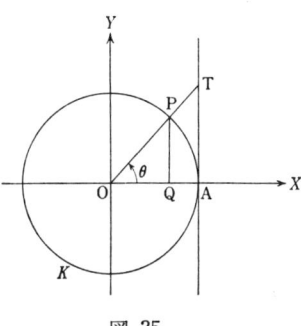

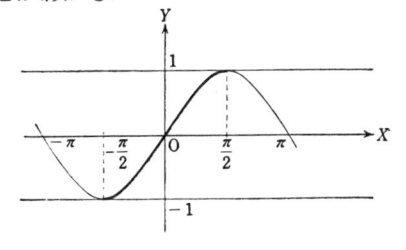

図 35

$y = \sin x$

図 36

$y = \cos x$

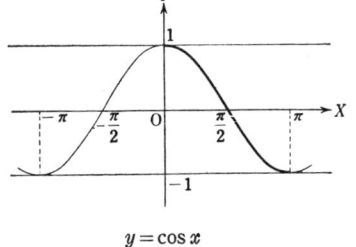

図 37

$y = \tan x$

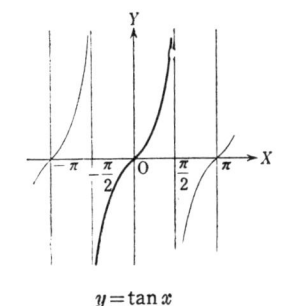

図 38

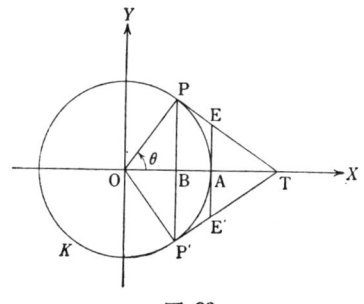

図 39

**例 1.** $f(x) = \sin x$

$$f(x+h)-f(x)=\sin(x+h)-\sin x$$
$$=2\sin\frac{h}{2}\cos\left(x+\frac{h}{2}\right)$$

$\left|\cos\left(x+\dfrac{h}{2}\right)\right|\leq 1$ であるから

$$|f(x+h)-f(x)|\leq 2|\sin h|.$$

ゆえに,$h\to 0$ のとき,$\lim_{h\to 0}f(x+h)=f(x)$. すなわち,

$y=\sin x$ はすべての点 $x$ で連続である.

**注意.** $y=\tan x=\dfrac{\sin x}{\cos x}$ の変域は $x\neq\dfrac{\pi}{2}(2n+1)$ $(n=0,\pm 1,\pm 2,\cdots)$ であって,函数 $y=\tan x$ は $x=\dfrac{\pi}{2}(2n+1)$ $(n=0,\pm 1,\pm 2,\cdots)$ では定義されていない.このような点で $y=\tan x$ は不連続になるという表現を使っている書物もあるが,本書ではそうはいわないことにする.

次によく知られた $\sin\theta$ の性質

$$\lim_{\theta\to 0}\frac{\sin\theta}{\theta}=1.$$

を証明しよう.図 39 の記号を用いれば,単位円周 $K$ 上の円弧の長さの定義と不等式 (17.1) から

$$\overline{PP'}<\widehat{PP'}=\widehat{AP}+\widehat{AP'}=2\widehat{AP}$$
$$\widehat{AP}\leq\overline{PE}+\overline{EA},\quad \widehat{AP'}\leq\overline{AE'}+\overline{E'P'}.$$

しかるに

$$\overline{PE}+\overline{EA}+\overline{AE'}+\overline{E'P'}<\overline{PT}+\overline{P'T}=2\overline{PT}.$$

ゆえに

$$\overline{BP}<\widehat{AP}<\overline{PT}.$$

したがって

$$\sin\theta<\theta<\tan\theta\quad\left(0<\theta<\frac{\pi}{2}\right),$$
$$1<\frac{\theta}{\sin\theta}<\frac{1}{\cos\theta}$$

から,$\theta\to +0$ ならしめるとき($\cos\theta$ の極限値は 1 であるから)$\lim_{\theta\to +0}\dfrac{\sin\theta}{\theta}=1$.

明らかに,$\dfrac{\sin\theta}{\theta}$ は $\theta=0$ を除いてすべての $\theta$ で定義された偶函数である

から，$\lim_{\theta \to -0} \dfrac{\sin \theta}{\theta} = 1$.

ゆえに
$$\lim_{\theta \to 0} \dfrac{\sin \theta}{\theta} = 1.$$

**例 2.** $\lim_{x \to 0} \dfrac{\tan x}{x}$ を求めてみる．まず，$\dfrac{\tan x}{x}$ は $0 < |x| < \dfrac{\pi}{2}$ で意味を持つ．
$$\lim_{x \to 0} \dfrac{\tan x}{x} = \lim_{x \to 0} \dfrac{\sin x}{x} \cdot \dfrac{1}{\cos x} = \lim_{x \to 0} \dfrac{\sin x}{x} \cdot \lim_{x \to 0} \dfrac{1}{\cos x} = 1.$$

**問 1.** $\lim_{x \to 0} \dfrac{\sin 2x}{x}$ を求めよ．

**問 2.** $\lim_{x \to 0} \dfrac{1-\cos x}{x^2}$ を求めよ．

## §19. 逆三角函数

函数 $y = \sin x$ は $-\infty < x < \infty$ で定義されているが，これを閉区間 $-\dfrac{\pi}{2} \leq x \leq \dfrac{\pi}{2}$ で考えれば，$y = \sin x$ は閉区間 $-\dfrac{\pi}{2} \leq x \leq \dfrac{\pi}{2}$ において連続な狭義の単調増加な函数であって $\sin\left(-\dfrac{\pi}{2}\right) = -1,\ \sin\left(\dfrac{\pi}{2}\right) = 1$ である．定理 14.1 によれば，その逆函数 $x = g(y)$ は閉区間 $-1 \leq y \leq 1$ において連続な狭義の単調増加な函数である．これを $x = \sin^{-1} y$ なる記号で表わす．また，$y = \cos x$ の変域を $0 \leq x \leq \pi$ にとれば，$y = \cos x$ は閉区間 $0 \leq x \leq \pi$ で連続な狭義の単調減少な函数で $\cos 0 = 1,\ \cos \pi = -1$ であるから，その逆函数 $x = \cos^{-1} y$ は $-1 \leq y \leq 1$ で連続で狭義の単調減少となる．さらに，$y = \tan x$ は開区間 $-\dfrac{\pi}{2} < x < \dfrac{\pi}{2}$ で狭義の単調増加かつ連続な函数であって
$$\lim_{x \to -\pi/2+0} \tan x = -\infty, \qquad \lim_{x \to +\pi/2-0} \tan x = +\infty$$
である．したがって，逆函数 $x = \tan^{-1} y$ は $-\infty < y < +\infty$，すなわち，すべての $y$ で定義されていて，連続かつ狭義の単調増加で，しかも
$$\lim_{y \to -\infty} \tan^{-1} y = -\dfrac{\pi}{2}, \qquad \lim_{y \to +\infty} \tan^{-1} y = \dfrac{\pi}{2}.$$

逆函数 $x = \sin^{-1} y,\ x = \cos^{-1} y$ および $x = \tan^{-1} y$ において文字 $x$ と $y$ と

を入れ換えて，函数 $y=\sin^{-1}x$, $y=\cos^{-1}x$ および $y=\tan^{-1}x$ のグラフを作れば，次のようになる．

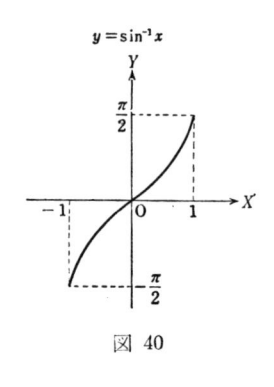

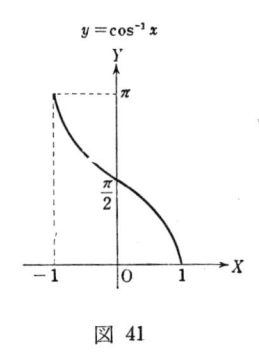

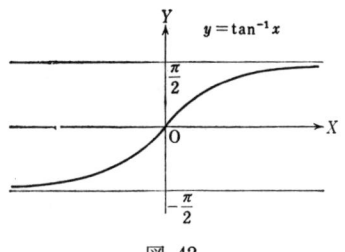

図 40

図 41

図 42

三角函数 $y=\sin x$ は $-\infty<x<+\infty$ で定義された週期 $2\pi$ を持つ連続な函数である．$y=\sin x$ は閉区間 $-\dfrac{\pi}{2}+2n\pi \leqq x \leqq \dfrac{\pi}{2}+2n\pi$ ($n$ は整数) においては単調増加であるから，函数 $y=\sin x$ のこの閉区間における分枝に対してもその逆函数 $x=\varphi(y)$ が定義できる．この $x=\varphi(y)$ は $-1\leqq y\leqq +1$ において

(19.1) $\qquad\qquad \varphi(y)=\sin^{-1}y+2n\pi$

なる関係を満足することは明らかであろう．また，$y=\sin x$ は閉区間 $\dfrac{\pi}{2}+2n\pi \leqq x \leqq \dfrac{3}{2}\pi+2n\pi$ ($n$ は整数) において単調減少であるから，これに対応する逆函数を $x=\psi(y)$ で表わせば，$x=\psi(y)$ は $-1\leqq y\leqq 1$ において単調減少であって

(19.2) $\qquad\qquad \psi(y)=(\pi-\sin^{-1}y)+2n\pi$

を満足することが容易にわかるであろう．このようなところから，$x=\sin^{-1}y$ を $y=\sin x$ の逆函数の **主枝**(principal branch)という．まったく同じように，$x=\cos^{-1}y$ および $x=\tan^{-1}y$ をそれぞれ $y=\cos x$, $y=\tan x$ の逆函数の主枝という．

**問 1.**  
$$\sin^{-1}x+\cos^{-1}x=\frac{\pi}{2}$$
なることを証明せよ．

**問 2.** $x=\sin y$ の場合と同じように，$x=\cos y$ の逆函数のすべての分枝は
(19.3) $\qquad y=2n\pi+\cos^{-1}x,\ y=2n\pi-\cos^{-1}x\ (n\ は整数)$
で表わされることを証明せよ．

**問 3.** $x=\tan y$ の逆函数のすべての分枝は
(19.4) $\qquad\qquad y=\tan^{-1}x+n\pi\quad (n\ は整数)$
で表わされることを証明せよ．

## 問 題 3

**1.** 次の函数の極限値を求めよ：

(1) $\displaystyle\lim_{\theta\to 0}\frac{\tan\theta}{\tan 3\theta}$,

(2) $\displaystyle\lim_{\theta\to 0}\frac{1-\sin\theta}{\cos\theta}$,

(3) $\displaystyle\lim_{\theta\to 0}\left[\frac{2}{\sin^2\theta}-\frac{1}{1-\cos\theta}\right]$,

(4) $\displaystyle\lim_{x\to 1}\left(\frac{1}{\log x}-\frac{x}{\log x}\right)$,

(5) $\displaystyle\lim_{x\to+\infty}\frac{x-\sin x}{x}$,

(6) $\displaystyle\lim_{x\to+\infty}\frac{x^2}{x-\sin x}$.

**2.** 函数
$$f(x)=\cos\frac{1}{x}\quad(x\neq 0),$$
$$f(0)=0$$
の原点の近くにおけるグラフを描け．さらに
$$\lim_{x\to 0}\cos\frac{1}{x}$$
の存在しないことを示せ．

**3.** 函数
$$f(x)=\frac{\sin x}{x}\quad(x\neq 0),$$
$$f(0)=1$$
のグラフを描け．

**4.** $y=\cot x=\dfrac{1}{\tan x}$ は $0<x<\pi$ で連続な狭義の単調減少な函数であって

$$\lim_{x\to +0}\cot x=+\infty, \qquad \lim_{x\to \pi-0}\cot x=-\infty$$

である. $y=\cot x \ (0<x<\pi)$ に対する逆函数を
$$y=\cot^{-1}x \quad (-\infty<x<\infty)$$
で表わす.

（1） $y=\cot^{-1}x$ のグラフをかけ.

（2） $\tan^{-1}x+\cot^{-1}x=\dfrac{\pi}{2}$ を証明せよ.

（3） $y=\cot x$ のすべての分枝に対応する逆函数は $y=\cot^{-1}x+n\pi$ ($n$ は整数) で表わされることを証明せよ.

**5.** 函数 $y=(1+x)^{1/x} \ (x>-1)$ の大体のグラフを描け.

**6*.** $\lim\limits_{n\to\infty}x_n=x>0, \ \lim\limits_{n\to\infty}y_n=y$ とすれば,
$$\lim_{n\to\infty}x_n{}^{y_n}=x^y$$
であることを証明せよ.

**7.** 函数 $x=\varphi(t), \ y=\psi(t)$ はともに閉区間 $a\leqq t\leqq b$ で連続であるとき, $t$ が $a$ から $b$ まで動くとき

(*) $\qquad\qquad\qquad x=\varphi(t), \ y=\psi(t) \quad (a\leqq t\leqq b)$

は $(x,y)$ 平面上に連続曲線 $C$ を描く. (*) を曲線 $C$ の補助変数 $t$ の方程式という.

（1） $x=\alpha t, \ y=\beta t^2+\gamma t \quad (a\leqq t\leqq b)$,

（2） $x=\alpha\cos t, \ y=\beta\sin t \quad (0\leqq t\leqq 2\pi)$

はそれぞれどんな曲線を表わすか.

**8.** 双曲線函数は
$$\sinh x=\frac{e^x-e^{-x}}{2}, \quad \cosh x=\frac{e^x+e^{-x}}{2}, \quad \tanh x=\frac{e^x-e^{-x}}{e^x+e^{-x}}$$
で定義される. 次の等式を証明せよ:

（1） $\cosh^2 x-\sinh^2 y=1$,

（2） $\sinh(x+y)=\sinh x\cosh y+\cosh x\sinh y$,

（3） $\cosh(x+y)=\cosh x\cosh y+\sinh x\sinh y$,

（4） $\tanh(x+y)=\dfrac{\tanh x+\tanh y}{1+\tanh x\tanh y}$.

# 第4章 導函数

## §20. 微分係数と導函数

函数 $y=f(x)$ が一点 $x=a$ のある近傍 $|x-a|<r$ で定義されているとき，$x \neq a$ とすれば

(20.1)
$$\frac{f(x)-f(a)}{x-a}$$

は変域 $0<|x-a|<r$ で定義された函数である．これが $x=a$ において一定の有限または無限な極限値（$-\infty$, $+\infty$ をも許す）を持つならば，この極限値を $y=f(x)$ の $x=a$ における**微分係数**(differential coefficient)といって，$f'(a)$ で表わす．特に，$y=f(x)$ が $x=a$ において有限な微分係数を持つならば，$y=f(x)$ は $x=a$ において**微分可能**である(differentiable)という．

**定理 20.1.** 函数 $y=f(x)$ を $x=a$ において微分可能とすれば，$y=f(x)$ は必ず $x=a$ において連続である．この逆は必ずしも成立しない．

**証明.** なぜならば，$0<|x-a|<r$ において

(20.2)
$$\frac{f(x)-f(a)}{x-a}-f'(a)=\delta(x)$$

とおけば，$\lim_{x \to a} \delta(x)=0$ である．したがって

(20.3)
$$f(x)-f(a)=(x-a)f'(a)+(x-a)\delta(x)$$

から

$$\lim_{x \to a}[f(x)-f(a)]=0 \quad \text{すなわち} \quad \lim_{x \to a} f(x)=f(a).$$

**注意.** $\delta(a)=0$ と新しく定義すれば，$\delta(x)$ は $|x-a|<r$ において定義され，かつ $x=a$ で連続となる(定理 11.1 をみよ)．

**注意.** 定理 20.1 の逆は成立しない．たとえば，$y=|x|$ は $-\infty<x<+\infty$ で連続ではあるが微分可能ではない(このことは §21 で述べる微分係数の幾何的意味からもわかる)．

**例 1.** $y=x^m$ ($m$ は正の整数) のとき $f'(a)=ma^{m-1}$．
$$\frac{f(x)-f(a)}{x-a}=\frac{x^m-a^m}{x-a}=x^{m-1}+x^{m-2} \cdot a+\cdots+a^{m-1}.$$

これより
$$\lim_{x \to a}\frac{f(x)-f(a)}{x-a}=ma^{m-1}.$$

函数 $y=f(x)$ が開区間 $(a,b)$ の各点 $x$ で微分可能であるとき,[1] すなわち有限な微分係数 $f'(x)$ を持つとき,$f'(x)$ は $(a,b)$ で定義された函数であって,これを $f(x)$ の**導函数**(derivative)という.また函数を与えてその導函数を求めることを**微分する**といい,その方法を**微分法**(differentiation)という.

函数 $y=f(x)$ が $a \leq x < a+r$ で定義されているとき,$a < x < a+r$ で定義された函数 $\dfrac{f(x)-f(a)}{x-a}$ が $x \to a+0$ のとき一定の極限値を持つならば,これを $x=a$ における**右微分係数**といい,これを $f'_+(a)$ で表わす.同じようにして,**左微分係数** $f'_-(a)$ を定義できる.さて,函数 $f(x)$ が閉区間 $[a,b]$ において微分可能であるというのは,$f(x)$ が $(a,b)$ の各点において微分可能でかつ有限な左微分係数 $f'_-(b)$ と右微分係数 $f'_+(a)$ が存在することを意味する.この場合には,$f(x)$ は必ず $[a,b]$ において連続となる.

導函数を求める一般の公式は

(20.4) $$\lim_{h \to 0}\frac{f(x+h)-f(x)}{h}=f'(x)$$

である.

**例 2.** $f(x)=$ 定数 $=C$ とすれば $f'(x)=0$. なぜならば
$$\lim_{h \to 0}\frac{f(x+h)-f(x)}{h}=\lim_{h \to 0}\frac{C-C}{h}=\lim_{h \to 0}\frac{0}{h}=0.$$

**例 3.** $f(x)=ax^2+bx+c$ の導函数を求める.
$$\frac{f(x+h)-f(x)}{h}=a\frac{(x+h)^2-x^2}{h}+b\frac{(x+h)-x}{h}+\frac{c-c}{h}$$
$$=2ax+b+ah,$$
$h \to 0$ とすれば,$f'(x)=2ax+b$.

**例 4.** $f(x)=(x^2)^{1/3}=x^{2/3}$ とおけば,$y=x^{2/3}$ は $-\infty < x < +\infty$ で定義される.この函数は $-\infty < x < +\infty$ で連続であるが,$x=0$ で微分可能ではない.
$$\lim_{h \to +0}\frac{h^{2/3}-0}{h}=\lim_{h \to +0}\frac{1}{h^{1/3}}=+\infty,$$

---

[1] このとき,簡単に $y=f(x)$ は開区間 $(a,b)$ において微分可能であるという.

$$\lim_{h\to -0}\frac{h^{2/3}-0}{h}=\lim_{h\to +0}\left(-\frac{1}{h^{1/3}}\right)=-\infty.$$

すなわち $f'_+(0)=+\infty$, $f'_-(0)=-\infty$.

　函数 $y=f(x)$ が $|x-a|<r$ で定義されているとき，もしもこれが $x=a$ で微分可能であるならば，(20.2) によって，$0<|x-a|<r$ で

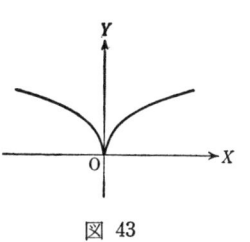

(20.5) $\qquad f(x)-f(a)=f'(a)(x-a)+\delta(x)(x-a),$

$$\text{ただし,}\quad \lim_{x\to a}\delta(x)=0$$

図 43

が成立する．逆に，$0<|x-a|<r$ において

(20.6) $\qquad f(x)-f(a)=A(x-a)+\delta(x)(x-a),$

$$\text{ただし,}\quad A \text{ は定数,}\quad \lim_{x\to a}\delta(x)=0$$

という等式が成立するとすれば，

$$\frac{f(x)-f(a)}{x-a}=A+\delta(x)$$

であるから，$x\to a$ ならしめて $f'(a)=A$, したがって $y=f(x)$ は $x=a$ で微分可能であることがわかる．いま (20.6) において $x$ の代わりに $x+h$，$a$ の代わりに $x$ とおけば，$0<|h|<r$ において

(20.7) $\qquad f(x+h)-f(x)=f'(x)h+\varepsilon(h)\cdot h,$

ただし $\lim_{h\to 0}\varepsilon(h)=0$, と書くことができる．さらに，$h=\varDelta x$, $f(x+h)-f(x)=\varDelta f(x)=\varDelta y$ とおけば

(20.8) $\qquad \varDelta f(x)=f'(x)\varDelta x+\varepsilon(\varDelta x)\cdot \varDelta x$

となる．この右辺の第一項 $f'(x)\varDelta x$ のことを $y=f(x)$ の点 $x$ における**微分** (differential) といって，これを $df(x)$ で表わす．すなわち，

(20.9) $\qquad df(x)=f'(x)\varDelta x.$

　特に $f(x)=x$ という特別の場合には (20.9) によって，$dx=1\cdot \varDelta x$, すなわち

(20.10) $\qquad dx=\varDelta x.$

　換言すれば，独立変数 $x$ の微分 $dx$ はその増分 $\varDelta x$ に相等しい．
また

$$f'(x) = \frac{f'(x)\Delta x}{\Delta x} = \frac{df(x)}{dx} = \frac{dy}{dx}$$

であるから次の定理がえられる．

**定理 20.2.** 函数 $y=f(x)$ が点 $x$ で微分可能であるとき，微分係数 $f'(x)$ は従属変数 $y$ の微分 $dy$ と独立変数 $x$ の微分 $dx$ との商に等しい．

**注意．** $y=f(x)$ の導函数 $f'(x)$ を記号 $\dfrac{d}{dx}f(x), Df(x)$ などと表わすこともある．

## §21. 微分係数の幾何学的意味

函数 $y=f(x)$ を閉区間 $[a,b]$ において微分可能とする．定理 20.1 で述べたように $y=f(x)$ は，当然 $a \leqq x \leqq b$ において連続となる．方程式 $y=f(x)$ $(a \leqq x \leqq b)$ で定義される連続曲線を $C$ で表わそう．図 44 で示したように，$RQ=f(x+h)-f(x)$, $PR=h$ であるから，

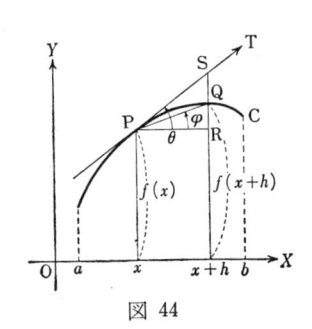

$$\frac{\Delta f(x)}{\Delta x} = \frac{f(x+h)-f(x)}{h} = \frac{RQ}{PR} = \tan\varphi.$$

図 44

$h \to 0$ ならしめると $(\Delta y = f(x+h)-f(x) \to 0$ であるから)，点 Q は点 P に限りなく近づく．すなわち Q→P．したがって

$$f'(x) = \lim_{Q \to P} \tan\varphi.$$

これは，曲線 $C$ 上の固定点 P と動点 Q とを結ぶ直線 PQ の方向係数が Q を P に近づけるとき一定の極限値 $f'(x)$ を持つことを示すから，$f'(x)$ は P における曲線 $C$ の接線 PT の方向係数 $\tan\theta$ を表わす．

**注意．** 一般に曲線 $C$ 上の固定点 P と動点 Q とを結ぶ直線の方向係数が Q を P に近づけたとき一定の極限値を持つならば，曲線 $C$ は P において接線を持つといい，P を通ってこの極限値を方向係数とする直線のことを接線という．

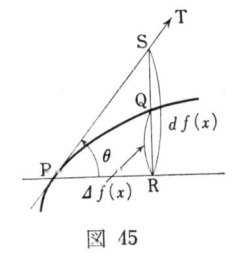

次に，$y=f(x)$ の点 $x$ における微分 $df(x) = f'(x)\Delta x$ の幾何学的意味は

図 45

$$df(x) = \text{PR}\tan\theta = \text{RS}.$$

すなわち，$df(x)$ は曲線 $C$ を点 P における接線 $\text{PT}: Y = \tan\theta(X-x) + f(x)$ でおき換えたときの $\Delta X = \Delta x$ に対する $Y$ の増分 $\Delta Y$ のことを意味する.

**問 1.** (20.8)を $\Delta f(x) = df(x) + \varepsilon(\Delta x)\cdot\Delta x$ と書いたとき，その幾何学的意味を述べよ.

**問 2.** $f'(x)$ は接線 PT と正の $OX$ 軸との作る角を $\theta$ としたとき，その方向係数（傾き）を表わす. $f'(x)$ の値が $0$，$>0$ または $<0$ にしたがって PT は $OX$ 軸に対して平行，右肩上りまたは右肩下りになることを示せ.

## §22. 導函数の計算法

導函数を求めるには一般の公式

$$\lim_{h\to 0}\frac{f(x+h)-f(x)}{h} = f'(x)$$

の他にいろいろな公式を用いる.

**定理 22.1.** 函数 $f(x)$ と $g(x)$ とを同じ区間で微分可能とすれば，

(i) $\dfrac{d}{dx}\{f(x)+g(x)\} = f'(x)+g'(x)$,

(ii) $\dfrac{d}{dx}\{f(x)-g(x)\} = f'(x)-g'(x)$,

(iii) $\dfrac{d}{dx}\{f(x)g(x)\} = f'(x)g(x)+f(x)g'(x)$,

(iv) $\dfrac{d}{dx}\left\{\dfrac{f(x)}{g(x)}\right\} = \dfrac{f'(x)g(x)-f(x)g'(x)}{[g(x)]^2}$,

ただし (iv) においてはその区間において $g(x) \neq 0$ と仮定する.

**証明.** (i) および (ii)  $F(x) = f(x) \pm g(x)$ とおく.

$$\frac{F(x+h)-F(x)}{h} = \frac{f(x+h)-f(x)}{h} \pm \frac{g(x+h)-g(x)}{h}$$

$$\to f'(x) \pm g'(x) \quad (\text{ただし } h\to 0).$$

(iii) $F(x) = f(x)g(x)$ とおく.

$$\frac{F(x+h)-F(x)}{h} = \frac{1}{h}\{f(x+h)g(x+h)-f(x)g(x)\}$$

$$= \frac{1}{h}\{f(x+h)g(x+h)-f(x)g(x+h)+f(x)g(x+h)-f(x)g(x)\}$$

$$= \frac{f(x+h)-f(x)}{h}g(x+h)+f(x)\frac{g(x+h)-g(x)}{h}.$$

$g(x)$ は連続な函数であることに注意して $h \to 0$ ならしめれば,

$$F'(x) = f'(x)g(x)+f(x)g'(x)$$

となる.

(iv) まず $f(x) \equiv 1$ の特別の場合に

(iv′) $$\frac{d}{dx}\frac{1}{g(x)} = -\frac{g'(x)}{[g(x)]^2}$$

を証明する.

$F(x) = \dfrac{1}{g(x)}$ とおけば,

$$\frac{F(x+h)-F(x)}{h} = \frac{1}{h}\left\{\frac{1}{g(x+h)}-\frac{1}{g(x)}\right\}$$

$$= -\frac{g(x+h)-g(x)}{h}\cdot\frac{1}{g(x+h)g(x)}.$$

ゆえに $h \to 0$ ならしめて

$$F'(x) = -\frac{g'(x)}{[g(x)]^2}.$$

次に $F(x) = \dfrac{f(x)}{g(x)}$ とする. $F(x) = f(x) \cdot \dfrac{1}{g(x)}$ とおいて (iii) と (iv′) とを用いれば

$$F'(x) = f'(x)\cdot\frac{1}{g(x)}-f(x)\cdot\frac{g'(x)}{[g(x)]^2}$$

$$= \frac{f'(x)g(x)-f(x)g'(x)}{[g(x)]^2}.$$

**定理 22.2.** 函数 $y=f(x)$ を閉区間 $[a,b]$ で微分可能,単調増加かつ $f'(x) \neq 0$ とする. いま, $\alpha=f(a), \beta=f(b)$ とおけば, 逆函数 $x=\varphi(y)$ は区間 $[\alpha, \beta]$ で微分可能かつ狭義の単調増加であって, $[\alpha, \beta]$ の各点 $y$ で

$$(22.1) \qquad \varphi'(y) = \frac{1}{f'(x)},$$

すなわち

$$(22.2) \qquad \frac{dx}{dy} = \frac{1}{\dfrac{dy}{dx}}.$$

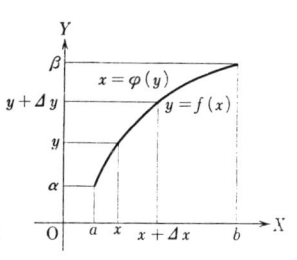

**証明.** 定理 20.1 によれば, $y=f(x)$ は $[a,b]$ で連続である. また, $[a,b]$ において
$f'(x) \neq 0$ であるから, $y=f(x)$ は実際には $[a,b]$ において狭義の単調増加関数となる. 仮に $a \leq x_1 < x_2 \leq b$ に対して $f(x_1) = f(x_2)$ とすれば, $f(x)$ は区間 $x_1 \leq x \leq x_2$ で定数となるから, ここで $f'(x)=0$ となって仮定に反することになる. したがって, $y=f(x)$ は $[a,b]$ で連続な狭義の単調増加関数である. 定理 14.1 によって, 逆函数 $x=\varphi(y)$ は $[\alpha, \beta]$ で連続な狭義の単調増加な函数となる. $y$ を閉区間 $[\alpha, \beta]$ の任意の一点とし, $x=\varphi(y)$, $x+\varDelta x = \varphi(y+\varDelta y)$ とおくとき

$$(22.3) \qquad \frac{\varphi(y+\varDelta y)-\varphi(y)}{\varDelta y} = \frac{\varDelta x}{f(x+\varDelta x)-f(x)} = \frac{1}{\dfrac{f(x+\varDelta x)-f(x)}{\varDelta x}}.$$

$\varDelta y \to 0$ ならば $\varDelta x \to 0$ でかつ $f'(x) \neq 0$ であるから, (22.3) から

$$\varphi'(y) = \frac{1}{f'(x)}.$$

**定理 22.3.** 函数 $z=g(y)$ は開区間 $\alpha < y < \beta$ で微分可能, また $y=f(x)$ は開区間 $a < x < b$ で微分可能とし, かつ $y=f(x)$ の区間 $(a,b)$ の各点における値は必ず区間 $(\alpha, \beta)$ に含まれるものとする. このとき, 合成函数 $F(x) = g[f(x)]$ は $a < x < b$ で定義されてかつ微分可能であって, 等式

$$(22.4) \qquad F'(x) = g'[f(x)] f'(x)$$

が成立する.

**証明.** $(a,b)$ 内の任意の一点を $x_0$ とし, $y_0 = f(x_0)$ とおく. $g(y)$ は $y_0$ で微分可能であるから, $0 < |h| < r$ ($r$ は適当に小さい正数) において, $\varepsilon(h)$ を

$$\varepsilon(h) = \frac{g(y_0+h)-g(y_0)}{h} - g'(y_0)$$

で定義すれば，$h \to 0$ なるとき $\varepsilon(h) \to 0$ である．ゆえに $\varepsilon(0)=0$ と定めれば，$\varepsilon(h)$ は $|h|<r$ で定義されかつ $\varepsilon(h)$ は $h=0$ で連続である(定理11.1)．したがって，等式

$$g(y_0+h)-g(y_0) = hg'(y_0) + h\varepsilon(h)$$

は，$h=0$ のときにも成立する．いま，$y_0 = f(x_0)$, $y_0+h = f(x_0+k)$ とおけば，

$$\frac{F(x_0+k)-F(x_0)}{k} = \frac{g[f(x_0+k)]-g[f(x_0)]}{k} = \frac{g(y_0+h)-g(y_0)}{k}$$

$$= \frac{h}{k} g'(y_0) + \frac{h}{k} \varepsilon(h),$$

ただし，$h = f(x_0+k)-f(x_0)$．しかるに，

$$\lim_{k \to 0} \frac{h}{k} = \lim_{k \to 0} \frac{f(x_0+k)-f(x_0)}{k} = f'(x_0),$$

かつ
$$\lim_{k \to 0} \varepsilon(h) = \lim_{k \to 0} \varepsilon[f(x_0+k)-f(x_0)] = 0$$

であるから，上の等式において $k \to 0$ ならしめて，$F'(x_0)$ の存在と $F'(x_0) = g'(y_0)f'(x_0)$ がえられる．

**初等函数の微分公式**

Ⅰ．指数函数

$a>0$ として，$f(x)=a^x$ とすれば，

$$\frac{f(x+h)-f(x)}{h} = \frac{a^{x+h}-a^x}{h} = a^x \cdot \frac{a^h-1}{h}.$$

$h \to 0$ ならしめて，公式 (16.2) を用いれば，ただちに

(22.5) $$\frac{d}{dx}a^x = a^x \log a.$$

特に $a=e$ のときは

(22.6) $$\frac{d}{dx}e^x = e^x.$$

Ⅱ．対数函数

$f(x) = \log x$ (ただし $x>0$) とおく．

$$\frac{f(x+h)-f(x)}{h} = \frac{\log(x+h)-\log x}{h}$$

$$= \frac{\log x + \log\left(1+\dfrac{h}{x}\right) - \log x}{h}$$

$$= \frac{\log\left(1+\dfrac{h}{x}\right)}{h} = \frac{1}{x}\cdot\frac{\log\left(1+\dfrac{h}{x}\right)}{\dfrac{h}{x}}.$$

$h \to 0$ ならしめたとき，公式 (16.1) によって

$$f'(x) = \frac{1}{x}, \quad \text{すなわち}$$

(22.6) $$\frac{d}{dx}\log x = \frac{1}{x}$$

Ⅲ．ベキ函数

$m$ を正の整数とすれば，

(22.7) $$\frac{d}{dx}x^m = mx^{m-1}$$

が $-\infty < x < +\infty$ で成立することは §20，例1からわかる．次に，$a$ を任意の実数として，$0 < x < +\infty$ において函数 $y = x^a$ を考える．対数の性質から

$$x^a = e^{\log x^a} = e^{a\log x}.$$

合成函数の微分公式 (22.4) によって

$$\frac{d}{dx}x^a = e^{\log x^a}\cdot\left[\frac{d}{dx}(a\log x)\right] = x^a\cdot\frac{a}{x} = ax^{a-1},$$

すなわち

(22.8) $$\frac{d}{dx}x^a = ax^{a-1} \quad (a \text{ は任意の実数，} 0 < x < +\infty).$$

特に，$a = \dfrac{1}{2}$ ならば，

$$\frac{d}{dx}\sqrt{x} = \frac{1}{2\sqrt{x}}.$$

Ⅳ．三角函数

$f(x)=\sin x$.

$$\frac{f(x+h)-f(x)}{h}=\frac{\sin(x+h)-\sin x}{h}=\frac{2}{h}\sin\frac{h}{2}\cos\left(x+\frac{h}{2}\right)$$

$$=\frac{\sin\dfrac{h}{2}}{\dfrac{h}{2}}\cdot\cos\left(x+\frac{h}{2}\right).$$

$\displaystyle\lim_{h\to 0}\frac{\sin\dfrac{h}{2}}{\dfrac{h}{2}}=1$, $\displaystyle\lim_{h\to 0}\cos\left(x+\frac{h}{2}\right)=\cos x$ （$\cos x$ の連続函数であること に注意）であるから $f'(x)=\cos x$, すなわち

(22.9) $$\frac{d}{dx}\sin x=\cos x.$$

次に $\cos x=\sin\left(\dfrac{\pi}{2}-x\right)$ であるから，合成函数の導函数の公式 (22.4) と (22.9) とを使って，

$$\frac{d}{dx}\cos x=\frac{d}{dx}\sin\left(\frac{\pi}{2}-x\right)=-\cos\left(\frac{\pi}{2}-x\right),$$

すなわち

(22.10) $$\frac{d}{dx}\cos x=-\sin x.$$

また

$$\frac{d}{dx}\tan x=\frac{d}{dx}\frac{\sin x}{\cos x}=\frac{(\sin x)'\cos x-\sin x(\cos x)'}{\cos^2 x}$$

$$=\frac{\cos^2 x+\sin^2 x}{\cos^2 x}=\frac{1}{\cos^2 x}.$$

すなわち

(22.11) $$\frac{d}{dx}\tan x=\frac{1}{\cos^2 x}.$$

**V. 逆三角函数**

函数 $x=\sin y$ $\left(-\dfrac{\pi}{2}<y<\dfrac{\pi}{2}\right)$ の逆函数 $y=\sin^{-1}x$ $(-1<x<1)$ を考える．まず，$-\dfrac{\pi}{2}<y<\dfrac{\pi}{2}$ において $\cos y>0$ なることに注意すれば，

$$\frac{dx}{dy} = \cos y = \sqrt{1-\sin^2 y} = \sqrt{1-x^2}.$$

(22.2) によって

$$\frac{dy}{dx} = \frac{1}{\sqrt{1-x^2}}, \quad \text{すなわち}$$

(22.12) $\quad \dfrac{d}{dx}\sin^{-1}x = \dfrac{1}{\sqrt{1-x^2}} \quad (-1 < x < +1).$

次に $\sin^{-1}x + \cos^{-1}x = \dfrac{\pi}{2}$ (§19, 問1) であるから $(\cos^{-1}x)' = -(\sin^{-1}x)'$, したがって

(22.13) $\quad \dfrac{d}{dx}\cos^{-1}x = -\dfrac{1}{\sqrt{1-x^2}} \quad (-1 < x < +1).$

さらに, $x = \tan y \left(-\dfrac{\pi}{2} < y < \dfrac{\pi}{2}\right)$ の逆関数 $y = \tan^{-1}x \quad (-\infty < x < +\infty)$ を考えてみる.

$$\frac{dx}{dy} = \frac{1}{\cos^2 y} = 1 + \tan^2 y = 1 + x^2$$

であるから

(22.14) $\quad \dfrac{d}{dx}\tan^{-1}x = \dfrac{1}{1+x^2} \quad (-\infty < x < +\infty)$

ここで, いろいろな意味で重要な例をあげよう.

$$f(x) = x^2 \sin\frac{1}{x} \quad (x \neq 0)$$

$$f(0) = 0$$

とおけば, 函数 $y = f(x)$ は $-\infty < x < \infty$ で定義された函数である. $0 < |x| < \infty$ において $u = \dfrac{1}{x}$ は微分可能, $v = \sin u$ は $-\infty < u < +\infty$ で (変数 $u$ について) 微分可能, したがって, 合成函数 $v = \sin\dfrac{1}{x}$ は $0 < |x| < \infty$ で微分可能で, その導函数は公式 (22.4) で求められる. 結局 $y = f(x)$ は $0 < |x| < \infty$ においては, 微分法の公式でその導函数を求めることができる. $0 < |x| < \infty$ ならば

$$f'(x) = (x^2)' \sin\frac{1}{x} + x^2 \left(\sin\frac{1}{x}\right)'$$

$$= 2x \sin \frac{1}{x} + x^2 \cdot \frac{dv}{du} \cdot \frac{du}{dx}$$

$$= 2x \sin \frac{1}{x} + x^2 \cos u \cdot \left(-\frac{1}{x^2}\right)$$

$$= 2x \sin \frac{1}{x} - \cos \frac{1}{x}.$$

すなわち

$$0 < |x| < \infty \text{ ならば,}$$

(22.15) $$f'(x) = 2x \sin \frac{1}{x} - \cos \frac{1}{x}.$$

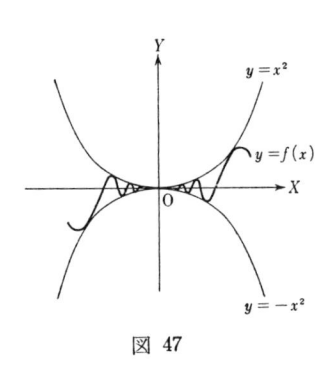

次に, $y=f(x)$ は $x=0$ で微分可能であるかどうか. (22.15) は $x \neq 0$ なる制限の下に導いた式であるから, $x=0$ を (22.15) に代入することは意味がない. それにも拘わらず $f(x)$ は $x=0$ で微分可能であることは, 微分係数の定義から直接にわかる. すなわち, $f(0)=0$ であることに注意して,

$$\frac{f(x)-f(0)}{x-0} = \frac{f(x)}{x} = x \sin \frac{1}{x},$$

図 47

$x \to 0$ ならしめて

$$f'(0) = 0.$$

こうして, $y=f(x)$ は $-\infty < x < \infty$ のすべての点で微分可能でその導函数 $f'(x)$ は

(22.16) $$f'(x) = \begin{cases} 2x \sin \dfrac{1}{x} - \cos \dfrac{1}{x} & (x \neq 0) \\ 0 & (x=0) \end{cases}$$

で与えられる. 函数 $y=f(x)$ は $-\infty < x < +\infty$ で微分可能であるから, $-\infty < x < +\infty$ で連続である.

$y=f(x)$ のグラフは図 47 のようになる. 原点 O のところに切れ目があるように見えるが, これはわれわれの直観が必ずしも正しくないことを示す. さて

導函数 $f'(x)$ は $-\infty < x < +\infty$ で定義されているが，$x=0$ では連続になら ないことに注意しよう．まず，$\lim_{x\to 0} x\sin\dfrac{1}{x}=0$ であるが

$$\lim_{x\to 0}\cos\dfrac{1}{x}$$

は存在しない．したがって，$\lim_{x\to 0}f'(x)$ の存在しないことがわかる．

**問 1.** 次の函数の導函数を求めよ：

（1） $x^3e^x$, 　　（2） $\dfrac{x}{1+x^2}$, 　　（3） $\dfrac{ax^2+2bx+c}{Ax^2+2Bx+C}$,

（4） $a_0x^n+a_1x^{n-1}+\cdots+a_n$, 　　（5） $\cot x$.

**問 2.** 放物線 $y=x^2$ の点 $(1,1)$ における接線の方程式を求めよ．

**問 3.** $F(x)=f_1(x)f_2(x)\cdots f_n(x)$ とすれば，

$$F'(x)=f_1'(x)f_2(x)\cdots f_n(x)+f_1(x)f_2'(x)\cdots f_n(x)+\cdots+f_1(x)f_2(x)\cdots f_n'(x)$$

であることを証明し，それを用いて

$$\dfrac{d}{dx}[f(x)]^m=m[f(x)]^{m-1}\cdot f'(x)$$

なることを示せ．

**問 4.** $f(x)=x\sin\dfrac{1}{x}$ $(x\neq 0)$, $f(0)=0$ としたとき，函数 $y=f(x)$ は $x=0$ で連続であるが微分可能でないことを証明せよ．

## §23. 導函数の性質

函数 $y=f(x)$ は一点 $a$ を含むある開区間で定義されていて，$x=a$ において微分係数 $f'(a)$ を持つものとする．まず $f'(a)<0$ （$+\infty$ でもよい）の場合を考える．

$$\lim_{x\to a}\dfrac{f(x)-f(a)}{x-a}=f'(a)>0$$

であるから，正数 $\delta$ を十分小さくえらべば，$0<|x-a|<\delta$ において

(23.1) 　　　　$\dfrac{f(x)-f(a)}{x-a}>0$

となる．

念のため $f'(a)$ が有限で，正である場合にこれを証明しておく．正数 $\delta$ を

適当に定めれば, $0<|x-a|<\delta$ なるとき
$$\left|\frac{f(x)-f(a)}{x-a}-f'(a)\right|<f'(a)$$
となる.

これは明らかに $\dfrac{f(x)-f(a)}{x-a}$ と $f'(a)$ とは同符号であることを示す.

したがって, $0<|x-a|<\delta$ で $f(x)-f(a)$ と $x-a$ とは同符号である. ゆえに
$$0<x-a<\delta \text{ ならば } f(x)>f(a)$$
$$0>x-a>-\delta \text{ ならば } f(x)<f(a)$$
となる. すなわち $x=a$ を中点とする幅 $2\delta$ の開区間 $(a-\delta, a+\delta)$ において $x$ が $a$ の右にあれば $f(a)<f(x)$, $x$ が $a$ の左にあれば $f(x)<f(a)$ となる. このとき函数 $f(x)$ は $x=a$ において**増加の状態**を示すという. 次に $f'(a)<0$ ($-\infty$ でもよい) の場合には今述べた事情が全く反対になる. すなわち正数 $\delta$ を十分小に選べば, 開区間 $(a-\delta, a+\delta)$ において $x$ が $a$ の左にあれば $f(x)>f(a)$, $x$ が $a$ の右にあれば $f(x)<f(a)$ となる. このとき $f(x)$ は $x=a$ において**減少の状態**を示すという.

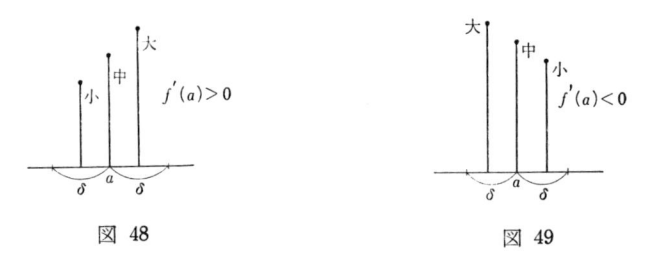

図 48  図 49

**注意.** たとえば 10 名の生徒の中一人 A 君をまず前面に立たせて, 他の 9 名に A 君よりも身長の高い人は右へ, A 君より身長の低い人は左に並ぶようにといったのでは, 10 名が身長順に並ぶとは限らない. ちょうどこれと同じように, 函数 $f(x)$ が $x=a$ で増加の状態にあるからといって, $x=a$ を含む小さな開区間で単調増加であるとは限らない. 実際の例を与えてみよう. $x \neq 0$ のとき $f(x)=x+2x^2\sin\dfrac{1}{x}$, $f(0)=0$ とする. $x \neq 0$ のとき
$$f'(x)=1+4x\sin\frac{1}{x}-2\cos\frac{1}{x}=1-2\cos\frac{1}{x}+4x\sin\frac{1}{x},$$

## §23. 導函数の性質

$$f'(0)=\lim_{x\to 0}\frac{f(x)}{x}=\lim_{x\to 0}\left(1+2x\sin\frac{1}{x}\right)=1.$$

したがって，$f'(0)>0$，すなわち $y=f(x)$ は $x=0$ で増加の状態を示す．他方で

$$\lim_{n\to\infty}f'\left(\frac{1}{2n\pi}\right)=-1$$

であるから，ある自然数 $N$ よりも大なるすべての $n$ に対して $x=\dfrac{1}{2n\pi}$ で $f'\left(\dfrac{1}{2n\pi}\right)<0$ すなわち $f(x)$ は減少の状態を示す．点列 $x_n=\dfrac{1}{2n\pi}$ $(n=1,2,\cdots)$ が $x=0$ を極限点とすることは明らかであろう．

**定理 23.1.** 函数 $f(x)$ を閉区間 $[a,b]$ において連続かつ開区間 $(a,b)$ の各点 $x$ において微分係数 $f'(x)$（$+\infty$ または $-\infty$ であってもよい）が存在するものとする．さらに

(23.2)  $\qquad\qquad f(a)=f(b)=0$

とする．このとき $(a,b)$ 内に少なくとも一点 $c$ があって $f'(c)=0$ となる．

(ロールの定理)[1]

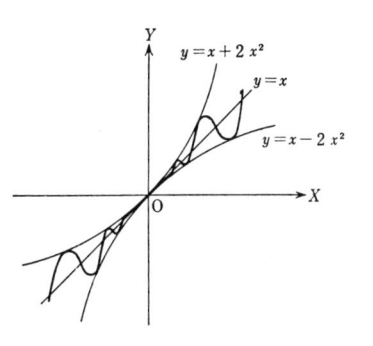

図 50

**証明．** $f(x)$ は閉区間 $[a,b]$ において連続であるから，ここで必ず最大値 $M$ と最小値 $m$ をとる（定理 11.7）．(23.2) によれば明らかに

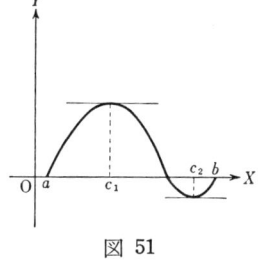

$$m\leq 0\leq M.$$

まず，(i) $m=0=M$ の場合には $f(x)$ は恒等的に定数の 0 に等しいから，$f'(x)$ は $(a,b)$ において恒等的に 0 となって確かに定理は成立する．

図 51

(ii) $M>0$ の場合には最大値 $M$ を実際にとる点 $c$ $(a\leq c\leq b)$ が少なくとも一つある．(23.2) によれば必ず $a<c<b$ である．仮定から $f'(c)$ が存在する．$f'(c)>0$ ならば $f(x)$ は増加の状態，$f'(c)<0$ ならば $f(x)$ は減少の状態を示すから，$f(c)$ は最大値であり得な

---

[1] Rolle の定理．

い．ゆえに $f'(c)=0$.

(iii) $m<0$ の場合には最小値 $m$ を実際にとる点の一つを $c$ $(a\leq c\leq b)$ とすれば，必ず $a<c<b$ であって，かつ $f'(c)=0$ である．

**注意．** ロールの定理の仮定 (23.2) は単に

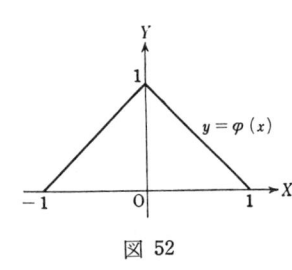

(23.3)
$$f(a)=f(b)$$

だけでよい．なぜならば，$f(a)=f(b)=A$ とおいたとき，$g(x)=f(x)-A$ を考えれば，$g(x)$ は定理 23.1 の仮定を満足するから，$(a,b)$ 内に少なくとも一点 $c$ があって $g'(c)=0$. しかるに $g'(x)=f'(x)$ であるから，$f'(c)=0$ である．またロールの定理の仮定において $(a,b)$ の各点で $f'(x)$ の存在することは大切である．図 52 のようなグラフを持つ閉区間 [-1,1] で連続な函数 $y=\varphi(x)$ を考えてみよ．

図 52

**定理 23.2．** 函数 $f(x)$ を閉区間 $[a,b]$ において連続，開区間 $(a,b)$ の各点で $f'(x)$ ($+\infty, -\infty$ でもよい) が存在するものとする．このとき，開区間 $(a,b)$ 内の適当な一点 $c$ で

(23.4)
$$\frac{f(b)-f(a)}{b-a}=f'(c)$$

が成立する（平均値定理）．

図 53

**証明．** 簡単のため

$$\frac{f(b)-f(a)}{b-a}=k$$

とおいて，函数

$$g(x)=f(x)-f(a)-k(x-a)$$

を考える．定数 $k$ の選び方から

$$g(a)=g(b)=0.$$

したがって，$g(x)$ は定理 23.1 の条件を満足する．ゆえに $(a,b)$ 内の適当な一点 $c$ で $g'(c)=0$ となる．しかるに $g'(x)=f'(x)-k$ であるから，

$$f'(c)=k.$$

**注意．** 平均値の定理 (mean value theorem) は幾何学的には曲線 $y=f(x)$ ($a\leq x\leq b$)

が滑らかなる[1]とき，その上に適当に一点 P をとれば，曲線の両端点を結ぶ線分と P における接線とが平行であるようにできることを意味する．

平均値の定理は応用の多い定理である．

**定理 23.3.** $f(x)$ を閉区間 $[a,b]$ において連続かつ開区間 $(a,b)$ において $f'(x)$ が恒等的に 0 に等しいとすれば，$f(x)$ は $[a,b]$ において恒等的に定数となる．

**証明．** $a < x \leq b$ なる任意の一点を $x$ とし，閉区間 $[a,x]$ に対して平均値の定理を適用すれば，$f(x) - f(a) = f'(c)(x-a) = 0$ $(a < c < x)$ であるから，$f(x) = f(a)$ となる．

**系．** $f(x)$ と $g(x)$ とをともに閉区間 $[a,b]$ において共通な導函数 $\varphi(x)$ を持つとすれば，閉区間 $[a,b]$ において恒等的に $g(x) = f(x) + C$ ($C$ はある定数) が成立する．

**証明．** $F(x) = g(x) - f(x)$ とおけば，$F(x)$ は $[a,b]$ において必然的に連続で(定理 20.1)かつ $F(x)$ の導函数 $F'(x)$ は $[a,b]$ において恒等的に 0 に等しいから，前定理で $F(x)$ は $[a,b]$ においてある定数 $C$ となってしまう．

**注意．** (開または閉)区間で定義された函数 $f(x)$ を与えたとき，その区間において $F'(x) = f(x)$ となるような $F(x)$ が存在するならば，$F(x)$ を $f(x)$ の**原始函数**(primitive function)という．いま述べたばかりの系から，与えられた函数 $f(x)$ に対して一つの原始函数 $F(x)$ が存在するならば，すべての原始函数は $F(x) + C$ ($C$ は定数) という形に書き表わされることが分る．この事実は微分積分学の基本定理の一つである．

ふたたび，平均値の定理を応用して函数(値)の増減に関する重要な定理を述べる．

**定理 23.4.** 函数 $f(x)$ を閉区間 $[a,b]$ において連続かつ開区間 $(a,b)$ の各点 $x$ において $f'(x)$ が存在して $\geq 0$ とする．ただし，$(a,b)$ において $f'(x)$ は恒等的には 0 に等しくないと仮定する．このとき必ず

(23.5) $$f(a) < f(b)$$

が成立する．

**証明．** $a < x < b$ なる任意の一点を $x$ とする．平均値の定理を二つの閉区間 $[a,x]$ および $[x,b]$ に対して適用して，開区間 $(a,x)$ および $(x,b)$ にそ

---

[1] 連続曲線が端点以外の各点で接線を持つことは曲線が滑らかなことを意味する．

れぞれ一点 $c_1$ および $c_2$ を適当にえらべば，

$$f(x)-f(a)=f'(c_1)(x-a)\geqq 0 \quad (a<c_1<x),$$
$$f(b)-f(x)=f'(c_2)(b-x)\geqq 0 \quad (x<c_2<b).$$

ゆえに
(23.6) $$f(a)\leqq f(x)\leqq f(b),$$
したがって
(23.7) $$f(a)\leqq f(b).$$

次に (23.7) の等号の成立しないことを示そう．仮に (23.7) の等号が成立したとすれば，(23.6) から $f(a)=f(x)$．しかるに $x$ は区間 $(a, b)$ の任意の一点であったことを想起すれば，$f(x)$ は $[a, b]$ において定数となり，したがって $f'(x)$ は $(a, b)$ において恒等的に 0 となってしまう．これは定理の仮定に反する．

**例 1.** $\sin x < x$ $(x>0)$ を証明する．$f(x)=x-\sin x$ とおけば，$f(0)=0$，$f'(x)=1-\cos x\geqq 0$．$\cos x=1$ となるのは $x=2n\pi$ ($n$ は整数) のときに限られるから，定理 23.4 によって $0<x$ ならば $f(0)<f(x)$，すなわち $x>0$ ならば $f(x)>0$ である．

**例 2.** $\cos x > 1-\dfrac{x^2}{2}$ $(x>0)$ を証明する．$f(x)=\cos x-1+\dfrac{x^2}{2}$ とおけば，$f(0)=0$，$f'(x)=-\sin x+x>0$ $(x>0)$ (例 1 による)．したがって，$x>0$ ならば $f(x)>0$ である．

次にロールの定理と同様な議論で証明できるダルブー (Darboux) の定理を証明してみよう．

**定理 23.5.** $f(x)$ を閉区間 $a\leqq x\leqq b$ において微分可能 (したがって当然連続) かつ $f'(a)>f'(b)$ とするとき，もし $f'(a)>\alpha>f'(b)$ であるならば，
$$f'(c)=\alpha \quad (a<c<b)$$
なる点 $c$ がある．換言すれば，導函数 $f'(x)$ は $[a,b]$ において中間値をとる．

**証明．** まず $f'(a)>0$ かつ $f'(b)<0$ とすれば $f'(c)=0$ $(a<c<b)$ となるような点 $c$ が存在することを証明する．$f(x)$ は閉区間 $[a,b]$ において連続であるから，必ず $[a,b]$ の一点 $c$ で最大値をとる．この点 $c$ は端点 $a$ および $b$ のどれとも相異なる．$f'(c)$ を考えれば，ロールの定理の証明と同様

にして，$f'(c)=0$ なることがわかる．次に $f'(a)>\alpha>f'(b)$ とすれば，$F(x)=f(x)-\alpha x$ とおくとき，

$$F'(a)=f'(a)-\alpha>0,\ F'(b)=f'(b)-\alpha<0$$

であるから，いま述べた許りの結果から

$$F'(c)=f'(c)-\alpha=0\quad(a<c<b)$$

となるような点 $c$ がある．

**注意．** もし導函数 $f'(x)$ が $[a,b]$ において連続であるならば，定理 23.5 は連続函数の中間値の定理(定理11.5)の当然の結果である．しかし，すでに見たように函数 $f(x)=x^2\sin\dfrac{1}{x}$ $(x\neq 0)$，$f(0)=0$ の導函数 $f'(x)$ は $x=0$ で不連続である．この不連続な導函数に対しても定理 23.5 は区間 $[-1,+1]$ で成立するのである．この定理から次の事実がわかる．閉区間 $[a,b]$ において，中間値をとらないような函数 $g(x)$（たとえば $[a,b]$ 内の一点 $c$ だけで $g(c)=1$，その他のすべての点で $g(x)=0$）[1] を与えたとき，$[a,b]$ において $g(x)$ の原始函数は存在しない．この事実は微分と積分との相互の関係について重要な意味を持っている．

**定理 23.6.** 函数 $f(x)$ および $g(x)$ はともに閉区間 $[a,b]$ で連続かつ開区間 $(a,b)$ で微分可能とする．さらに次の二つの条件を仮定する:

（1） 導函数 $f'(x)$ と $g'(x)$ は $(a,b)$ において同時に 0 にはならない;

（2） $g(a)\neq g(b)$.

このとき，

(23.8) $$\dfrac{f(b)-f(a)}{g(b)-g(a)}=\dfrac{f'(c)}{g'(c)}\quad(a<c<b)$$

なるような点 $c$ がある．(23.8) をコーシー(Cauchy)の公式という．

**証明．** 函数

$$F(x)=f(x)\{g(b)-g(a)\}-g(x)\{f(b)-f(a)\}$$

が閉区間 $[a,b]$ においてロールの定理[2]の仮定を満足する．なぜならば，$F(x)$ は明らかに $[a,b]$ で連続，$(a,b)$ において微分可能，しかも $F(a)=F(b)$

---

[1] $g(x)$ は 0 と 1 との二つの値しかとらないから，たとえば $0<\dfrac{1}{2}<1$ なる中間値 $\dfrac{1}{2}$ をとっていない．

[2] 定理 23.1 およびその注意．

$=f(a)g(b)-f(b)g(a)$. ゆえに $F'(c)=0$ $(a<c<b)$ すなわち,

(23.9) $f'(c)\{g(b)-g(a)\}-g'(c)\{f(b)-f(a)\}=0$ $(a<c<b)$

なる点 $c$ がある．ここで $g'(c)\not=0$ なることに注意しよう．仮に $g'(c)=0$ とすれば $f'(c)\{g(b)-g(a)\}=0$. (2) によれば $g(b)\not=g(a)$ であるから $f'(c)=0$, すなわち $f'(c)^2+g'(c)^2=0$ となって仮定 (1) に反する．ゆえに，(23.9) の両辺を $g'(c)\{g(b)-g(a)\}$ で割れば，公式 (23.8) がえられる．

**注意．** 定理 23.6 において $g(x)=x$ とおけば $\dfrac{f(b)-f(a)}{b-a}=f'(c)$ $(a<c<b)$ すなわち，普通の平均値の定理の公式 (23.4) がえられる．この平均値の定理から，

(i)　　　　　$f(b)-f(a)=f'(c)(b-a)$ $(a<c<b)$,
(ii)　　　　　$g(b)-g(a)=g'(c)(b-a)$ $(a<c<b)$.

したがって，辺々割り算をして直ちに公式 (23.8) がえられるように思われるかも知れない．しかし (i), (ii) の等式における $c$ は関数 $f(x), g(x)$ にそれぞれ依存するのであって，本来は

$$f(b)-f(a)=f'(c_1)(b-a) \quad (a<c_1<b),$$
$$g(b)-g(a)=g'(c_2)(b-a) \quad (a<c_2<b).$$

と書くべきである．しかも $c_1$ と $c_2$ として同じ点 $c$ をとりうるかどうかは初めからは明らかではない．

**問 1.** $f(x)=(x-a)^m(x-b)^n$, ただし $m, n$ は正の整数，の導函数 $f'(x)$ が 0 となる $x$ の値を求めよ．

**問 2.** 有理整式 $2x^3+3x^2-12x+7$ は $x>1$ で正であることを証明せよ．

**問 3.** $x>0$ なるとき $x-\dfrac{x^3}{6}<\sin x<x$ なることを証明せよ．

## §24. 高次導函数

函数 $y=f(x)$ がある区間 $E$ ($(a,b)$, $[a,b)$, $(a,b]$, $[a,b]$ いずれでもよい) で導函数 $f'(x)$ を持つとき，もし $y'=f'(x)=\dfrac{dy}{dx}$ がさらに同じ区間 $E$ で微分可能であるならば，その導函数を

$$\frac{d}{dx}f'(x)=f''(x)=\frac{d^2y}{dx^2}=y''$$

で表わし，これを**二次導函数**(the second derivative)という．さらに，同じ区間 $E$ で $f''(x)$ が微分可能ならば，三次導函数

$$\frac{d}{dx}f''(x)=f'''(x)=\frac{d^3y}{dx^3}=y'''$$

## §24. 高次導函数

が定義される. 一般に $n$ 次導函数(the $n$th derivative)を

(24.1) $$y^{(n)}, \quad \frac{d^n y}{dx^n}, \quad f^{(n)}(x)$$

などの記号で表わす.

最近, 区間 $E$ で $y=f(x)$ の $n$ 次の導函数 $f^{(n)}(x)$ まで存在してしかも連続であるとき, $y=f(x)$ を $E$ において $C^n$ の函数という. また, $f(x)$ が $E$ においてすべての自然数 $n$ に対して $n$ 次導函数 $f^{(n)}(x)$ を持つとき, $E$ において, $C^\infty$ の函数という. ついでながら, $f(x)$ が単に $E$ で連続であるとき, $f(x)$ は $E$ で $C^0$ の函数であるという.

$$C^0 \supset C^1 \supset C^2 \supset \cdots \supset C^n \supset \cdots \supset C^\infty$$

なることはいうまでもない.

**例 1.** $y=x^m$ ($m$ は正の整数)は $-\infty < x < \infty$ で $C^\infty$ に属する.
$y=x^m$, $y'=mx^{m-1}$, $y''=m(m-1)x^{m-2}$, 一般に
$$y^{(n)}=m(m-1)\cdots(m-n+1)x^{m-n} \quad (n=1,2,\cdots).$$

**例 2.** $f(x)=e^x$ ($-\infty < x < +\infty$) に対しては
$$f'(x)=e^x \text{ であるから, } f^{(n)}(x)=e^x \quad (n=1,2,\cdots).$$
したがって $f(x)=e^x$ もまた $C^\infty$ の函数である.

**例 3.** $f(x)=\sin x$ ($-\infty < x < +\infty$) は $C^\infty$ の函数である. なぜならば $f'(x)=\cos x$, $f''(x)=-\sin x$, $f'''(x)=-\cos x$, $f^{(4)}(x)=\sin x$, $\cdots$ となるからである. もっときれいな形を出すためには, $f'(x)=\sin\left(x+\frac{\pi}{2}\right)$ と表わす. こうすれば $f''(x)=\sin\left(x+\frac{\pi}{2}+\frac{\pi}{2}\right)=\sin\left(x+2\frac{\pi}{2}\right)$ となるから, 一般には
$$f^{(n)}(x)=\sin\left(x+n\frac{\pi}{2}\right) \quad (n=1,2,\cdots)$$
となる.

**例 4.** $f(x)=\log(1+x)$ は $-1 < x < +\infty$ において $C^\infty$ の函数である. なぜならば $f'(x)=(1+x)^{-1}$, $f''(x)=-(1+x)^{-2}$, $\cdots$ であるから, 一般には
$$f^{(n)}(x)=(-1)^{n-1}(n-1)!(1+x)^{-n} \quad (n=1,2,\cdots).$$

**例 5.** $y=\tan^{-1}x$ ($-\infty < x < +\infty$) を考えてみよう.
$$y'=\frac{1}{1+x^2}=\cos^2 y=\sin\left(y+\frac{\pi}{2}\right)\cos y,$$
$$y''=\left[\cos\left(y+\frac{\pi}{2}\right)\cos y-\sin\left(y+\frac{\pi}{2}\right)\sin y\right]y'$$

$$= \cos\left(2y+\frac{\pi}{2}\right)\cos^2 y = \sin\left(2y+2\cdot\frac{\pi}{2}\right)\cos^2 y.$$

このようにして，一般に

(24.2) $\qquad y^{(n)} = (n-1)!\,\sin\left(ny+n\frac{\pi}{2}\right)\cos^n y \quad (n=1,2,\cdots)$

なることを予想できる．これを厳密に証明するには数学的帰納法を用いればよい．(24.2) は $n=1$ のときは正しい．次に $n$ のとき (24.2) は正しいと仮定して，(24.2) を微分する．

$$\begin{aligned}
y^{(n+1)} &= n!\left[\cos\left(ny+n\frac{\pi}{2}\right)\cos^n y - \sin\left(ny+n\frac{\pi}{2}\right)\cos^{n-1} y \sin y\right]y' \\
&= n!\left[\cos\left(ny+n\frac{\pi}{2}\right)\cos y - \sin\left(ny+n\frac{\pi}{2}\right)\sin y\right]\cos^{n+1} y \\
&= n!\cos\left[(n+1)y+n\frac{\pi}{2}\right]\cos^{n+1} y \\
&= n!\sin\left[(n+1)y+(n+1)\frac{\pi}{2}\right]\cos^{n+1} y,
\end{aligned}$$

すなわち (24.2) は $n+1$ のときも正しい．

次に函数 $u=f(x), v=g(x)$ は共に区間 $E$ において $n$ 次の導函数を持つものとする．このとき，積 $y=uv=f(x)g(x)$ の $n$ 次導函数を求めるライプニッツ (Leibniz)[1] の公式と呼ばれるものがある．

$$\begin{aligned}
y &= uv, \\
y' &= u'v + uv', \\
y'' &= u''v + 2u'v' + uv'', \\
y''' &= u'''v + 3u''v' + 3u'v'' + uv''', \\
&\cdots\cdots\cdots\cdots\cdots\cdots\cdots\cdots\cdots
\end{aligned}$$

であるから，係数は二項定理の係数と同じ法則で出てくることが分る．厳密には，二項定理と同様に，数学的帰納法を使って，一般に

(24.3) $\qquad \begin{aligned} y^{(n)} &= u^{(n)}v + nu^{(n-1)}v' + \frac{n(n-1)}{2!}u^{(n-2)}v'' + \\ &\quad +\cdots+ \frac{n(n-1)\cdots(n-k+1)}{k!}u^{(n-k)}v^{(k)} + \cdots + uv^{(n)}\end{aligned}$

($n=1, 2, \cdots$) が成立することがわかる．(24.3) のことを**ライプニッツの公式**

---

[1] Gottfried Wilhelm Leibniz (1646—1716). ドイツの数学者．

という.

**例 6.** $y = \sin^{-1} x$ $(-1 < x < 1)$.
$$y' = \frac{1}{\sqrt{1-x^2}} = (1-x)^{-1/2}(1+x)^{-1/2}.$$
$u = (1-x)^{-1/2}$, $v = (1+x)^{-1/2}$ とおけば,
$$u^{(k)} = \frac{1 \cdot 3 \cdots (2k-1)}{2^k}(1-x)^{-(2k+1)/2},$$
$$v^{(k)} = (-1)^k \frac{1 \cdot 3 \cdots (2k-1)}{2^k}(1+x)^{-(2k+1)/2}$$
$$(k=1,2,3,\cdots),$$
であるから,
$$y^{(n+1)} = \frac{1 \cdot 3 \cdots (2n-1)}{2^n} \frac{1}{(1-x)^n \sqrt{1-x^2}}\left\{1 - \frac{n}{2n-1}\left(\frac{1-x}{1+x}\right) + \cdots \right.$$
$$+ (-1)^k \frac{1 \cdot 3 \cdots (2k-1)}{(2n-1)\cdots(2n-2k+1)} \frac{n(n-1)\cdots(n-k+1)}{1 \cdot 2 \cdots k} \left(\frac{1-x}{1+x}\right)^k$$
$$\left. + \cdots + (-1)^n \left(\frac{1-x}{1+x}\right)^n \right\}.$$

**問 1.** $y = \cos ax$ の $n$ 次導函数を求めよ.

**問 2.** $y = \sin^{-1} x$ は方程式 $(1-x^2)y'' - xy' = 0$ を満足することを証明せよ.

**問 3.** $y = x^2 e^{ax}$ の $n$ 次導函数をライプニッツの公式を使って求めよ.

## §25. テイラーの定理

高次導函数を応用して平均値の定理 (23.2) を拡張できる.

**定理 25.1.** 区間 $[a, a+h]$ で定義された函数 $y = f(x)$ がそこで $k$ 次導函数 $f^{(k)}(x)$ $(k=1,2,\cdots,n-1)$ を持つとし, $f^{(n-1)}(x)$ は $[a, a+h]$ で連続であってかつ微分係数 $f^{(n)}(x)$ $(-\infty, +\infty$ をも許す$)$ は $(a, a+h)$ の各点 $x$ で存在するものとする. このとき, $0 < \theta < 1$ なる適当な正数 $\theta$ があって, 等式

(25.1)
$$f(a+h) = f(a) + \frac{h}{1!}f'(a) + \cdots$$
$$+ \frac{h^{n-1}}{(n-1)!}f^{(n-1)}(a) + \frac{h^n}{n!}f^{(n)}(a+\theta h)$$

が成立する. (テイラー(Taylor)の定理)[1]

---

1) $h$ が負であるとき, $[a, a+h]$, $(a, a+h)$ のかわりに $[a+h, a]$, $(a+h, a)$ を考えれば, やはり定理が成立する.

**証明.** まず

(25.2)
$$f(a+h) = f(a) + \frac{h}{1!}f'(a) + \cdots + \frac{h^{n-1}}{(n-1)!}f^{(n-1)}(a) + h^p\lambda,$$

ただし $p$ は $\leqq n$ なる任意の正数, となるように値 $\lambda$ を定める. 次に $b = a+h$ とおいて函数

(25.3)
$$F(x) = f(x) + \frac{b-x}{1!}f'(x) + \cdots + \frac{(b-x)^{n-1}}{(n-1)!}f^{(n-1)}(x) + (b-x)^p\lambda$$

を $[a,b]$ で考える. $F(x)$ は閉区間 $[a,b]$ で連続で, 開区間 $(a,b)$ の各点で $F'(x)$ が存在する. 次にこの区間の端点 $a,b$ においては

$$F(a) = f(a) + \frac{b-a}{1!}f'(a) + \cdots + \frac{(b-a)^{n-1}}{(n-1)!}f^{(n-1)}(a) + (b-a)^p\lambda$$
$$= f(a+h) = f(b),$$
$$F(b) = f(b).$$

ゆえに, ロールの定理(定理 23.1)によって, $a < c < b$ なる適当な一点 $c$ があって

$$F'(c) = 0$$

となる. 今 $\frac{c-a}{b-a} = \theta$ とおけば, $0 < \theta < 1$ であって, $c = a + (b-a)\theta = a + \theta h$ と書ける. したがって, $F'(a+\theta h) = 0$ $(0 < \theta < 1)$. 次に (25.3) の導函数を計算すれば,

$$F'(x) = f'(x) - f'(x) + \frac{(b-x)}{1!}f''(x) - \frac{(b-x)}{1!}f''(x) + \frac{(b-x)^2}{2!}f'''(x)$$
$$-\cdots$$
$$-\frac{(b-x)^{n-2}}{(n-2)!}f^{(n-1)}(x) + \frac{(b-x)^{n-1}}{(n-1)!}f^{(n)}(x) - p(b-x)^{p-1}\lambda$$
$$= \frac{(b-x)^{n-1}}{(n-1)!}f^{(n)}(x) - p(b-x)^{p-1}\lambda.$$

$F'(c)=0$ から
$$\lambda = \frac{(b-c)^{n-p}}{(n-1)!p} f^{(n)}(c) = \frac{h^{n-p}(1-\theta)^{n-p}}{(n-1)!p} f^{(n)}(a+\theta h).$$
ゆえに, $R_n = h^p \lambda$ に対して

(25.4) $$R_n = \frac{h^n(1-\theta)^{n-p}}{(n-1)!p} f^{(n)}(a+\theta h).$$

ここで $p=n$ とおけば,

(25.5) $$R_n = \frac{h^n}{n!} f^{(n)}(a+\theta h).$$

こうして定理 25.1 が証明される.

**注意.** $n=1$ の場合は定理 25.1 は平均値の定理そのものである. (25.2) を
$$f(a+h) = f(a) + \frac{h}{1!}f'(a) + \cdots + \frac{h^{n-1}}{(n-1)!} f^{(n-1)}(a) + R_n$$
と書いたとき, $R_n$ を**剰余**という. (25.5) をラグランジュ(Lagrange) の剰余という. また (25.4) において $p=1$ とおけば,
$$R_n = \frac{h^n(1-\theta)^{n-1}}{(n-1)!} f^{(n)}(a+\theta h),$$
これをコーシーの剰余という.

次に $x=a+h$ とおけば (25.1) は

(25.6) $$\begin{aligned}f(x) = f(a) &+ \frac{x-a}{1!}f'(a) + \cdots + \frac{(x-a)^{n-1}}{(n-1)!} f^{(n-1)}(a) \\ &+ \frac{(x-a)^n}{n!} f^{(n)}(a+\theta(x-a)).\end{aligned}$$

特に $a=0$ の場合にはマクローリン(Maclaurin) の定理がえられる:

**定理 25.2.** 閉区間 $[0,h]$ において $f(x)$ がそこで連続な $n-1$ 次までの導函数 $f^{(k)}(x)$ $(k=1, 2, \cdots, n-1)$ を持ち, かつ開区間 $(0, h)$ の各点 $x$ において微分係数 $f^{(n)}(x)$ ($-\infty, +\infty$ をも許す)が存在するものとする. このとき

(25.7) $$\begin{aligned}f(x) = f(0) &+ \frac{f'(0)}{1!}x + \frac{f''(0)}{2!}x^2 + \cdots \\ &+ \frac{f^{(n-1)}(0)}{(n-1)!}x^{n-1} + \frac{f^{(n)}(\theta x)}{n!}x^n\end{aligned}$$

$(0 < \theta < 1)$ が成立する.[1]

---

1) $h$ は負であってもよい.

**注意.** 定理 25.1 は $f(x)$ が閉区間 $[a, a+h]$ で $C^n$ の函数であれば成立する．したがって，定理 25.2 は $f(x)$ が閉区間 $[0, h]$ において $C^n$ に属すれば成立することはいうまでもない．

いまからマクローリンの定理を初等函数に応用してみよう．

**A. 指数函数** $y=e^x$. $f(x)=e^x$ $(-\infty<x<+\infty)$ にマクローリンの公式 (25.7) を応用すれば，$f^{(k)}(0)=1$ (§24，例 2) であるから，

(25.8) $\qquad e^x = 1 + \dfrac{x}{1!} + \cdots + \dfrac{x^{n-1}}{(n-1)!} + \dfrac{x^n}{n!} e^{\theta x} \quad (0<\theta<1).$

ここで一つの準備のため極限に関する定理を証明しておこう．

**定理 25.3.** $|x|<+\infty$ なるとき，

(25.9) $\qquad\qquad\qquad \lim\limits_{n\to\infty} \dfrac{|x|^n}{n!} = 0.$

**証明.** $|x|<+\infty$ なる任意の実数 $x$ に対して $N>2|x|$ なる一つの自然数 $N$ をえらんで固定する．$n>N$ とすれば，

$$\dfrac{|x|^n}{n!} = \dfrac{|x|}{n} \cdot \dfrac{|x|}{n-1} \cdots \dfrac{|x|}{N+1} \cdot \dfrac{|x|^N}{N!}$$

$$< \left(\dfrac{1}{2}\right)^{n-N} \cdot \dfrac{|x|^N}{N!} = A \cdot \left(\dfrac{1}{2}\right)^{n-N} \quad \left(\text{ただし } \dfrac{|x|^N}{N!} = A\right).$$

$n\to\infty$ ならしめれば，$\lim\limits_{n\to\infty} \dfrac{|x|^n}{n!} = 0.$

**別証明.**
$$n! = 1\cdot 2\cdot 3 \cdots\cdots\cdots\cdots\cdots p \cdots\cdots\cdots n,$$
$$n! = n(n-1)(n-2)\cdots(n-p+1)\cdots 1;$$
$$(n!)^2 = \prod_{p=1}^{n}\{p(n-p+1)\}.$$

しかるに $p(n-p)+p \geq n-p+p = n$ であるから，

$$(n!)^2 \geq n^n, \text{ したがって，} n! \geq \sqrt{n^n}.$$

これを利用すれば，$\lim\limits_{n\to\infty} \dfrac{|x|^n}{n!} = 0$ なることは明らかであろう．

関係式 (25.9) を用いれば，(25.8) から

$$e^x = \lim_{n\to\infty}\left(1 + \dfrac{x}{1!} + \dfrac{x^2}{2!} + \cdots + \dfrac{x^n}{n!}\right) \quad (-\infty<x<\infty)$$

である．$x=1$ とすれば，

$$\text{(25.10)} \qquad e = 1 + \frac{1}{1!} + \frac{1}{2!} + \cdots + \frac{1}{(n-1)!} + \frac{e^\theta}{n!}.$$

この最後の項 $\dfrac{e^\theta}{n!}$ は $\dfrac{3}{n!}$ よりも小である(なぜならば $e<3$ である).

**定理 25.4.** $e$ は無理数である.

**証明.** $(n-1)!$ を (25.10) の両辺に掛ければ,

$$\text{(25.11)} \qquad (n-1)!\, e = \text{整数} + \frac{e^\theta}{n}.$$

$e$ が有理数であるならば, $e$ は二つの正の整数 $p, q$ の商 $p/q$ で表わされる. $n>q$ とすれば (25.11) の左辺は整数であるが, これに反して右辺は $n>3$ なる限り $0 < \dfrac{e^\theta}{n} < 1$ である. これは不都合である.

B. 函数 $y=\sin x$. $f(x)=\sin x$ $(-\infty < x < +\infty)$ とすれば, §24, 例3 によって $f^{(n)}(x) = \sin\left(x + n\dfrac{\pi}{2}\right)$ $(n=0, 1, 2, \cdots)$ であるから,

$$f^{(2k+1)}(0) = (-1)^k, \quad f^{(2k)}(0) = 0.$$

また

$$f^{(2k+1)}(\theta x) = \sin\left[\theta x + (2k+1)\frac{\pi}{2}\right] = (-1)^k \cos\theta x.$$

したがって,

$$\text{(25.12)} \qquad \sin x = x - \frac{x^3}{3!} + \frac{x^5}{5!} - \cdots + (-1)^{k-1}\frac{x^{2k-1}}{(2k-1)!}$$
$$+ (-1)^k \frac{x^{2k+1}}{(2k+1)!} \cos\theta x.$$

C. 函数 $y=\cos x$. $\sin\left(x+\dfrac{\pi}{2}\right) = \cos x$ であるから, いま $g(x)=\cos x$ $(-\infty < x < +\infty)$ とおけば,

$$g^{(n)}(x) = \sin\left(x + n\frac{\pi}{2} + \frac{\pi}{2}\right) = \cos\left(x + n\frac{\pi}{2}\right),$$

したがって, $g^{(2k+1)}(0) = 0$, $g^{(2k)}(0) = (-1)^k$. ゆえに

$$\text{(25.13)} \qquad \cos x = 1 - \frac{x^2}{2!} + \frac{x^4}{4!} - \cdots + (-1)^{k-1}\frac{x^{2k-2}}{(2k-2)!}$$
$$+ (-1)^k \frac{x^{2k}}{(2k)!} \cos\theta x.$$

(25.12) および (25.13) における剰余が $k\to+\infty$ のとき極限値 $0$ を持つことは定理 25.3 から明らかであろう．

**D.** 函数 $y=\log(1+x)$. $f(x)=\log(1+x)$ とおけば，$y=f(x)$ は $-1<x<+\infty$ で定義された函数であって，§24，例4で示したように

$$f^{(n)}(x)=(-1)^{n-1}\frac{(n-1)!}{(1+x)^n}.$$

したがって，

(25.14) $\quad \log(1+x)=x-\dfrac{x^2}{2}+\dfrac{x^3}{3}-\cdots+(-1)^{n-2}\dfrac{x^{n-1}}{n-1}+R_n.$

剰余 $R_n$ はラグランジュの公式では

$(\alpha) \qquad R_n=(-1)^{n-1}\dfrac{x^n}{n}\left(\dfrac{1}{1+\theta x}\right)^n,$

またコーシーの公式では

$(\beta) \qquad R_n=(-1)^{n-1}\dfrac{x^n}{1+\theta x}\left(\dfrac{1-\theta}{1+\theta x}\right)^{n-1}$

で与えられる．さて $x$ のどのような範囲で，$n\to\infty$ のとき $R_n\to 0$ となるか，これを吟味してみよう．まず，$0\leqq x\leqq 1$ とすれば，公式 $(\alpha)$ から

$$|R_n|=\frac{1}{n}\left(\frac{x}{1+\theta x}\right)^n<\frac{1}{n}.$$

次に，$-1<x<0$ とすれば，$-1<-r<x<0$ となるように正数 $r$ をとったとき公式 $(\beta)$ から

$$|R_n|<\frac{r^n}{1-r}$$

が成り立つ．ゆえにいずれの場合にも $\lim\limits_{n\to\infty}R_n=0$ となる．すなわち $-1<x\leqq 1$ において $\lim\limits_{n\to\infty}R_n=0$.

**E.** 函数 $y=(1+x)^m$ を考える．$m$ が正の整数のときは，$f(x)=(1+x)^m$ は $-\infty<x<+\infty$ で $C^\infty$ の函数である．

(25.15) $\quad f^{(n)}(x)=m(m-1)\cdots(m-n+1)(1+x)^{m-n}$

であるから，$f^{(n)}(0)=m(m-1)\cdots(m-n+1)$ である．したがって，$n=m$ のとき $f^{(m)}(x)=m!$，$n>m$ のとき $f^{(n)}(x)=0$ である．ゆえに，

$$(1+x)^m = 1 + \frac{m}{1!}x + \frac{m(m-1)}{2!}x^2 + \cdots + \frac{m(m-1)\cdots(m-k+1)}{k!}x^k$$
$$+ \cdots + x^m$$

は通常の二項定理を与える.

次に, $m$ が自然数とは相異なる一般の実数であるときは, 函数 $f(x)=(1+x)^m$ は変域 $-1<x<+\infty$ において $C^\infty$ の函数である. この場合にも公式 (25.15) は成立する(公式 (22.8) を見よ). したがって, マクローリンの定理を適用すれば, $-1<x<+\infty$ において

$$f(x) = 1 + \frac{m}{1!}x + \frac{m(m-1)}{2!}x^2 + \cdots$$
$$+ \frac{m(m-1)\cdots(m-n+2)}{(n-1)!}x^{n-1} + R_n,$$

ただし

(25.16) $\quad R_n = \dfrac{m(m-1)\cdots(m-n+1)}{n!} x^n (1+\theta x)^{m-n}$

（ラグランジュの剰余），

(25.17) $\quad R_n = \dfrac{m(m-1)\cdots(m-n+1)}{(n-1)!} x^n (1+\theta x)^{m-1} \left(\dfrac{1-\theta}{1+\theta x}\right)^{n-1}$

（コーシーの剰余）

が成立する.

**注意.** $-1<x<1$ のとき $\lim\limits_{n\to\infty} R_n = 0$ を証明するためには多少の技巧を必要とする. まず正数から成る数列 $\{a_n\}$ があって, $0<K<1$ な一定数 $K$ に対して

$$\frac{a_{n+1}}{a_n} < K \quad (n=1,2,\cdots)$$

とすれば, $\lim\limits_{n\to\infty} a_n = 0$ であることを注意しよう.

$$a_2 < Ka_1,$$
$$a_3 < Ka_2,$$
$$\cdots\cdots\cdots,$$
$$a_{n+1} < Ka_n.$$

辺々相乗じて,

$$a_{n+1} < K^n a_1.$$

ゆえに $\lim\limits_{n\to\infty} a_n = 0$ である. さて,

第4章 導　函　数

とおけば，
$$a_n = \left| \frac{m(m-1)\cdots(m-n+1)}{(n-1)!} x^n \right|$$

$$\frac{a_{n+1}}{a_n} = \left| \frac{m-n}{n} \right| |x|.$$

いま，$|x|<K<1$ なる正数 $K$ をとるとき，適当に自然数 $N$ を選んで $N \leqq n$ なる限り

$$\frac{a_{n+1}}{a_n} < K$$

が成立するようにできる．したがって，$\lim_{n \to \infty} a_n = 0$．この事実を利用して，$0 \leqq x < 1$ に対しては (25.16)，$-1 < x < 0$ に対しては (25.17) の剰余を使えば，$|x|<1$ において $\lim_{n \to \infty} R_n = 0$ なることが分る．

**注意．** $\sin x$, $\cos x$, $\log(1+x)$, $(1+x)^m$ はそれぞれの変域において実解析函数と呼ばれるものである．初等函数を系統的に明快に論じるためには，函数論の基礎的な事柄を学ぶ必要がある．

## 問　題　4

**1.** 次の函数の導函数を求めよ：

(1) $x^3(3x-4)(x^2+1)$, 　　(2) $\dfrac{x^2-1}{x^2+1}$,

(3) $(x+1)\sqrt{x^2+1}$, 　　(4) $\dfrac{1}{x+\sqrt{x^2-1}}$,

(5) $\log(x+\sqrt{x^2+a^2})$, 　　(6) $\log\dfrac{\sqrt{x+a}+\sqrt{x+b}}{\sqrt{x+a}-\sqrt{x+b}}$,

(7) $\log\tan\dfrac{x}{2}$, 　　(8) $\log\cos x$,

(9) $x\sin^{-1}\dfrac{x}{a}$, 　　(10) $\sin\sqrt{x} - \sqrt{x}\cos\sqrt{x}$,

(11) $\tan^{-1}\left(\dfrac{b}{a}\tan x\right)$, 　　(12) $\log\dfrac{a+b\tan x}{a-b\tan x}$,

(13) $x^{\sin x}$, 　　(14) $x^z$ ただし $z = x^x$.

**2.** (1) 函数 $f(x) = x\tan^{-1}\dfrac{1}{x}$, ただし $f(0)=0$, の $x=0$ における左右の微分係数を求めよ．

(2) $$f(x) = \dfrac{x}{1+e^{1/x}} \quad (x \neq 0),$$
$$f(0) = 0.$$

とするとき，函数 $y=f(x)$ の $x=0$ における左，右の微分係数を求めよ．

**3.** $f(x)=x\cos\dfrac{1}{x}$, ただし $f(0)=0$ は $x=0$ で微分可能でないことを証明せよ.

**4.** 函数 $y=f(x)$ が $x=c$ の近傍で定義されていて, $x=c$ で微分可能とする. このとき, $a_n<c<b_n$, $\lim\limits_{n\to\infty}a_n=\lim\limits_{n\to\infty}b_n=c$ に対して

$$\lim_{n\to\infty}\frac{f(b_n)-f(a_n)}{b_n-a_n}=f'(c)$$

であることを証明せよ.

**5.** $n$ 次の代数方程式

$$f(x)=a_0x^n+a_1x^{n-1}+\cdots+a_n=0$$

が $k$ 重根 $\alpha$ を持つとすれば,

$$f'(x)=na_0x^{n-1}+(n-1)a_1x^{n-2}+\cdots+a_{n-1}=0$$

は $(k-1)$ 重根 $\alpha$ を持つことを証明せよ.

**6.** 実係数から成る $n$ 次の代数方程式 $f(x)=0$ が $n$ 個の単純な実根を持つとき, $f'(x)=0$ もまた $n-1$ 個の単純な実根を持つことを証明せよ.

**7.** 実係数から成る $n$ 次の代数方程式 $f(x)=0$ が実根 $\alpha_i$ を $k_i$ 重根に持っていて, かつ $k_1+k_2+\cdots+k_m=n$ とする. このとき, $f'(x)=0$ の根はどのように分布されるか.

**8.** 函数 $y=f(x)$ を区間 $(a,b)$ において $C^2$ とする. いま $(a,b)$ の一点を $x$ として

$$\Delta f(x)=f(x+\Delta x)-f(x),$$
$$\Delta^2 f(x)=f(x+2\Delta x)-2f(x+\Delta x)+f(x)$$

とおくとき,

$$\lim_{\Delta x\to 0}\frac{\Delta^2 f(x)}{(\Delta x)^2}=f^{(2)}(x)$$

であることを証明せよ.

**9.** 函数 $y=f(x)$ は区間 $(a,b)$ で連続であって, かつ開区間 $(a,b)$ で微分可能とする. もし導函数 $f'(x)$ を $(a,b)$ において有界とすれば, $f(x)$ もまた $(a,b)$ で有界である.

**10.** 函数 $y=f(x)$ が $[a,b]$ で連続であって, $y=f(x)$ は $(a,b)$ は微分可能とする. もし $\lim\limits_{x\to a+0}f'(x)$ が存在するならば, $f'_+(a)$ が存在してかつ $f'_+(a)=\lim\limits_{x\to a+0}f'(x)$ であることを証明せよ.

**11.** 函数 $y=f(x)$ は閉区間 $[a,b]$ で微分可能でかつ $f'(x)$ は $[a,b]$ で連続であるとする. 正数 $\varepsilon$ を任意に与えたとき, 適当に正数 $\delta$ をえらべば, $[a,b]$ の二点 $x_1$, $x_2$ が $|x_2-x_1|<\delta$ なる限り

$$\left|\frac{f(x_2)-f(x_1)}{x_2-x_1}-f'(x_1)\right|<\varepsilon$$

が成立することを証明せよ.

**12.** 次の函数の二次導函数を求めよ：

(1) $\sqrt{a^2-x^2}$,  (2) $e^{ax}\cos(bx+c)$,

(3) $\dfrac{a}{2}(e^{x/a}+e^{-(x/a)})$,  (4) $\sin^3 x$.

**13.** $f(x)=e^{ax}\sin x$ なるとき，
$$f^{(n)}(x)=e^{ax}\frac{\sin(x+n\theta)}{(\sin\theta)^n}, \quad \text{ただし}\quad \theta=\tan^{-1}\frac{1}{a},$$
なることを証明せよ。

**14.** 
$$f(x)=e^{-(1/x^2)} \quad (x\neq 0),$$
$$f(x)=0 \quad (x=0)$$
とすれば，$f(x)$ は $C^\infty$ に属し，かつすべての $n$ に対して $f^{(n)}(0)=0$ であることを証明せよ。

**15.** 函数 $f(x),\ g(x)$ を $a\leqq x<b$ で連続，$f(a)=g(a)$ かつ $a<x<b$ で $f'(x)<g'(x)$ とすれば，$f(x)<g(x)$ であることを証明せよ。

**16.** 原点を内部に含む閉区間 $[a,b]$ において $f(x)\in C^n$ とする．$|f^{(n)}(x)|$ の $[a,b]$ における最大値を $M_n$ とすれば，
$$\left|f(x)-\left\{f(0)+\frac{f'(0)}{1!}x+\cdots+\frac{f^{(n-1)}(0)}{(n-1)!}x^{n-1}\right\}\right|\leqq \frac{|x|^n}{n!}M_n$$
であることを証明せよ。

# 第5章 導函数の応用

## §26. 不定形の極限値

I. 不定形 $\dfrac{0}{0}$.

たとえば

$$\frac{\sin x}{x}, \quad \frac{1-\cos x}{x^2}$$

などは $x=0$ では定義されていない．これらの分数式の分母，分子はともに $x=0$ において $0$ となる．したがって，これらは形式的には $\dfrac{0}{0}$ の形を持つ．このような函数の $x=0$ における極限値を求めるのに，ロピタル(l'Hospital) の法則と呼ばれる定理がある．

**定理 26.1.** 函数 $f(x)$ および $g(x)$ は $|x-a|<r$ で微分可能，かつ $f(a)=g(a)=0$ とする．さらに，$g'(x)$ は $0<|x-a|<r$ で $0$ にならないと仮定する．このとき，もし

$$(26.1) \qquad \lim_{x\to a}\frac{f'(x)}{g'(x)}$$

が存在するならば，

$$(26.2) \qquad \lim_{x\to a}\frac{f(x)}{g(x)}=\lim_{x\to a}\frac{f'(x)}{g'(x)}$$

である．

**注意．** $f(x)$ および $g(x)$ が $a$ の右側 $a\leqq x<a+r$ または左側 $a-r<x\leqq a$ で微分可能であるとき，$x\to a$ の代わりに，それぞれ $x\to a+0$ または $x\to a-0$ を考えれば，この定理は成立する．

**証明．** 区間 $[a,a+h]$（ただし，$0<|h|<r$）[1]に対して拡張された平均値の定理（定理 23.6 をみよ）

$$\frac{f(a+h)-f(a)}{g(a+h)-g(a)}=\frac{f'(a+\theta h)}{g'(a+\theta h)} \quad (0<\theta<1)$$

---

1) $h<0$ の場合には $[a+h,a]$ を考える．

を用いれば，いまの場合 $f(a)=g(a)=0$ であるから
$$\frac{f(a+h)}{g(a+h)}=\frac{f'(a+\theta h)}{g'(a+\theta h)} \quad (0<\theta<1).$$

いま
$$\lim_{h\to 0}\frac{f'(a+h)}{g'(a+h)}=A$$

と仮定すれば，$\theta$ は $0<|h|<r$ で定義された $h$ の函数であるが，$0<\theta(h)<1$ であって $h\to 0$ のとき $\theta h\to 0$ であるから
$$\lim_{h\to 0}\frac{f'(a+\theta h)}{g'(a+\theta h)}=A,$$

したがって
$$\lim_{h\to 0}\frac{f(a+h)}{g(a+h)}=A.$$

**例 1.** $\lim_{x\to 0}\dfrac{e^x-e^{-x}}{\sin x}$ を求めてみる.

$f(x)=e^x-e^{-x}$, $g(x)=\sin x$ とおけば，
$$\lim_{x\to 0}\frac{f'(x)}{g'(x)}=\lim_{x\to 0}\frac{e^x+e^{-x}}{\cos x}=2,$$

ゆえに
$$\lim_{x\to 0}\frac{f(x)}{g(x)} \text{ は存在して，} \lim_{x\to 0}\frac{f(x)}{g(x)}=\lim_{x\to 0}\frac{f'(x)}{g'(x)}=2.$$

ふつうには，この内容を簡単のために
$$\lim_{x\to 0}\frac{f(x)}{g(x)}=\lim_{x\to 0}\frac{f'(x)}{g'(x)}=\lim_{x\to 0}\frac{e^x+e^{-x}}{\cos x}=2$$

のように書く.

**例 2.** $\lim_{x\to 0}\dfrac{1-\cos x}{x^2}$ を求める.
$$\lim_{x\to 0}\frac{1-\cos x}{x^2}=\lim_{x\to 0}\frac{\sin x}{2x}=\lim_{x\to 0}\frac{\cos x}{2}=\frac{1}{2}.$$

**注意.** ロピタルの法則を不用意に使ってはならない. この法則は, 不定形 $\dfrac{0}{0}$ において, ある条件の下で,
$$\lim_{x\to a}\frac{f'(x)}{g'(x)}=A \quad \text{ならば} \quad \lim_{x\to a}\frac{f(x)}{g(x)}=A$$

という形であって，逆は成立しない. すなわち,
$$\lim_{x\leftarrow a}\frac{f(x)}{g(x)}=A \quad \text{ならば} \quad \lim_{x\to a}\frac{f'(x)}{g'(x)}=A$$

## §26. 不定形の極限値

というのではない。定理 26.1 の証明の

$$\frac{f(a+h)}{g(a+h)}=\frac{f'(a+\theta h)}{g'(a+\theta h)}$$

の $\theta$ は適当な $0<\theta<1$ なる一つの数というのであって，$\theta=\theta(h)$ は $0<|h|<r$ で定義された関数である．$h\to 0$ のとき $\theta(h)\cdot h$ は 0 に近づくことは明らかであるが，どのような工合に 0 に近づくかは分らない．したがって，$\lim_{h\to 0}\frac{f(a+h)}{g(a+h)}=A$ からは単に $\lim_{h\to 0}\frac{f'(a+\theta(h)h)}{g'(a+\theta(h)h)}=A$ がでるだけであって，$\lim_{h\to 0}\frac{f'(a+h)}{g'(a+h)}=A$ がでるとは限らない．実際

$$(26.3) \qquad \lim_{x\to 0}\frac{x^2\sin\frac{1}{x}}{x}=\lim_{x\to 0}x\sin\frac{1}{x}=0$$

である．いま，$f(x)=x^2\sin\frac{1}{x}$，$g(x)=x$ とおくとき

$$\frac{f'(x)}{g'(x)}=2x\sin\frac{1}{x}-\cos\frac{1}{x}$$

であるから $\lim_{x\to 0}\frac{f'(x)}{g'(x)}$ は存在しない．ついでながら，(26.3) は次のようにも証明できる．$f(x)=x^2\sin\frac{1}{x}$ （ただし $f(0)=0$）とすれば $f'(0)=0$ であるから $f(x)=f'(0)x+\varepsilon(x)x=\varepsilon(x)x$ （ただし $\lim_{x\to 0}\varepsilon(x)=0$）とおくことができる．ゆえに

$$\lim_{x\to 0}\frac{f(x)}{g(x)}=\lim_{x\to 0}\frac{\varepsilon(x)\cdot x}{x}=\lim_{x\to 0}\varepsilon(x)=0.$$

次に，函数 $f(x)$ および $g(x)$ は $R<x<+\infty$ （$R$ はある正数）において微分可能であって，かつ $\lim_{x\to+\infty}f(x)=\lim_{x\to+\infty}g(x)=0$ とし，さらに $g'(x)$ は $R<x<+\infty$ において $\neq 0$ とする．このような場合にも定理 26.1 は応用できる．まず

$$\lim_{x\to+\infty}\frac{f(x)}{g(x)}=\lim_{x\to+0}\frac{f\left(\frac{1}{x}\right)}{g\left(\frac{1}{x}\right)}.$$

ロピタルの法則を使って

$$\lim_{x\to+0}\frac{f\left(\frac{1}{x}\right)}{g\left(\frac{1}{x}\right)}=\lim_{x\to+0}\frac{-\frac{1}{x^2}f'\left(\frac{1}{x}\right)}{-\frac{1}{x^2}g'\left(\frac{1}{x}\right)}=\lim_{x\to+0}\frac{f'\left(\frac{1}{x}\right)}{g'\left(\frac{1}{x}\right)}$$

$$= \lim_{x \to +\infty} \frac{f'(x)}{g'(x)}.\text{[1]}$$

**注意.** $\varphi(x) = f\left(\dfrac{1}{x}\right)$ とおけば, $\varphi(x)$ は $0 < x < \dfrac{1}{R}$ で定義されかつ $\lim_{x \to +0} \varphi(x) = 0$ である. したがって新しく $\varphi(0) = 0$ と定義すれば, $\varphi(x)$ は $0 \leq x < \dfrac{1}{R}$ で連続となる.

II. 不定形 $\dfrac{\infty}{\infty}$.

**定理 26.2.** 函数 $f(x)$ および $g(x)$ は $0 < x - a < r$ で微分可能であって, かつ $\lim_{x \to a+0} f(x) = +\infty$, $\lim_{x \to a+0} g(x) = +\infty$ とする. さらに $g'(x)$ は $0 < x - a < r$ において $\neq 0$ とする. このとき, もし

(26.4) $$\lim_{x \to a+0} \frac{f'(x)}{g'(x)}$$

が存在するならば,

(26.5) $$\lim_{x \to a+0} \frac{f(x)}{g(x)} = \lim_{x \to a+0} \frac{f'(x)}{g'(x)}$$

である.

**証明.** まず, $a < x < x_0 < a + r$ なる二点 $x, x_0$ に対して定理 23.6 を適用すれば,

$$\frac{f(x) - f(x_0)}{g(x) - g(x_0)} = \frac{f(x)}{g(x)} \cdot \frac{1 - \dfrac{f(x_0)}{f(x)}}{1 - \dfrac{g(x_0)}{g(x)}} = \frac{f'(c)}{g'(c)} \quad (x < c < x_0)$$

であるから,

(26.6) $$\frac{f(x)}{g(x)} = \frac{f'(c)}{g'(c)} \cdot \frac{1 - \dfrac{g(x_0)}{g(x)}}{1 - \dfrac{f(x_0)}{f(x)}} \quad (x < c < x_0)$$

と書くことができる.

最初に $\lim_{x \to a+0} \dfrac{f'(x)}{g'(x)} = A$ (有限) としよう. このとき, 任意の正数 $\varepsilon\ (<1)$ に対して, 適当に正数 $\delta_1$ をえらべば,

---

[1] $\lim_{x \to +\infty} \dfrac{f'(x)}{g'(x)}$ が存在するという仮定の下にこの等式が成立するのである.

$a < x < a+\delta_1 \,(< a+r)$ なる限りすべての点 $x$ で

(ⅰ) $$\left|\frac{f'(x)}{g'(x)} - A\right| < \varepsilon$$

が成立するようにできる．次に，$a < x_0 < a+\delta_1$ なる一点 $x_0$ を固定して，しかる後に適当に正数 $\delta\,(< x_0-a)$ をえらんで，$a < x < a+\delta$ なる限り

(ⅱ) $$\left|\frac{1-\dfrac{g(x_0)}{g(x)}}{1-\dfrac{f(x_0)}{f(x)}} - 1\right| < \varepsilon$$

が成立するようにする．こうすれば，(ⅰ) と (ⅱ) とから簡単な計算で，(26.6) を使って，$a < x < a+\delta$ なる限り

$$\left|\frac{f(x)}{g(x)} - A\right| < (|A|+2)\varepsilon$$

であることが分る．[1]

次に $\lim\limits_{x\to a+0}\dfrac{f'(x)}{g'(x)} = +\infty$ とする($-\infty$ の場合も同様)．任意の正数 $G$ に対して，適当に正数 $\delta_1$ をえらんで $a < x < a+\delta_1\,(< a+r)$ なる限り

$$\frac{f'(x)}{g'(x)} > G$$

とする．次に $a < x_0 < a+\delta_1$ な一点 $x_0$ を固定して，適当に正数 $\delta\,(< x_0-a)$ をえらんで，$a < x < a+\delta$ なる限り

$$\frac{1-\dfrac{g(x_0)}{g(x)}}{1-\dfrac{f(x_0)}{f(x)}} > \frac{1}{2}$$

となるようにする．こうすれば，$a < x < a+\delta$ に対して $\dfrac{f(x)}{g(x)} > \dfrac{G}{2}$ が成立することは明らかであろう．

**注意．** 函数 $f(x)$ および $g(x)$ が $R < x < +\infty$ ($R$ はある正数)において微分可能であって，かつ $\lim\limits_{x\to+\infty}f(x) = +\infty,\ \lim\limits_{x\to+\infty}g(x) = +\infty$ とし，さらに $g'(x)$ は $R < x < +\infty$ において $\neq 0$ とする．このとき，もし $\lim\limits_{x\to+\infty}f'(x)/g'(x)$ が存在するならば，$\lim\limits_{x\to+\infty}f(x)/g(x) = \lim\limits_{x\to+\infty}f'(x)/g'(x)$ である．証明は $\dfrac{0}{0}$ の場合と同様である．

---

[1] $|p-A| < \varepsilon,\ |q-1| < \varepsilon$ ならば，$|pq-A| < \varepsilon + \varepsilon|A| + \varepsilon^2$.

Ⅲ. その他の不定形.

$\dfrac{0}{0}$, $\dfrac{\infty}{\infty}$ 以外の重要な不定形は

$$\infty-\infty, \quad 0\cdot\infty \quad \text{および} \quad 0^0, \quad \infty^0, \quad 1^\infty$$

である. $\infty-\infty$, $0\cdot\infty$ の場合は簡単な代数的な変形で $\dfrac{0}{0}$ または $\dfrac{\infty}{\infty}$ の場合に帰着でき, $0^0$, $\infty^0$, $1^\infty$ の場合は指数函数, 対数函数を利用してやはり不定形 $\dfrac{0}{0}$ または $\dfrac{\infty}{\infty}$ の場合に導くことができる. たとえば $\infty-\infty$ の場合は

$$f(x)-g(x)=\left(\dfrac{1}{g(x)}-\dfrac{1}{f(x)}\right):\dfrac{1}{g(x)f(x)}$$

と書いてみればよい.

**例 3.** 不定形 $\infty-\infty$.

$$\lim_{x\to 0}\left(\dfrac{1}{x^2}-\dfrac{\cot x}{x}\right)=\lim_{x\to 0}\dfrac{\sin x-x\cos x}{x^2\sin x}=\lim_{x\to 0}\dfrac{\cos x-\cos x+x\sin x}{2x\sin x+x^2\cos x}$$

$$=\lim_{x\to 0}\dfrac{\sin x}{2\sin x+x\cos x}=\lim_{x\to 0}\dfrac{\cos x}{2\cos x+\cos x-x\sin x}$$

$$=\dfrac{1}{3}.$$

**例 4.** 不定形 $0\cdot\infty$.

$$\lim_{x\to\infty}x\log\dfrac{x-a}{x+a}=\lim_{x\to\infty}\dfrac{\log(x-a)-\log(x+a)}{\dfrac{1}{x}}$$

$$=\lim_{x\to\infty}\dfrac{\dfrac{1}{x-a}-\dfrac{1}{x+a}}{-\dfrac{1}{x^2}}=\lim_{x\to\infty}\dfrac{-2ax^2}{x^2-a^2}=-2a.$$

**例 5.** 不定形 $0^0$.

$$\lim_{x\to +0}x^x=\lim_{x\to +0}e^{x\log x}.$$

$$\lim_{x\to +0}x\log x=\lim_{x\to +0}\dfrac{\log x}{\dfrac{1}{x}}=\lim_{x\to +0}\dfrac{\dfrac{1}{x}}{-\dfrac{1}{x^2}}=\lim_{x\to +0}(-x)=0,$$

ゆえに

$$\lim_{x\to +0}x^x=e^0=1.$$

**例 6.** 不定形 $\infty^0$

$$\lim_{x\to +\infty}(1+x)^{1/x}=\lim_{x\to +\infty}e^{\frac{1}{x}\log(1+x)}.$$

## §26. 不定形の極限値

$$\lim_{x\to +\infty}\frac{\log(1+x)}{x}=\lim_{x\to +\infty}\frac{1}{1+x}=0.$$

ゆえに
$$\lim_{x\to +\infty}(1+x)^{1/x}=1.$$

**例 7.** 不定形 $1^\infty$.

$$\lim_{x\to 0}(\cos x)^{1/x^2}=\lim_{x\to 0}e^{(1/x^2)\log\cos x}.$$

$$\lim_{x\to 0}\frac{\log\cos x}{x^2}=\lim_{x\to 0}\frac{-\dfrac{\sin x}{\cos x}}{2x}$$

$$=-\frac{1}{2}\lim_{x\to 0}\frac{\sin x}{x}\cdot\frac{1}{\cos x}=-\frac{1}{2},$$

ゆえに
$$\lim_{x\to 0}(\cos x)^{1/x^2}=e^{-(1/2)}.$$

不定形 $\dfrac{0}{0}$ の極限値を求めるのにマクローリンの公式 (25.7) が役立つ場合がある.

閉区間 $|x|\leqq r$ ($r$ は正数) で函数 $f(x)$ が $C^n$ に属するとき, $|f^{(n)}(x)|$ は閉区間 $|x|\leqq r$ において連続であるから, その最大値を $M_n$ とすれば, 等式

$$f(x)=f(0)+\frac{f'(0)}{1!}x+\frac{f''(0)}{2!}x^2+\cdots+\frac{f^{(n-1)}(0)}{(n-1)!}x^{n-1}+R_n$$

において

$$|R_n|=\left|\frac{x^n}{n!}f^{(n)}(\theta x)\right|\leqq\frac{|x|^n}{n!}M_n.$$

したがって, $\dfrac{R_n}{x^n}$ は $0<|x|<r$ で有界である. 一般に函数 $\varphi(x)$ があって, $\dfrac{\varphi(x)}{x^n}$ が $0<|x|<r$ で有界であるとき $\varphi(x)=O(x^n)$ で表わそう. したがって, $R_n=O(x^n)$ と書くことができる.

**例 8.**
$$\lim_{x\to 0}\frac{1-\cos x}{x^2}=\frac{1}{2}$$

を証明するには

$$\frac{1-\cos x}{x^2}=\frac{1-\left(1-\dfrac{x^2}{2!}+O(x^4)\right)}{x^2}=\frac{\dfrac{x^2}{2}+O(x^4)}{x^2}=\frac{1}{2}+O(x^2).$$

ゆえに
$$\lim_{x\to 0}\frac{1-\cos x}{x^2}=\frac{1}{2}.$$

**例 9.**
$$\lim_{x\to 0}\frac{\sin x-\left(x-\dfrac{x^3}{3!}\right)}{x^5}$$

$$=\lim_{x\to 0}\frac{\left\{x-\dfrac{x^3}{3!}+\dfrac{x^5}{5!}-O(x^7)\right\}-\left(x-\dfrac{x^3}{3!}\right)}{x^5}$$

$$=\lim_{x\to 0}\frac{\dfrac{x^5}{5!}-O(x^7)}{x^5}=\lim_{x\to 0}\left\{\dfrac{1}{5!}-O(x^2)\right\}=\dfrac{1}{5!}.$$

**例 10.** $\displaystyle\lim_{x\to 0}\frac{e^x-e^{-x}-2x}{x-\sin x}$

$$=\lim_{x\to 0}\frac{\left\{1+\dfrac{x}{1!}+\dfrac{x^2}{2!}+\dfrac{x^3}{3!}+O(x^4)\right\}-\left\{1-\dfrac{x}{1!}+\dfrac{x^2}{2!}-\dfrac{x^3}{3!}+O(x^4)\right\}-2x}{x-\left\{x-\dfrac{x^3}{3!}+O(x^5)\right\}}$$

$$=\lim_{x\to 0}\frac{2\dfrac{x^3}{3!}+O(x^4)}{\dfrac{x^3}{3!}+O(x^5)}=\lim_{x\to 0}\frac{\dfrac{2}{3!}+O(x)}{\dfrac{1}{3!}+O(x^2)}=2.^{1)}$$

**問 1.** 次の極限値を求めよ:

(1) $\displaystyle\lim_{x\to 1}\frac{x^3-3x+2}{x^3-x^2-x+1}$,

(2) $\displaystyle\lim_{x\to 0}\frac{\tan x-x}{x-\sin x}$,

(3) $\displaystyle\lim_{x\to 1}\frac{\log\cos(x-1)}{1-\sin\dfrac{\pi}{2}x}$,

(4) $\displaystyle\lim_{x\to 0}\frac{x-\tan x}{x^3}$.

**問 2.** 次の極限値を求めよ:

(1) $\displaystyle\lim_{x\to 0}\left(\frac{1}{x^2}-\frac{\cot x}{x}\right)$,

(2) $\displaystyle\lim_{x\to +\infty}x^n e^{-ax}\ (n>0, a>0)$,

(3) $\displaystyle\lim_{x\to +\infty}\left(\frac{\pi}{2}-\tan^{-1}x\right)^{1/x}$,

(4) $\displaystyle\lim_{x\to 0}\left(\frac{\tan x}{x}\right)^{1/x^2}$.

**問 3.** $\displaystyle\lim_{x\to\infty}\frac{x-\sin x}{x}=\lim_{x\to\infty}\left(1-\frac{\sin x}{x}\right).$

しかるに $|\sin x|\leqq 1$ であるから,
$$\lim_{x\to\infty}\frac{x-\sin x}{x}=1$$

---

1) $\dfrac{x^3}{3!}-O(x^5)$ の代わりに $\dfrac{x^3}{3!}+O(x^5)$ と書いてもよいことは明らかである.

である．次の議論は正しいか．

$$\lim_{x\to\infty}\frac{x-\sin x}{x}=\lim_{x\to\infty}\frac{(x-\sin x)'}{(x)'}=\lim_{x\to\infty}\frac{1-\cos x}{1},$$

ゆえに $\lim_{x\to\infty}\dfrac{x-\sin x}{x}$ は存在しない．

## §27. 函数の極大と極小

函数 $y=f(x)$ は一点 $c$ を含むある開区間で定義された函数とする．もし，適当に正数 $\delta$ を定めたとき $0<|x-c|<\delta$ に対して

$$f(c)>f(x) \quad (f(c)<f(x))$$

であるならば，$f(x)$ は $x=c$ において **極大（極小）** になるといって，$f(c)$ を $f(x)$ の **極大値（極小値）** という．なお極大値と極小値とを総称して単に **極値** という．函数 $y=f(x)$ が閉区間 $a\leqq x\leqq b$ で連続である場合には必ず最大値と最小値をとるが，

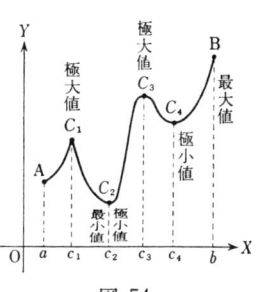

図 54

最大（小）値は必ずしも極大（小）値とは限らない．一つの極大値が一つの極小値よりも小なることも起り得る．なぜならば，極大値は一つの山の頂であり，極小値は一つの谷の底であるからである．$f'(c)$ が存在する場合に，もし $x=c$ において $f(x)$ が極値をとるならば，$f'(c)=0$ となることは明らかであろう．

**注意．** $-1<x<1$ において $f(x)=|x|$, $g(x)=x^{2/3}$ はともに $x=0$ で極小となる．しかしながら，両方とも $x=0$ で微分可能ではない．

**定理 27.1．** $f(x)$ は一点 $c$ を含む開区間 $|x-c|<r$ で連続であって，

$c-r<x<c$ において $f'(x)$ は正（負），

$c<x<c+r$ において $f'(x)$ は負（正）

とすれば，$f(x)$ は $x=c$ において極大（極小）となる．

**証明．** $x$ が増大しながら $x=c$ を通過するとき $f'(x)$ の符号が正から負に変化するとすれば，$f(x)$ は増大しながら $f(c)$ に達し，しかる後に減少するから $f(x)$ は $x=c$ で極大となる．極小についても同様に考えればよい．

**例 1.** $f(x)=2x^3+3x^2-12x-15$ の極値を調べてみる．

$$f'(x)=6x^2+6x-12=6(x^2+x-2)=6(x+2)(x-1),$$
したがって，極値の起る可能性のある点は $x=-2$ と $x=1$ である．

| $f(x)$ | ↗ | | ↘ | | ↗ |
|---|---|---|---|---|---|
| $f'(x)$ | + | 0 | − | 0 | + |
| $x$ | … | −2 | … | 1 | … |

$f(-2)=5$   極大値
$f(1)=-22$   極小値

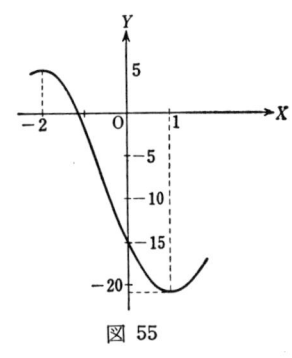

図 55

**例 2.** $f(x)=3x^4-4x^3+1$ の極値を求める．

$f'(x)=12x^3-12x^2=12x^2(x-1)$, 極値の起る可能性のある点は $x=0$ と $x=1$ である．

| $f(x)$ | ↘ | | ↘ | | ↗ |
|---|---|---|---|---|---|
| $f'(x)$ | − | 0 | − | 0 | + |
| $x$ | … | 0 | … | 1 | … |

$f(0)=1$   極値でない
$f(1)=0$   極小値

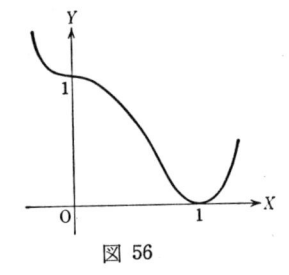

図 56

**例 3.** $f(x)=4\cos x+\cos 2x$ の極値を求める．

$$f'(x)=-4\sin x-2\sin 2x=-4\sin x-4\sin x\cos x=-4\sin x(1+\cos x)$$

$\sin x=0$ から $x=n\pi$, $1+\cos x=0$ から $x=(2k+1)\pi$. 明らかに $f(x)$ は週期 $2\pi$ を持つ函数であるから，$x=0$ と $x=\pi$ についてその前後で $f'(x)$ の符号を調べればよい．しかるに $x \neq (2n+1)\pi$ では $1+\cos x>0$ であるから, $f'(x)$ の符号は $-\sin x$ の符号と同じである．

| $f(x)$ | ↗ | | ↘ | | ↗ |
|---|---|---|---|---|---|
| $f'(x)$ | + | 0 | − | 0 | + |
| $x$ | … | 0 | … | $\pi$ | … |

$f(2n\pi)=5$   極大値
$f((2n+1)\pi)=-3$
        極小値

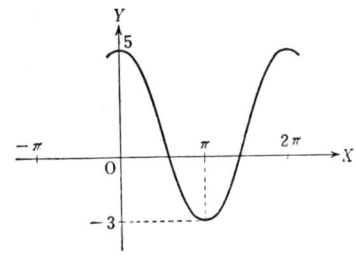

図 57

## §27. 函数の極大と極小

**定理 27.2.** $f(x)$ を一点 $a$ のある近傍 $|x-a|<r$ において $C^n$ に属して かつ
$$f'(a)=f''(a)=\cdots=f^{(n-1)}(a)=0, \; f^{(n)}(a) \neq 0$$
とする.

$n$ が偶数の場合には,

$f^{(n)}(a)>0$ ならば, $f(x)$ は $x=a$ で極小となり,

$f^{(n)}(a)<0$ ならば, $f(x)$ は $x=a$ で極大となる.

$n$ が奇数の場合には, $f(x)$ は $x=a$ は極値をとらない.

**証明.** $0<|h|<r$ のとき,
$$f(a+h)-f(a)=\frac{h^n}{n!}f^{(n)}(a+\theta h) \quad (0<\theta<1).$$

いま, $f^{(n)}(a) \neq 0$ とすれば, 適当に正数 $\delta(<r)$ を定めれば $f^{(n)}(a+\theta h)$ は $f^{(n)}(a)$ と同符号である. したがって, $n$ が偶数の場合には, $f^{(n)}(a)>0$ とすれば $0<|h|<\delta$ に対して $f(a+h)-f(a)>0$, ゆえに $f(a)$ は極小値, また $f^{(n)}(a)<0$ とすれば $0<|h|<\delta$ に対して $f(a+h)-f(a)<0$, ゆえに $f(a)$ は極大値である. $n$ が奇数の場合には, $0<|h|<\delta$ としても, $h$ の正, 負によって $f(a+h)-f(a)$ は符号を変える. ゆえに $f(a)$ は極値ではない.

**例 4.** $f(x)=x^3-3x^2-9x+5$ の極値を求めてみる.

$f'(x)=3x^2-6x-9=3(x^2-2x-3)$
$\qquad =3(x+1)(x-3).$
$x=-1, \; x=3.$
$\qquad f''(x)=6x-6,$
$\qquad f''(-1)=-12<0.$

ゆえに
$$f(-1)=10$$
は極大値.
$$f''(3)=12>0.$$
ゆえに $f(3)=-22$ は極小値.

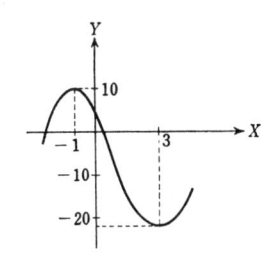

図 58

**例 5.** $f(x)=\sin^3 x \cos x$ の極値を求める.
$\qquad f'(x)=3\sin^2 x \cos^2 x-\sin^4 x=\sin^2 x(3\cos^2 x-\sin^2 x)$
$\qquad\qquad \sin x=0, \; \tan x=\pm\sqrt{3}$ から $x=n\pi, \; n\pi\pm\dfrac{\pi}{3}.$

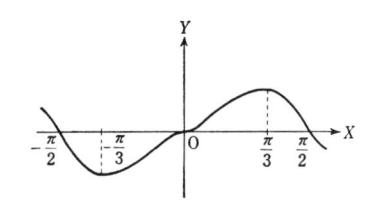

$$f(x)=\sin^3 x\cos x=\sin^2 x\cdot\sin x\cos x$$
$$=\frac{1}{4}(1-\cos 2x)\cdot\sin 2x$$
$$=\frac{1}{4}\sin 2x-\frac{1}{8}\sin 4x$$

と書き直して

$$f'(x)=\frac{1}{2}\cos 2x-\frac{1}{2}\cos 4x,$$

図 59

$$f''(x)=-\sin 2x+2\sin 4x,$$
$$f'''(x)=-2\cos 2x+8\cos 4x.$$

1°. $f''(n\pi)=0$, $f'''(n\pi)=6\neq 0$. ゆえに $f(n\pi)$ は極値ではない.

2°. $f''\left(n\pi+\dfrac{\pi}{3}\right)=-\sin\left(\dfrac{2}{3}\pi\right)+2\sin\left(\dfrac{4}{3}\pi\right)=-\dfrac{3\sqrt{3}}{2}<0.$

ゆえに $f\left(n\pi+\dfrac{\pi}{3}\right)$ は極大値である.

3°. $f''\left(n\pi-\dfrac{\pi}{3}\right)=\sin\left(\dfrac{2}{3}\pi\right)-2\sin\left(\dfrac{4}{3}\pi\right)=\dfrac{3\sqrt{3}}{2}>0.$

ゆえに $f\left(n\pi-\dfrac{\pi}{3}\right)$ は極小値である.

**注意.** 定理 27.1 と定理 27.2 とを比較するとき,応用上は定理 27.1 の方が簡単な場合が多い.たとえば例5の場合も,$f(x)=\sin^3 x\cos x$ が奇函数で週期が $\pi$ であることに注意すれば,$f(x)$ を $\left[0,\dfrac{\pi}{2}\right]$ で考えればよく,したがって $x=\dfrac{\pi}{3}$ の前後における $f'(x)$ の符号を調べればよい.

函数の最大値および最小値を求める問題に重要なのは次の存在定理である.函数 $f(x)$ が閉区間 $[a,b]$ で連続ならば,$[a,b]$ における $f(x)$ の最大値および最小値が存在する(定理 11.7).

**例 6.** 直線 $g$ 上にない二定点 A, B が $g$ の同じ側にあるとする.$g$ 上に動点 P をとったときの,$\overline{\mathrm{AP}}+\overline{\mathrm{BP}}$ を最小ならしめる点 C を求めてみよう.

直線 $g$ として $OX$ 軸をとり,$\mathrm{A}=(a,b)$, $\mathrm{B}=(c,d)$, $\mathrm{P}=(x,0)$ とおく.ここに,$b>0$, $d>0$ である.明らかに $\overline{\mathrm{AP}}+\overline{\mathrm{BP}}$ は

$$f(x)=\sqrt{(x-a)^2+b^2}+\sqrt{(x-c)^2+d^2}$$

で与えられる.$f(x)$ は $-\infty<x<\infty$ で連続であっ

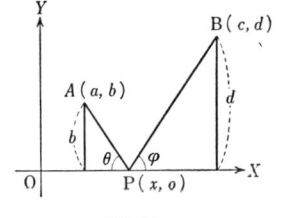

図 60

て $\lim_{x\to-\infty}f(x)=+\infty$, $\lim_{x\to+\infty}f(x)=+\infty$ であるから,必ず $f(x)$ の最小値が存在する.$f(x)$ は $-\infty<x<+\infty$ で微分可能であるから,$f(x)$ が最小値を実際にとる点 $x_0$ では $f'(x_0)=0$ となる.

§27. 函数の極大と極小

$$f'(x) = \frac{x-a}{\sqrt{(x-a)^2+b^2}} + \frac{x-c}{\sqrt{(x-c)^2+d^2}},$$

$$f''(x) = \frac{b^2}{[(x-a)^2+b^2]^{3/2}} + \frac{c^2}{[(x-c)^2+d^2]^{3/2}} > 0.$$

$-\infty < x < +\infty$ で $f''(x) > 0$ であるから，$-\infty < x < +\infty$ において $f'(x)$ は狭義の単調増加函数であるから $f'(x) = 0$ を満足する $x$ はただ一つ $x_0$ である．故に

$$\frac{x-a}{\sqrt{(x-a)^2+b^2}} = \frac{c-x}{\sqrt{(x-c)^2+d^2}}.$$

二つの分子は同符号であるから，これは

$$\frac{x-a}{b} = \frac{c-x}{d}$$

と同値である．ゆえに

$$x_0 = \frac{ad+bc}{b+d}.$$

すなわち，図 60 において $\theta = \varphi$ なるような点 $x_0$ である．

**例 7.** 直円錐に内接する円筒のうちで体積の最大なものを求めよう．

$AC = r$, $BC = h$, $DH = x$, $CH = y$

とおけば，$\triangle ABC$ と $\triangle DBG$ とは相似であるから，

$$\frac{h-x}{y} = \frac{h}{r},$$

$$y = \frac{r}{h}(h-x).$$

したがって，円筒の体積は

$$f(x) = \pi y^2 x = \frac{\pi r^2}{h^2} x(h-x)^2.$$

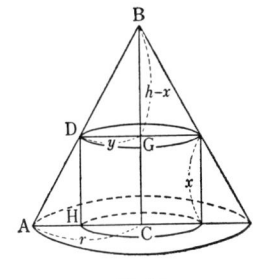

図 61

ここで $x$ の変域は $0 < x < h$ である．さて $f(x)$ の最大値の存在を示すためには，$f(x)$ を閉区間 $[0, h]$ で考えると，$f(x)$ は閉区間 $[0, h]$ で連続であるから必ず最大値をとり，$f(x)$ は開区間 $(0, h)$ は正であってかつ $f(0) = f(h) = 0$ であるから，$f(x)$ は $(0, h)$ で最大値をとることがわかる．$f(x)$ が $(0, h)$ において最大値をとる点 $x$ では $f'(x) = 0$ となる．$f'(x) = \frac{\pi r^2}{h^2}(h-x)(h-3x)$ であるから $x = \frac{h}{3}$ で $f(x)$ が最大値をとることがわかる．

**注意．**
$$f(x) = \frac{\pi r^2}{h^2} x(h-x)^2 \quad (0 < x < h),$$

$$f'(x) > 0 \quad \left(0 < x < \frac{h}{3}\right),$$

$$f'(x) < 0 \quad \left(\frac{h}{3} < x < h\right)$$

であるから, $f(x)$ は $x=\dfrac{h}{3}$ で最大値をとるといってもよい.

**問 1.** $f(x)=3x^4-x^3+2$ の極値を求めよ.

**問 2.** 一辺の長さ $a$ の正方形の紙片の四隅から合同な四個の正方形を切り取り, その残りの部分を折りまげて作った(上部のあいた)箱の体積を最大にせよ.

**問 3.** $f(x)=x^5+ax^3+bx+c$ はどのような場合に極値を持たないか.

## §28. 曲線の凹凸

函数 $y=f(x)$ を一点 $a$ のある近傍 $|x-a|<r$ において二次の導函数まで存在して連続であるとする. すなわち, $f(x)$ は $|x-a|<r$ において $C^2$ に属すると仮定する. 点 $a+h$ が $|x-a|<r$ に含まれるとき, 公式 (25.1) によれば,

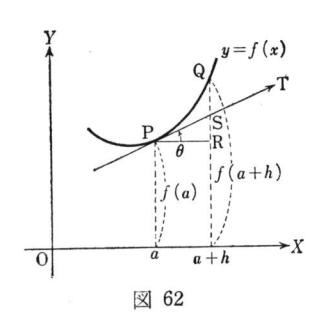

$$f(a+h)-f(a)=hf'(a)+\dfrac{h^2}{2!}f''(a+\theta h) \quad (0<\theta<1)$$

図 62

である. 図 62 に示すように

$$\varDelta f=\mathrm{RQ}=f(a+h)-f(a),$$
$$df=\mathrm{RS}=\mathrm{PR}\tan\theta=hf'(a)$$

であるから,

(28.1) $\quad \varDelta f-df=\mathrm{RQ}-\mathrm{RS}=\dfrac{h^2}{2!}f''(a+\theta h) \quad (0<\theta<1)$

である. いま $f''(a) \neq 0$ とすれば, 適当に正数 $\delta\,(<r)$ を定めるとき, $0<|h|<\delta$ で $f''(a+\theta h)$ と $f''(a)$ とは同符号であるようにできる.

$f''(a)>0$ とすれば, $0<|h|<\delta$ において $\mathrm{RQ}-\mathrm{RS}>0$.

$f''(a)<0$ とすれば, $0<|h|<\delta$ において $\mathrm{RQ}-\mathrm{RS}<0$. すなわち, $f''(a)>0$ とすれば $0<|x-a|<\delta$ に対する曲線 $y=f(x)$ の部分は接線 PT の上方にある. このとき, 函数 $f(x)$ は $x=a$ において下に凸(convex)(または曲線 $y=f(x)$ は点 $(a,\ f(a))$ で下に凸)であるという. 同じように $f''(a)<0$

とすれば, $0<|x-a|<\delta$ に対する曲線 $y=f(x)$ の部分は接線 PT の下にある. このとき, 函数 $f(x)$ は $x=a$ において<u>上に凸</u>(または曲線 $y=f(x)$ は点 $(a,f(a))$ で<u>上に凸</u>)であるという.

**注意.** 上に凸, 下に凸のかわりにそれぞれ下に凹(concave), 上に凹ともいう.

**定理 28.1.** 函数 $y=f(x)$ が $x=a$ のある近傍 $|x-a|<r$ において $C^2$ に属するとする. このとき, $f''(a)>0$ ならば, $f(x)$ は $x=a$ において下に凸であり, $f''(a)<0$ ならば, $f(x)$ は $x=a$ において上に凸である.

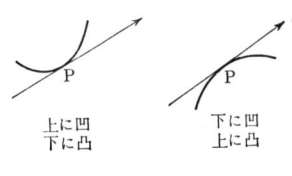

図 63

曲線 $y=f(x)$ がその接線を横切るような点を変曲点(point of inflection) または彎曲点という.

$y=f(x)$ が $|x-a|<r$ において $C^2$ に属するとき, 点 $(a,f(a))$ が曲線 $y=f(x)$ の変曲点であるためには, 定理 28.1 からわかるように, $f''(a)=0$ でなければならない. しかしながら逆は必ずしも成立しない. このことをもっと詳しく調べてみよう. 今度は $f(x)$ を $|x-a|<r$ において $C^n$ ($n\geqq 3$) に属するものとし,

$$f''(a)=f'''(a)=\cdots=f^{(n-1)}(a)=0, \quad f^{(n)}(a)\neq 0$$

とする. このとき

$$\Delta f - df = \frac{h^n}{n!} f^{(n)}(a+\theta h) \quad (0<\theta<1)$$

であるから, 適当に正数 $\delta$ ($<r$) を定めるとき, $0<|h|<\delta$ で $f^{(n)}(a+\theta h)$ と $f^{(n)}(a)$ とは同符号であるようにできる.

$n$ を奇数とすれば, $h$ ($0<|h|<\delta$) の正, 負にしたがって $\Delta f - df$ は符号を変える. したがって, 点 $(a,f(a))$ は曲線 $y=f(x)$ の変曲点である.

くわしくいえば, $n$ が奇数の場合には

1° $f^{(n)}(a)>0$ とすれば

$$-\delta<h<0 \text{ ならば } \Delta f-df<0,$$
$$0<h<\delta \text{ ならば } \Delta f-df>0.$$

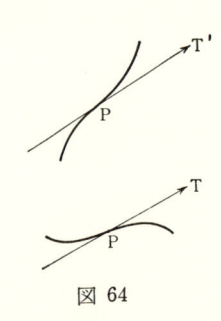

$2°$ $f^{(n)}(a)<0$ とすれば

$\qquad -\delta<h<0$ ならば $\Delta f-df>0$,

$\qquad 0<h<\delta$ ならば $\Delta f-df<0$.

$n$ が偶数の場合には

$3°$ $f^{(n)}(a)>0$ とすれば，曲線 $y=f(x)$ は点 $(a, f(a))$ で下に凸である．

$4°$ $f^{(n)}(a)<0$ とすれば，曲線 $y=f(x)$ は点 $(a, f(a))$ で上に凸である．

図 64

**定理 28.2.** 関数 $y=f(x)$ を $x=a$ のある近傍 $|x-a|<r$ において $C^n$ ($n \geqq 3$) に属するとし，かつ

$$f''(a)=\cdots=f^{(n-1)}(a)=0, \quad f^{(n)}(a) \neq 0$$

とする．このとき $n$ が奇数の場合には，点 $(a, f(a))$ は曲線 $y=f(x)$ の変曲点である．$n$ が偶数の場合には，点 $(a, f(a))$ は曲線 $y=f(x)$ の変曲点ではない．この場合に，$f^{(n)}(a)>0$ ($<0$) とすれば，曲線 $y=f(x)$ は点 $(a, f(a))$ で下に凸(上に凸)である．

**例 1.** $y=f(x)=x^3-9x^2+24x-15$ の極値および凹凸を調べてみる．

$f'(x)=3x^2-18x+24=3(x^2-6x+8)$
$\qquad =3(x-2)(x-4)$,

$f''(x)=6x-18=6(x-3), f'''(x)=6>0$.

$f''(2)=-6$ ゆえに $f(2)=5$ は極大値，

$f''(4)=6$ ゆえに $f(4)=1$ は極小値．

$f''(3)=0, f'''(3)=6>0, f(3)=3$

ゆえに $(3,3)$ は $y=f(x)$ の変曲点である．点 $(3,3)$ における $y=f(x)$ の接線は $y-3=-3(x-3)$ である．

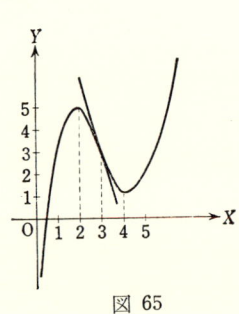

図 65

**定理 28.3.** 関数 $y=f(x)$ を閉区間 $[a,b]$ において二次導関数を持ち，かつ $f''(x)$ はつねに正であるとする．このとき，$\lambda, \mu$ を任意の正数として

$$f\left(\frac{\lambda a+\mu b}{\lambda+\mu}\right) < \frac{\lambda f(a)+\mu f(b)}{\lambda+\mu}.$$

すなわち，曲線 $y=f(x)$ は二点 $(a, f(a))$, $(b, f(b))$ を結ぶ線分の下方にある．

**証明.**

$$c = \frac{\lambda a + \mu b}{\lambda + \mu}$$

とおけば，$a < c < b$ である．テイラーの定理によって

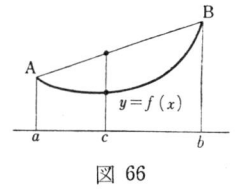

$$f(a) = f(c) + (a-c)f'(c) + \frac{(a-c)^2}{2!}f''(c+\theta_1(a-c)), \quad 0 < \theta_1 < 1,$$

$$f(b) = f(c) + (b-c)f'(c) + \frac{(b-c)^2}{2!}f''(c+\theta_2(b-c)), \quad 0 < \theta_2 < 1.$$

$f''(x) > 0$ であるから，

$$f(a) > f(c) + (a-c)f'(c),$$
$$f(b) > f(c) + (b-c)f'(c).$$

ゆえに

$$\lambda f(a) + \mu f(b) > (\lambda + \mu)f(c) + \{\lambda(a-c) + \mu(b-c)\}f'(c).$$

$$\lambda(a-c) + \mu(b-c) = \lambda a + \mu b - (\lambda + \mu)c = 0$$

であるから，

$$f(c) < \frac{\lambda f(a) + \mu f(b)}{\lambda + \mu}.$$

**問 1.** 函数 $y = f(x)$ を閉区間 $[a,b]$ においてつねに $f''(x) > 0$ とすれば，曲線 $y = f(x)$ 全体が各点 $(x, f(x))$ における接線の上方にあることを証明せよ．

**問 2.** 閉区間 $[a,b]$ においてつねに $f''(x) > 0$ とすれば，函数 $y = f(x)$ は $[a,b]$ において単調減少であるか，始め単調減少で後で単調増加となるか，または $[a,b]$ において単調増加であることを証明せよ．

**問 3.** 閉区間 $[a,b]$ においてつねに $f''(x) > 0$ とすれば，$[a,b]$ の任意の 3 点 $x_1, x_2, x_3$ (ただし $x_1 < x_2 < x_3$) に対して

$$\begin{vmatrix} 1 & 1 & 1 \\ x_1 & x_2 & x_3 \\ f(x_1) & f(x_2) & f(x_3) \end{vmatrix} > 0$$

であることを証明せよ．

## §29. 曲 率

まず，曲線の長さについて一応説明しておこう．函数 $y = f(x)$ を閉区間 $[a,$

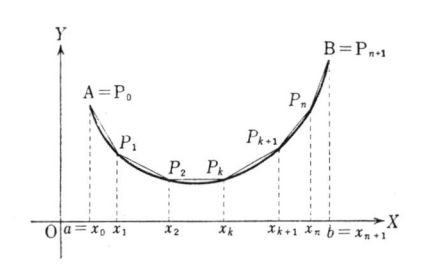

図 67

$b$] で連続であるとする．区間 $[a,b]$ に有限個の分点

$$a=x_0<x_1<\cdots<x_k<x_{k+1}<\cdots<x_{n+1}=b$$

をとって，分点

$$x_k \quad (k=0,1,2,\cdots,n+1)$$

に対応する曲線 $y=f(x)$ 上の点 $P_k=(x_k, f(x_k))$ を順次に線分で連結してえられる内接多辺形 $\Pi$ をつくる．$\Pi$ の長さ $L$ は

(29.1)
$$L=\overline{P_0P_1}+\overline{P_1P_2}+\cdots+\overline{P_nP_{n+1}}$$
$$=\sum_{k=0}^{n}\sqrt{(x_{k+1}-x_k)^2+(f(x_{k+1})-f(x_k))^2}$$

で与えられる．曲線 $C: y=f(x)$ $(a\leqq x\leqq b)$ に内接するすべての多辺形 $\Pi$ を考えて，その長さ $L$ の集合 $M$ が上に有界であるとき，曲線 $C$ は**長さを持つ**(rectifiable)といって，集合 $M$ の上限 $S$ を曲線 $C$ の長さという．§11 (円弧の長さ)のところで述べたことと全く同様にして，区間 $[a,b]$ の分点の個数 $n$ を限りなく増大してかつ小区間 $[x_k, x_{k+1}]$ の幅 $x_{k+1}-x_k (k=0,1,\cdots,n)$ の最大値 $\max(x_{k+1}-x_k)$ を $0$ に近づくようにすれば，内接多辺形 $\Pi$ の長さ $L$ が $S$ に限りなく近づくことが証明できる．

**例 1.** 曲線

$$y=f(x)=x\sin\frac{\pi}{2x},\ 0\leqq x\leqq 1,$$

ただし $f(0)=0$, は長さを持たない．区間 $[0,1]$ に分点

$$0, \frac{1}{2n+1}, \frac{1}{2n}, \frac{1}{2n-1}, \cdots, \frac{1}{3}, \frac{1}{2}, 1,$$

をとり，これを左から順に $0=x_0, x_1, x_2, \cdots, x_{2n-1}, x_{2n}, x_{2n+1}=1$ とおいて

$$p_n=\sum_{\nu=1}^{2n+1}|f(x_\nu)-f(x_{\nu-1})|$$

を計算すればその値は $1+2\sum_{\nu=1}^{n}\frac{1}{2\nu+1}$ に等しい．しかるに $\lim_{n\to\infty}\left(1+\frac{1}{2}+\cdots+\frac{1}{n}\right)=\infty$ であるから(§31, 例1をみよ)，$\lim_{n\to\infty}p_n=+\infty$ で

図 68

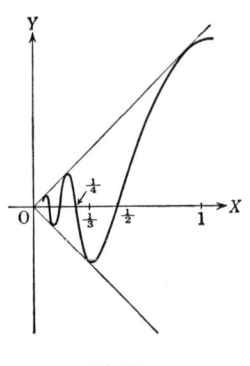

## §29. 曲率

ある．(29.1)とくらべてみれば，この曲線の長さを持たないことがわかる．

今度は，函数 $y=f(x)$ を閉区間 $[a,b]$ で $C^1$ に属するとしよう．すなわち $y=f(x)$ を $[a,b]$ で微分可能で，しかも導函数 $f'(x)$ は $[a,b]$ で連続であると仮定しよう．このとき，区間 $[x_k, x_{k+1}]$ に対して平均値の定理を用いれば，$x_k < \xi_k < x_{k+1}$ なる適当な一点 $\xi_k$ に対して

$$f(x_{k+1})-f(x_k)=(x_{k+1}-x_k)f'(\xi_k) \quad (x_k<\xi_k<x_{k+1})$$

が成立するから，(29.1)は

$$(29.2) \qquad L=\sum_{k=0}^{n}(x_{k+1}-x_k)\sqrt{1+f'(\xi_k)^2}$$

と書くことができる．さて，$f'(x)$ は閉区間 $[a,b]$ で連続であるから，$[a,b]$ で有界である．いま，適当な正数 $M$ に対して $[a,b]$ において $|f'(x)| \leq M$ とすれば，(29.2)から $L \leq (b-a)\sqrt{1+M^2}$ なることがわかる．したがって，曲線 $C: y=f(x)$ $(a \leq x \leq b)$ は長さを持つことがわかる．曲線 $C$ の長さを $S$ で表わそう．前に述べたように，区間 $[a,b]$ の分点の個数を限りなく増大してしかも $\max(x_{k+1}-x_k) \to 0$ ならしめるとき，(29.2)は $C$ の長さ $S$ に限りなく近づくわけである．

**定理 29.1.** 函数 $y=f(x)$ を閉区間 $[a,b]$ において $C^1$ に属するものとする．このとき，曲線 $y=f(x)$ の区間 $[a,x]$ に対応する弧の長さを $s(x)$ とすれば，$s(x)$ は $[a,b]$ で微分可能であって，

$$(29.3) \qquad \frac{ds}{dx}=\sqrt{1+f'(x)^2}$$

である．ただし $s(a)=0$ とする．

**注意．** この定理は積分の性質を使えば，簡単に証明できる．それには，まず函数 $\sqrt{1+f'(x)^2}$ が $a \leq x \leq b$ で連続であることに注意する．定積分の定義から，$\max(x_{k+1}-x_k) \to 0$ のとき (29.2) の極限値 $S$ が定積分

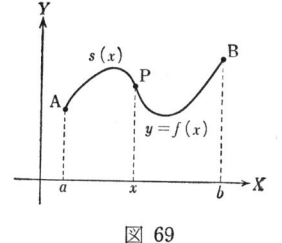

$$S=\int_a^b \sqrt{1+f'(x)^2}\,dx$$

で与えられることがわかる．したがって，

$$s(x)=\int_a^x \sqrt{1+f'(x)^2}\,dx$$

図 69

となる.次に連続函数の不定積分の性質から

$$\frac{ds(x)}{dx} = \sqrt{1+f'(x)^2}$$

が成立する.

しかし,定理 29.1 の証明は積分学に譲って,次の定理で満足しよう.

**定理 29.2.** 函数 $y=f(x)$ を閉区間 $[a,b]$ において $C^2$ に属するとし,かつ $[a,b]$ において $f''(x)>0$ と仮定する.このとき曲線 $y=f(x)$ の区間 $[a,x]$ に対応する弧の長さを $s(x)$ とすれば,$[a,b]$ の各点 $x$ で

$$s'(x) = \sqrt{1+f'(x)^2}$$

が成立する.ただし $s(a)=0$ とする.

**証明.** 公式 (28.1) から,すぐわかるように曲線 $y=f(x)$ はその各点における接線の(接点を除けば)上方にある.図 70 において,$\widehat{PP'}=\Delta s$ とおくとき,定理 28.3 を用いて,

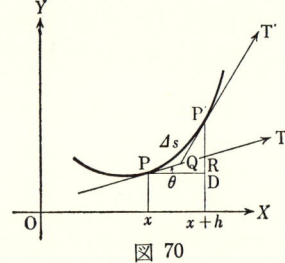

$$\overline{PP'} < \Delta s < \overline{PQ} + \overline{QP'} < \overline{PR} + \overline{RP'},$$

$$\overline{PP'} = \sqrt{h^2 + \{f(x+h)-f(x)\}^2},$$

$$\overline{PR} = \overline{PD} \times \frac{1}{\cos\theta} = h\sqrt{1+f'(x)^2},$$

$$\overline{RP'} = f(x+h) - f(x) - hf'(x).$$

図 70

ゆえに,$h>0$ の場合には($h<0$ の場合も同様である),

$$\sqrt{1+f'(x+\theta h)^2} < \frac{\Delta s}{h} < \sqrt{1+f'(x)^2} + \frac{h}{2!}f''(x+\theta_1 h).$$

さて $f(x) \in C^2$,すなわち,$f(x), f'(x), f''(x)$ は連続であるから,

$$\lim_{h \to 0} \frac{\Delta s}{h} = s'(x) = \sqrt{1+f'(x)^2}.$$

函数 $y=f(x)$ を閉区間 $[a,b]$ において $C^2$ とする.区間 $[a,b]$ の二点 $x, x+\Delta x$ に対応する曲線上の二点を $P=(x,f(x)), P'=(x+\Delta x, f(x+\Delta x))$ とする.P および P' における接線が正の OX 軸と

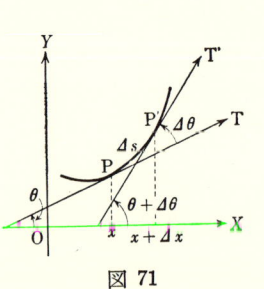

図 71

§29. 曲率

つくる角をそれぞれ $\theta, \theta+\Delta\theta$ で表わし，$\Delta\theta$ を弧 PP' に対する**全曲率**という．$\widehat{PP'}$ の長さを $\Delta s$ で表わすとき，

$$\frac{\Delta\theta}{\Delta s}$$

を $\widehat{PP'}$ の**平均曲率**という．

さて，$s=s(x)$ は $\dfrac{ds}{dx}=\sqrt{1+f'(x)^2}>0$ であるから，狭義の単調増加な連続函数である．したがって曲線 $y=f(x), (a\leq x\leq b)$ の全長を $S$ とすれば，$x=x(s)$ は $0\leq s\leq S$ で狭義の単調増加な連続な函数である．したがって，$\theta=\tan^{-1}\dfrac{dy}{dx}$ は弧の長さ $s$ の函数と考えられる．

(29.4) $$\lim_{\Delta s\to 0}\frac{\Delta\theta}{\Delta s}=\frac{d\theta}{ds}=K$$

のことを，曲線 $y=f(x)$ の点 $P=(x, f(x))$ における**曲率**(curvature)という．次に (29.4) の存在を証明しよう．

$$\frac{d\theta}{dx}=\frac{f''(x)}{1+f'(x)^2}, \quad \frac{ds}{dx}=\sqrt{1+f'(x)^2}$$

であるから，

$$\lim_{\Delta s\to 0}\frac{\Delta\theta}{\Delta s}=\lim_{\Delta x\to 0}\frac{\frac{\Delta\theta}{\Delta x}}{\frac{\Delta s}{\Delta x}}=\frac{\lim_{\Delta x\to 0}\frac{\Delta\theta}{\Delta x}}{\lim_{\Delta x\to 0}\frac{\Delta s}{\Delta x}}=\frac{\frac{d\theta}{dx}}{\frac{ds}{dx}}.$$

すなわち，

(29.5) $$K=\frac{\dfrac{d^2y}{dx^2}}{\left[1+\left(\dfrac{dy}{dx}\right)^2\right]^{3/2}}.$$

(29.5) によれば，$K$ は $\dfrac{d^2y}{dx^2}$ と同符号であるから，曲線 $y=f(x)$ が点 P で上に凹であるかまたは下に凹であるかに従って $K>0$ または $K<0$ である．また

(29.6) $$R=\left|\frac{1}{K}\right|=\frac{\left[1+\left(\dfrac{dy}{dx}\right)^2\right]^{3/2}}{\left|\dfrac{d^2y}{dx^2}\right|}, \quad \text{ただし } \frac{d^2y}{dx^2}\neq 0,$$

のことを**曲率半径**(radius of curvature)という．

**例 2.** 曲線(懸垂線) $y=\dfrac{a}{2}(e^{x/a}+e^{-x/a})$, $(a>0)$ の各点における曲率半径を求めてみる．

$$\frac{dy}{dx}=\frac{1}{2}(e^{x/a}-e^{-x/a}),\quad \frac{d^2y}{dx^2}=\frac{1}{2a}(e^{x/a}+e^{-x/a}),$$

$$R=\frac{\left[1+\left(\dfrac{e^{x/a}-e^{-x/a}}{2}\right)^2\right]^{3/2}}{\dfrac{e^{x/a}+e^{-x/a}}{2a}}=\frac{\left(\dfrac{e^{x/a}+e^{-x/a}}{2}\right)^3}{\dfrac{e^{x/a}+e^{-x/a}}{2a}}$$

$$=\frac{a}{4}(e^{x/a}+e^{-x/a})^2=\frac{y^2}{a}.$$

次に曲率半径の幾何学的の意味を考えてみよう．曲線 $y=f(x)$ 上の三点 $P_0, P_1, P_2$ を通過する円を描き，$P_1$ と $P_2$ とを $P_0$ に限りなく近づけたときの極限の円のことを曲線 $y=f(x)$ の点 $P_0$ における**曲率円**(circle of curvature)という．

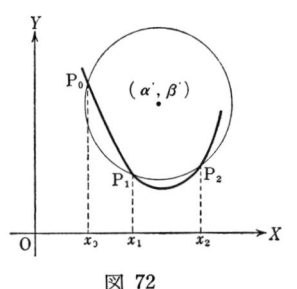

いま，$P_0, P_1, P_2$ の $x$ 座標をそれぞれ $x_0, x_1, x_2$ とし，これらの三点を通過する円の方程式

(29.7) $\quad (x-\alpha')^2+(y-\beta')^2=R'^2$

とする．函数

$$F(x)=(x-\alpha')^2+(y-\beta')^2-R'^2$$

ただし $y=f(x)$,

を閉区間 $[a,b]$ で考えれば $F(x)\in C^2$ である．

図 72

仮定から (29.7) の円は三点 $P_0, P_1, P_2$ を通るから

$$F(x_0)=0,\quad F(x_1)=0,\quad F(x_2)=0$$

である．ロールの定理で，$x_0$ と $x_1$ の間の適当な一点を $\xi_1$, $x_1$ と $x_2$ の間の適当な一点を $\xi_2$ とすれば

$$F'(\xi_1)=0,\quad F'(\xi_2)=0.$$

ふたたび，ロールの定理を用いれば，$\xi_1$ と $\xi_2$ の間の適当な一点 $\xi$ で $F''(\xi)=0$ となる．いま，$x_1, x_2$ を $x_0$ に近づけるとき，$\xi_1, \xi_2, \xi$ はそれぞれ $x_0$ に近づくから曲率円の中心 $(\alpha, \beta)$ および半径 $R$ は三つの方程式を満足する．簡単のため $x_0$ のかわりに $x$ と書けば

§29. 曲 率

(i) $(x-\alpha)^2+(y-\beta)^2=R^2,$

(ii) $(x-\alpha)+(y-\beta)\dfrac{dy}{dx}=0,$

(iii) $1+\left(\dfrac{dy}{dx}\right)^2+(y-\beta)\dfrac{d^2y}{dx^2}=0;$

ただし $y=f(x)$. (ii) と (iii) とから

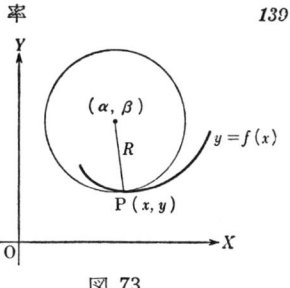

図 73

(29.8)
$$\begin{cases} x-\alpha = \dfrac{\dfrac{dy}{dx}\left[1+\left(\dfrac{dy}{dx}\right)^2\right]}{\dfrac{d^2y}{dx^2}}, \\ y-\beta = -\dfrac{1+\left(\dfrac{dy}{dx}\right)^2}{\dfrac{d^2y}{dx^2}}, \quad \text{ただし} \quad \dfrac{d^2y}{dx^2}\neq 0. \end{cases}$$

したがって, 点 $P(x,y)$ における曲率円の中心は

(29.9)
$$\begin{cases} \alpha = x - \dfrac{\dfrac{dy}{dx}\left[1+\left(\dfrac{dy}{dx}\right)^2\right]}{\dfrac{d^2y}{dx^2}}, \\ \beta = y + \dfrac{1+\left(\dfrac{dy}{dx}\right)^2}{\dfrac{d^2y}{dx^2}}, \quad \text{ただし} \quad \dfrac{d^2y}{dx^2}\neq 0. \end{cases}$$

また, (29.8) を (i) に代入して

(29.10) $$R=\dfrac{\left[1+\left(\dfrac{dy}{dx}\right)^2\right]^{3/2}}{\left|\dfrac{d^2y}{dx^2}\right|}, \quad \text{ただし} \quad \dfrac{d^2y}{dx^2}\neq 0.$$

**注意.** 曲率円のことを接触円 (osculating circle) ともいう.

曲率円の中心 $(\alpha, \beta)$ の別の意味を述べよう. 曲線 $y=f(x)$ 上の近接する二点 $P_0, P_1$ で法線を作れば, それらの方程式は

$$(x_0-X)+(y_0-Y)f'(x_0)=0,$$
$$(x_1-X)+(y_1-Y)f'(x_1)=0$$

である．いま，その交点を $(\alpha', \beta')$ で表わすとき

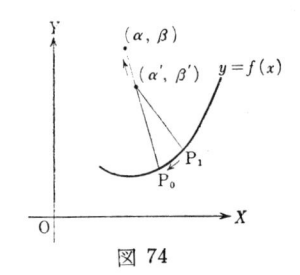

$$(x_0-\alpha')+(y_0-\beta')f'(x_0)=0,$$
$$(x_1-\alpha')+(y_1-\beta')f'(x_1)=0.$$

函数
$$G(x)=(x-\alpha')+(y-\beta')f'(x),$$

図 74

ただし $y=f(x)$, を $[a,b]$ で考えれば，$G(x_0)=G(x_1)$ であるから，$x_0$ と $x_1$ の間の適当な一点 $\xi$ で $G'(\xi)=0$ となる．$x_1 \to x_0$ のとき，$\xi \to x_0$ であるから，$P_1 \to P_0$ のときの $(\alpha', \beta')$ の極限の位置 $(\alpha, \beta)$ は

$$\begin{cases}(x_0-\alpha)+(y_0-\beta)f'(x_0)=0,\\ 1+f'(x_0)^2+(y_0-\beta)f''(x_0)=0\end{cases}$$

を満足する．$x_0$ のかわりに $x$ と書いてみれば，これらは (ii), (iii) に他ならない．

したがって，次の定理がえられる．

**定理 29.3.** 曲線上の点 P における曲率円の中心は P における法線と，P に近接する点 $P_1$ における法線との交点の $P_1$ を P に近づけたときの極限の位置である．

点 P が曲線 $y=f(x)$ 上を動くときの曲率円の中心の軌跡を曲線 $y=f(x)$ の**縮閉線**(evolute)という．縮閉線の方程式を求めるには，(29.8) から $x$ と $y$ を消去すればよい．

次に曲線の方程式が $F(x,y)=0$ および媒介変数 $t$ の一対の函数 $x=\varphi(t)$, $y=\psi(t)$ で与えられた場合に曲率，曲率半径，縮閉線を求める方法について述べてみよう．

まず，曲線の方程式がたとえば
$$ax^2+2hxy+by^2+2gx+2fy+c=0$$

のように $F(x,y)=0$ という形で与えられたとき，一般にはこれを $y$ について解けば，いくつかの $x$ の一価函数 $y=\varphi(x)$, $y=\psi(x)$, … などがえられる．

§29. 曲率

このようにして，方程式 $F(x,y)=0$ から $y$ について解くという操作で間接にえられる $x$ の函数 $y=\varphi(x), y=\psi(x), \cdots$ のことを**陰函数**（implicit function）という。[1] これに反して，初めから（すぐに $y$ について解かれた形） $y=f(x)$ の形で与えられた函数を**陽函数**（explicit function）という。

**注意．** 昔は陰函数，陽函数のことを陰伏函数，陽明函数と呼ばれたが，この方がよくその意味を表わしているように思われる．また $F(x,y)=0$ を（$y$ で解くかわりに）$x$ で解いてもよいのであって，このとき一般にはいくつかの函数 $x=g(y), x=h(y), \cdots$ などがえられる．

**例 3.** たとえば円の方程式 $x^2+y^2=a^2$ が与えられたとき，$y$ について解けば二つの $x$ の函数 $y=\varphi(x)=\sqrt{a^2-x^2}, y=\psi(x)=-\sqrt{a^2-x^2}$ がえられる．$y=\varphi(x)$ および $y=\psi(x)$ はともに $-a \leq y \leq a$ で定義され，$-a<x<+a$ では $C^\infty$ の函数である．$y=\varphi(x), y=\psi(x)$ がそれぞれ上半円，下半円を表わすことはいうまでもないであろう．$y=\varphi(x)$ または $y=\psi(x)$ の逐次導函数 $y', y'', \cdots$ を求めるには，$\sqrt{a^2-x^2}$ または $-\sqrt{a^2-x^2}$ の逐次導函数を計算すればよいわけであるが，次のような方法も便利である．
$y=\varphi(x), y=\psi(x)$ のいずれにせよ，$y$ は $x$ の微分可能な函数であるから，$x^2+y^2=a^2$ を $x$ で微分して $x+y \cdot y'=0$，ゆえに

(i)  $$y' = -\frac{x}{y}.$$

次に

$$y'' = -\frac{d}{dx}\left(\frac{x}{y}\right) = -\frac{y-xy'}{y^2},$$

$y'$ のところへ (i) を代入して

(ii) $$y'' = -\frac{x^2+y^2}{y^3} = -\frac{a^2}{y^3}.$$

(i) および (ii) は $y=\varphi(x)=\sqrt{a^2-x^2}, y=\psi(x)=-\sqrt{a^2-x^2}$ のいずれに対しても成立する．たとえば，$\dfrac{d^2}{dx^2}\sqrt{a^2-x^2}=-\dfrac{a^2}{(a^2-x^2)^{3/2}}$．ついでながら，円 $x^2+y^2=a^2$ の上の一点 $(x_1, y_1)$ における接線の方程式を求めるには (i) を使って，

$$y-y_1 = -\frac{x_1}{y_1}(x-x_1),$$
$$x_1 x + y_1 y = x_1^2 + y_1^2.$$

したがって，$x_1 x + y_1 y = a^2$ とすればよい．

**例 4.** 楕円 $\dfrac{x^2}{a^2}+\dfrac{y^2}{b^2}=1$ の縮閉線の方程式を求めてみよう．例3に述べたように $y$ を $x$ の函数と考えて微分すれば，

---

[1] 陰函数の存在定理については §44 で述べる．

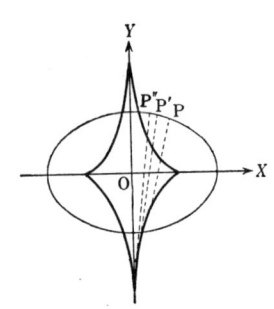

$$\frac{dy}{dx}=-\frac{b^2 x}{a^2 y}, \quad \frac{d^2 y}{dx^2}=-\frac{b^4}{a^2 y^3}.$$

これらを公式 (29.8) に代入して整頓すれば

$$\alpha=\frac{(a^2-b^2)x^3}{a^4},$$

$$\beta=-\frac{(a^2-b^2)y^3}{b^4}$$

となる．したがって

$$x=\left(\frac{a^4\alpha}{a^2-b^2}\right)^{1/3}, \quad y=-\left(\frac{b^4\beta}{a^2-b^2}\right)^{1/3}.$$

図 75

これを楕円の方程式に代入して

$$(a\alpha)^{2/3}+(b\beta)^{2/3}=(a^2-b^2)^{2/3},$$

$\alpha, \beta$ の代わりに文字 $x, y$ を使えば

$$(ax)^{2/3}+(by)^{2/3}=(a^2-b^2)^{2/3}.$$

二つの函数 $x=\varphi(t), y=\psi(t)$ は $a\leqq t\leqq b$ において連続な導函数を持ちかつ $\varphi'(t)^2+\psi'(t)^2\not\equiv 0$ であるとしよう．このとき，方程式 $x=\varphi(t), y=\psi(t)$ ($a\leqq t\leqq b$) の定める曲線を**正則曲線**(regular curve)という．いま，開区間 $t_1<t<t_2$ (ただし $a<t_1<t_2<b$) で $\varphi'(t)>0$ としよう ($\varphi'(t)<0$ の場合も同様である．また $\psi'(t)>0$ のときは $x$ の代わりに $y$ について同様な議論ができる)．このとき，$x_1=\varphi(t_1), x_2=\varphi(t_2)$ とおけば，逆函数 $t=\varphi^{-1}(x)$ は $x_1<x<x_2$ で意味を持ち，かつ，ここで微分可能であって

$$\frac{d}{dx}\varphi^{-1}(x)=\frac{1}{\varphi'(t)}$$

である．$y=\psi(t), t=\varphi^{-1}(x)$ の合成函数 $y=\psi[\varphi^{-1}(x)]$ は $x_1<x<x_2$ で定義されて，かつここで微分可能で

(29.10) $$\frac{dy}{dx}=\psi'(t)\cdot\frac{dt}{dx}=\frac{\psi'(t)}{\varphi'(t)}$$

である．明らかに (29.10) は $\varphi'(t)\not\equiv 0$ となる限り $a\leqq t\leqq b$ の各点 $t$ で成立する．次に $x=\varphi(t), y=\psi(t)$ を $a\leqq t\leqq b$ で $C^2$ とすれば，

$$\frac{d^2 y}{dx^2}=\left\{\frac{d}{dt}\cdot\frac{\psi'(t)}{\varphi'(t)}\right\}\frac{dt}{dx}=\frac{\psi''(t)\varphi'(t)-\varphi''(t)\psi'(t)}{\varphi'(t)^2}\cdot\frac{1}{\varphi'(t)}$$

であるから，

$$(29.11) \qquad \frac{d^2y}{dx^2} = \frac{\psi''(t)\varphi'(t) - \varphi''(t)\psi'(t)}{\varphi'(t)^3}.$$

したがって，点 $(x, y) = (\varphi(t), \psi(t))$ におけるこの曲線の曲率は

$$(29.12) \qquad K = \frac{\varphi'(t)\psi''(t) - \psi'(t)\varphi''(t)}{[\varphi'(t)^2 + \psi'(t)^2]^{3/2}}$$

で与えられる．また，曲率円の中心 $(\alpha, \beta)$ は $(29.8)$ から

$$(29.13) \qquad \begin{cases} \alpha = \varphi(t) - \dfrac{\psi'(t)(\varphi'(t)^2 + \psi'(t)^2)}{\varphi'(t)\psi''(t) - \psi'(t)\varphi''(t)}, \\ \beta = \psi(t) + \dfrac{\varphi'(t)(\varphi'(t)^2 + \psi'(t)^2)}{\varphi'(t)\psi''(t) - \psi'(t)\varphi''(t)} \end{cases}$$

となる．

**例 5.** 楕円 $\dfrac{x^2}{a^2} + \dfrac{y^2}{b^2} = 1$ は媒介変数 $t$ を用いて $x = \varphi(t) = a\cos t$, $y = \psi(t) = b\sin t$, $(0 \leq t \leq 2\pi)$ で表わすことができる．

$$\varphi'(t) = -a\sin t, \quad \varphi''(t) = -a\cos t, \quad \psi'(t) = b\cos t, \quad \psi''(t) = -b\sin t$$

であるから，$(29.13)$ から

$$\alpha = \frac{a^2 - b^2}{a}\cos^3 t, \quad \beta = -\frac{a^2 - b^2}{b}\sin^3 t.$$

したがって，縮閉線

$$(a\alpha)^{2/3} + (b\beta)^{2/3} = (a^2 - b^2)^{2/3}$$

がただちにえられる．

## 問題 5

**1.** 不定形 $\dfrac{0}{0}$ の極限値を求めよ：

(1) $\displaystyle\lim_{x \to 0} \frac{e^x - e^{\sin x}}{x - \sin x}$,     (2) $\displaystyle\lim_{x \to 0} \frac{x\sin(\sin x) - \sin^2 x}{x^6}$,

(3) $\displaystyle\lim_{x \to 0} \frac{e - (1+x)^{1/x}}{x}$,     (4) $\displaystyle\lim_{x \to 0} \frac{(a+x)^x - a^x}{x^2}$.

**2.** 不定形 $\dfrac{\infty}{\infty}$ の極限値を求めよ：

(1) $\displaystyle\lim_{x \to +\infty} \frac{x^2}{e^x}$,     (2) $\displaystyle\lim_{x \to +0} \frac{\log x}{\cot x}$,

(3) $\displaystyle\lim_{x \to +\infty} \frac{e^x}{\log x}$,     (4) $\displaystyle\lim_{\theta \to \frac{\pi}{2}-0} \frac{\tan\theta}{\tan 3\theta}$.

**3.** 不定形 $\infty-\infty$ の極限値を求めよ：

(1) $\displaystyle\lim_{x\to 0}\left(\frac{1}{x(1+x)}-\frac{\log(1+x)}{x^2}\right)$,

(2) $\displaystyle\lim_{x\to 0}\left(\frac{\pi x-1}{2x^2}+\frac{\pi}{x(e^{2\pi x}-1)}\right)$.

**4.** 不定形 $0\cdot\infty$ の極限値を求めよ：

(1) $\displaystyle\lim_{x\to \pi/4}\tan 2x\cot\left(\frac{\pi}{4}+x\right)$,  (2) $\displaystyle\lim_{x\to a}\log\left(2-\frac{x}{a}\right)\cot\frac{\pi x}{a}$.

**5.** 指数形の不定形の極限値を求めよ：

(1) $\displaystyle\lim_{x\to 0}(e^x+x)^{1/x}$,  (2) $\displaystyle\lim_{x\to \pi/4}(\tan x)^{\tan 2x}$,

(3) $\displaystyle\lim_{x\to 0}(\cos ax)^{\operatorname{cosec}^2 bx}$,  (4) $\displaystyle\lim_{x\to +0}(-\log x)^x$,

(5) $\displaystyle\lim_{x\to 0}(\cos ax)^{1/x^2}$,  (6) $\displaystyle\lim_{x\to +\infty}\left(\frac{2}{\pi}\tan^{-1}x\right)^x$.

**6.** 次の場合には分母の導函数が無限に多くの根を持つことに注意して，ロピタルの法則を用いないで，その極限値を求めよ：

(1) $\displaystyle\lim_{x\to \infty}\frac{x^2}{x-\sin x}$,  (2) $\displaystyle\lim_{x\to \infty}\frac{e^{-ax}}{e^{-x}(2-\sin x-\cos x)}$.

**7\*.** 次の極限値を求めよ：

(1) $\displaystyle\lim_{x\to 0}\left\{\sqrt{\frac{1}{x(x-1)}+\frac{1}{4x^2}}-\frac{1}{2x}\right\}$,

(2) $\displaystyle\lim_{x\to 0}\frac{e^x+\log\left(\dfrac{1-x}{e}\right)}{\tan x-x}$,

(3) $\displaystyle\lim_{x\to +\infty}\left(\frac{a_1^{1/x}+a_2^{1/x}+\cdots+a_n^{1/x}}{n}\right)^{nx}$,

(4) $\displaystyle\lim_{x\to 0}\frac{\left(x+\sin x-4\sin\dfrac{1}{2}x\right)^4}{\left(3+\cos x-4\cos\dfrac{1}{2}x\right)^3}$,

(5) $\displaystyle\lim_{x\to +\infty}\left\{x-x^2\log\left(1+\frac{1}{x}\right)\right\}$.

**8.** $x$ の絶対値が十分小なるとき，

$$(1+x)^{1/x}\doteqdot e\left(1-\frac{x}{2}+\frac{11}{24}x^2-\frac{7x^3}{16}\right)$$

が成立することを証明せよ．これを用いて

$$\lim_{x\to 0}\frac{(1+x)^{1/x}-e}{x}=-\frac{e}{2}$$

を導け．

**9.** 次の函数の極大極小を調べよ：
    (1) $x^3-9x^2+24x-7$,　　　　(2) $x^3-6x^2+12x+48$,
    (3) $(x-1)^2(x+1)^3$,　　　　(4) $e^x+2\cos x+e^{-x}$,
    (5) $2\tan x-\tan^2 x$,　　　　(6) $\sin x(1+\cos x)$.

**10.** 半径 $r$ の球に内接する最大体積の円錐の高さを求めよ.

**11.** 楕円 $\dfrac{x^2}{a^2}+\dfrac{y^2}{b^2}=1$ の接線の $OX$ 軸，$OY$ 軸の間に挟まれた部分の最小値を求めよ.

**12.** 方程式
$$x-\log_a x=0$$
が根をもつためには，$a$ はいかなる範囲にあればよいか.

**13.** 三辺が相等しい台形で面積の最大なるものを求めよ.

**14.** 二等辺三角形に内接する楕円の面積の最大のものを求めよ．ただし，楕円の長軸と短軸のうちの一つは二等辺三角形の二等分線上にあるものとする.

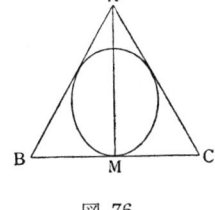

図 76

**15.** 曲線 $y^2=(x-a)^2(x-b)$ の変曲点を求めよ.

**16.** 放物線 $y^2=4px$ ($p>0$) の曲率および縮閉線を求めよ.

**17.** サイクロイドと呼ばれる曲線
$$x=a(t-\sin t),$$
$$y=a(1-\cos t)$$
の縮閉線を求めよ.

**18.** 双曲線 $\dfrac{x^2}{a^2}-\dfrac{y^2}{b^2}=1$ の縮閉線の方程式を求めよ.

**19.** 曲線 $x^{2/3}+y^{2/3}=a^{2/3}$ の縮閉線の方程式を求めよ.

**20.** 曲線 $y=f(x)$ が原点で $x$ 軸に接するとき，原点における曲率半径は $x\to 0$ のとき $\dfrac{x^2}{2y}$ の極限値であることを証明せよ.

図 77

**21.** 曲線 $F(x,y)=0$ において
$$x=r\cos\theta,\quad y=r\sin\theta$$
とおけば，$r$ は $\theta$ の函数と考えられる．いま $r$ をある区間で $\theta$ の $C^2$ の函数とするとき，曲率半径は
$$\frac{\left[r^2+\left(\dfrac{dr}{d\theta}\right)^2\right]^{3/2}}{r^2+2\left(\dfrac{dr}{d\theta}\right)^2-r\dfrac{d^2r}{d\theta^2}}$$
の絶対値であることを証明せよ.

**22.** 函数 $y=f(x)$ をある区間で $C^2$ に属するとする．このとき

$$\frac{dy}{dx}=\frac{1}{\dfrac{dx}{dy}},\quad \frac{d^2y}{dx^2}=-\frac{\dfrac{d^2x}{dy^2}}{\left(\dfrac{dx}{dy}\right)^3}$$

を証明せよ．ただし，上の等式の右辺では $y$ を独立変数と考える．

**23.** 次の函数において独立変数を $x$ から $y$ に変更せよ：

$$\frac{\left[1+\left(\dfrac{dy}{dx}\right)^2\right]^{3/2}}{\dfrac{d^2y}{dx^2}}.$$

# 第6章 級　　数

## §30. 級　数

数列 $a_1, a_2, \cdots, a_n, \cdots$ が与えられたとき，記号

$$a_1+a_2+\cdots+a_n+\cdots \quad \text{または} \quad \sum_{n=1}^{\infty} a_n$$

を級数(series)という．いま，

$$s_1 = a_1,$$
$$s_2 = a_1 + a_2,$$
$$\cdots\cdots\cdots\cdots\cdots\cdots,$$
$$s_n = a_1 + a_2 + \cdots + a_n,$$
$$\cdots\cdots\cdots\cdots\cdots\cdots,$$

という新しい数列 $s_n (n=1,2,\cdots)$ をつくる．(この $s_n$ を級数 $\sum_{n=1}^{\infty} a_n$ の $n$ 番目の**部分和**という)．数列 $s_n (n=1,2,\cdots)$ が有限な極限値を持つときに級数 $\sum_{n=1}^{\infty} a_n$ は**収束**(収斂)する(converge)といい，その極限値 $s$ を級数 $\sum_{n=1}^{\infty} a_n$ の和という．収束級数に限って級数 $\sum_{n=1}^{\infty} a_n$ それ自身で和 $s$ を表わす．すなわち $s = \sum_{n=1}^{\infty} a_n$ と定める．数列 $s_n (n=1,2,\cdots)$ が有限な極限値を持たないとき $\sum_{n=1}^{\infty} a_n$ は**発散**する(diverge)という．発散級数に対してはその値を定義しない．

いま

$$s_{n+p} - s_n = a_{n+1} + a_{n+2} + \cdots + a_{n+p}$$

であることに注意すれば，数列に関するコーシーの定理，すなわち定理 7.11 を容易に級数の場合に直すことができる．

**定理 30.1.** 級数 $\sum_{n=1}^{\infty} a_n$ が収束するための必要かつ十分なる条件は，任意の正数 $\varepsilon$ に対して自然数 $N$ を適当に定めるとき，すべての自然数 $p$ に対して $n \geq N$ なる限り

(30.1) $$|a_{n+1} + a_{n+2} + \cdots + a_{n+p}| < \varepsilon$$

が成立することである．

(30.1) において特に $p=1$ とおけば次の定理がえられる．

**定理 30.2.** 級数 $\sum_{n=1}^{\infty} a_n$ が収束するとすれば，必ず $\lim_{n\to\infty} a_n = 0$ である．

**注意．** $\lim_{n\to\infty} a_n = 0$ は級数 $\sum_{n=1}^{\infty} a_n$ の収束するための必要条件であるが，十分条件ではない(§31, 例1をみよ)．

部分和の数列 $s_n$ $(n=1, 2, 3, \cdots)$ が有限または無限大の極限値を持つとき，任意の部分列

$$s_{n_1}, s_{n_2}, \cdots, s_{n_k}, \cdots$$

もまた同じ極限値を持つ(§7, 問3)．したがって級数 $\sum_{n=1}^{\infty} a_n$ が収束するとき，級数

$$s_{n_1} + (s_{n_2} - s_{n_1}) + \cdots + (s_{n_{k+1}} - s_{n_k}) + \cdots$$

もまた収束してその和は相等しい．しかるに

$$s_{n_{k+1}} - s_{n_k} = a_{n_k+1} + a_{n_k+2} + \cdots + a_{n_{k+1}}$$

であるから，次の定理がえられる．

**定理 30.3.** 級数 $\sum_{n=1}^{\infty} a_n$ が収束するとき，項の順序を変えないで，相隣るいくつかの項を括弧でくくってえられる級数は収束して同じ和を持つ．この逆は必ずしも成立しない．

**例 1.** $ar^{n-1}$ $(n=1, 2, \cdots)$ を項とする級数 $\sum_{n=1}^{\infty} ar^{n-1}$ を等比級数という．

$$s_n = a + ar + \cdots + ar^{n-1} = \frac{a(1-r^n)}{1-r} = \frac{a}{1-r} - \frac{ar^n}{1-r}.$$

$|r| < 1$ とすれば，$\lim_{n\to\infty} s_n = \dfrac{a}{1-r}$ であるから，$\sum_{n=1}^{\infty} ar^{n-1}$ は収束して

$$\sum_{n=1}^{\infty} ar^{n-1} = \frac{a}{1-r}.$$

**例 2.** $\sum_{n=1}^{\infty} n$ においては $s_n = 1 + 2 + \cdots + n = \dfrac{1}{2} n(n+1)$，明らかに $\lim_{n\to\infty} s_n = +\infty$．ゆえに $\sum_{n=1}^{\infty} n$ は発散する．

**例 3.** 級数 $1 - 1 + 1 - 1 + 1 - 1 + \cdots$ においては，

$$s_n = 1 - 1 + 1 - 1 + \cdots + (-1)^{n-1}.$$

したがって，$n$ が偶数であれば $s_n = 0$，$n$ が奇数であれば $s_n = 1$ である．ゆえに $\lim_{n\to\infty} s_n$ は存在しない．したがって，この級数は発散する．

**注意．** 例2においては $\lim_{n\to\infty} s_n$ は存在するが，これが $+\infty$ であるから発散，例3に

おいては $\lim_{n\to\infty} s_n$ が存在しない(すなわち振動する)ために起る発散である．

**問 1.** $\sum_{n=1}^{\infty} a_n, \sum_{n=1}^{\infty} a'_n$ がともに収束するとき，
$$\sum_{n=1}^{\infty}(a_n+a'_n), \quad \sum_{n=1}^{\infty}(a_n-a'_n)$$
も収束して
$$\sum_{n=1}^{\infty}(a_n+a'_n)=\sum_{n=1}^{\infty}a_n+\sum_{n=1}^{\infty}a'_n, \quad \sum_{n=1}^{\infty}(a_n-a'_n)=\sum_{n=1}^{\infty}a_n-\sum_{n=1}^{\infty}a'_n$$
であることを証明せよ．

## §31. 正 項 級 数

$\sum_{n=1}^{\infty}a_n$ の各項 $a_n$ が $\geqq 0$ であるときこれを**正項級数**という．正項級数 $\sum_{n=0}^{\infty}a_n$ の部分和 $s_n=a_1+a_2+\cdots+a_n$ $(n=1,2,3,\cdots)$ を考えるとこれは単調増加数列であるから常に有限または $+\infty$ の極限値が存在する（定理7.2を見よ）．したがって，次の定理がえられる．

**定理 31.1.** 正項級数 $\sum_{n=1}^{\infty}a_n$ が収束するのは，
$$\sum_{k=1}^{n}a_k \leqq M \quad (n=1,2,\cdots)$$
となるような正数 $M$ が存在するときかつこのときに限る．

**定理 31.2.** 正項級数 $\sum_{n=1}^{\infty}a_n$ が収束するとき，項の順序を変更してえられる級数 $\sum_{n=1}^{\infty}a_{k_n}$ は収束して同じ和を持つ．

**証明．** 部分和 $\sigma_n=a_{k_1}+a_{k_2}+\cdots+a_{k_n}$ において $k_1, k_2, \cdots, k_n$ の最大値を $N$ とすれば，
$$\sigma_n \leqq a_1+a_2+\cdots+a_N,$$
ゆえに $\lim_{n\to\infty}\sigma_n=\sigma \leqq s$．同じようにして，$s \leqq \sigma$ であるから $\sigma=s$ が成り立つ．

**定理 31.3.** 正項級数 $\sum_{n=1}^{\infty}a_n$ の項の順序を変更することなしに，相隣る項を括弧でくくってえられる級数が収束すれば，$\sum_{n=1}^{\infty}a_n$ も収束してその和は相等しい．

**証明．** $s_n$ $(n=1,2,\cdots)$ は単調増加であるから，いま $\{s_n\}$ の任意の部分列 $s_{n_k}$ $(k=1,2,\cdots)$ が極限値 $s$ を持つとすれば，$\lim_{n\to\infty}s_n=s$ であることは明らか

であろう．

**注意．** この定理は正項級数でないときには必ずしも成立しない．なお，この定理と定理 30.3 と比較せよ．

**例 1．** 級数 $1+\frac{1}{2}+\frac{1}{3}+\cdots+\frac{1}{n}+\cdots$ は発散する．この級数の項を括弧でくくって

(i) $1+\frac{1}{2}+\left(\frac{1}{3}+\frac{1}{4}\right)+\left(\frac{1}{5}+\frac{1}{6}+\frac{1}{7}+\frac{1}{8}\right)+\left(\frac{1}{9}+\cdots+\frac{1}{16}\right)+\cdots$

これを

(ii) $1+\frac{1}{2}+\left(\frac{1}{4}+\frac{1}{4}\right)+\left(\frac{1}{8}+\frac{1}{8}+\frac{1}{8}+\frac{1}{8}\right)+\left(\frac{1}{16}+\cdots+\frac{1}{16}\right)+\cdots$

と比較してみれば，(i) の各項は (ii) の対応する項よりも小でなく，しかも (ii) の二番目以後の項は $\frac{1}{2}$ に相等しい．(ii) は発散するから (i) も発散する．

**定理 31.4.** 二つの正項級数 $\sum_{n=1}^{\infty}a_n$, $\sum_{n=1}^{\infty}b_n$ があって，$K$ を正の定数とするとき，ある自然数 $N$ より小でないすべての $n$ に対して

$$a_n \leqq Kb_n$$

ならば，$\sum_{n=1}^{\infty}b_n$ が収束するとき $\sum_{n=1}^{\infty}a_n$ も収束する．

**定理 31.5.** 二つの正項級数 $\sum_{n=1}^{\infty}a_n$, $\sum_{n=1}^{\infty}b_n$（ただし $a_n \neq 0$, $b_n \neq 0$）があって，有限な 0 と異なる極限値

$$\lim_{n\to\infty}\frac{a_n}{b_n}$$

が存在するとすれば，$\sum_{n=1}^{\infty}a_n$ と $\sum_{n=1}^{\infty}b_n$ は収束，発散を共にする．

**証明．** いま $\lim_{n\to\infty}\frac{a_n}{b_n}=\lambda$ とし，$0<K'<\lambda<K$ とすれば，適当に自然数 $N$ を選ぶとき，$N \leqq n$ なるすべての $n$ に対して

$$K'<\frac{a_n}{b_n}<K$$

が成立する．したがって，$N \leqq n$ ならば，

$$K'b_n<a_n<Kb_n.$$

定理 31.4 を用いてただちに定理の正しいことがわかる．

定理 31.5 は収束，発散のすでにわかっている正項級数と比較して新しい級数の収束，発散を調べるのに応用される．その一例を述べるために一つの準備をしよう．

## §31. 正項級数

$\gamma_n > 0$ $(n=1, 2, \cdots)$ を単調増加数列としかつ $\lim\limits_{n\to\infty} \gamma_n = +\infty$ とする．このとき

(31.1) $\qquad (\gamma_2 - \gamma_1) + (\gamma_3 - \gamma_2) + \cdots = \sum\limits_{n=1}^{\infty} (\gamma_{n+1} - \gamma_n),$

(31.2) $\qquad \left(\dfrac{1}{\gamma_1} - \dfrac{1}{\gamma_2}\right) + \left(\dfrac{1}{\gamma_2} - \dfrac{1}{\gamma_3}\right) + \cdots = \sum\limits_{n=1}^{\infty} \left(\dfrac{1}{\gamma_n} - \dfrac{1}{\gamma_{n+1}}\right)$

とおけば，(31.1) は発散する．なぜならば，$s_n = \gamma_{n+1} - \gamma_1$, $\lim\limits_{n\to\infty} s_n = +\infty$；(31.2) は収束する．なぜならば

$$s_n = \dfrac{1}{\gamma_1} - \dfrac{1}{\gamma_{n+1}}, \quad \lim\limits_{n\to\infty} s_n = \dfrac{1}{\gamma_1}.$$

たとえば，$\gamma_n = \log n$ とおけば，

(31.3) $\qquad \sum\limits_{n=1}^{\infty} \{\log(n+1) - \log n\} = \sum\limits_{n=1}^{\infty} \log\left(1 + \dfrac{1}{n}\right)$

は発散，$\gamma_n = n^\alpha$ $(\alpha > 0)$ とおけば，

(31.4) $\qquad \sum\limits_{n=1}^{\infty} \left\{\dfrac{1}{n^\alpha} - \dfrac{1}{(n+1)^\alpha}\right\}$

は収束する．ここで

$$\lim_{n\to\infty} \dfrac{\log\left(1 + \dfrac{1}{n}\right)}{\dfrac{1}{n}} = 1$$

であることに注意すれば，定理 31.5 によって $\sum\limits_{n=1}^{\infty} \dfrac{1}{n}$ の発散することがわかる．また，平均値の定理によって

$$\dfrac{1}{n^\alpha} - \dfrac{1}{(n+1)^\alpha} = \dfrac{\alpha}{(n+\theta)^{1+\alpha}}.$$

したがって $\left[\dfrac{1}{n^\alpha} - \dfrac{1}{(n+1)^\alpha}\right] \Big/ \dfrac{1}{n^{1+\alpha}}$ は $n \to \infty$ のとき極限値が $\alpha$ であることに注意すれば，定理 31.5 によって $\sum\limits_{n=1}^{\infty} \dfrac{1}{n^{1+\alpha}}$ $(\alpha > 0)$ の収束することがわかる．

**定理 31.6.** 正項級数 $\sum\limits_{n=1}^{\infty} a_n$ が与えられたとする．

（i） $N$ をある自然数，$N \leq n$ なるすべての $n$ に対して

$$\sqrt[n]{a_n} < K < 1,$$

ただし $K$ は正の定数,とすれば $\sum_{n=1}^{\infty} a_n$ は収束し,

（ii） 無限に多くの $n$ に対して

$$\sqrt[n]{a_n} \geqq 1$$

とすれば,$\sum_{n=1}^{\infty} a_n$ は発散する. （コーシーの定理）

**証明.** （i）の場合は $a_n < K^n \ (n \geqq N)$.ゆえに $\sum_{n=1}^{\infty} a_n$ を $\sum_{n=1}^{\infty} K^n$ と比較して $\sum_{n=1}^{\infty} a_n$ の収束することがわかる.（ii）の場合は無限に多くの $n$ に対して $a_n \geqq 1$,ゆえに $\lim_{n \to \infty} a_n = 0$ とはならないから,$\sum_{n=1}^{\infty} a_n$ は発散する.

**系.** 正項級数 $\sum_{n=1}^{\infty} a_n$ において

$$\varlimsup_{n \to \infty} \sqrt[n]{a_n} < 1 \ \text{ならば},\ \sum_{n=1}^{\infty} a_n \ \text{は収束}.$$

$$\varlimsup_{n \to \infty} \sqrt[n]{a_n} > 1 \ \text{ならば},\ \sum_{n=1}^{\infty} a_n \ \text{は発散}$$

である.

**定理 31.7.** 正項級数 $\sum_{n=0}^{\infty} a_n$ があって,すべての $n$ に対して $a_n \neq 0$ とする.

（i） $N$ をある自然数とし,$N \leqq n$ なるすべての $n$ に対して

$$\frac{a_{n+1}}{a_n} < K < 1$$

ならば,$\sum_{n=1}^{\infty} a_n$ は収束し,

（ii） $N \leqq n$ なるすべての $n$ に対して

$$\frac{a_{n+1}}{a_n} \geqq 1$$

ならば,$\sum_{n=1}^{\infty} a_n$ は発散である.

**証明.** （i）の場合には

$$a_{N+1} < K a_N,$$
$$a_{N+2} < K a_{N+1},$$

$$\cdots\cdots\cdots\cdots\cdots\cdots\cdots,$$
$$a_{N+p} < K a_{N+p-1}$$

から，$a_{N+p} < K^p a_N$，したがって $\sum_{p=1}^{\infty} a_{N+p}$ と $a_N \sum_{p=1}^{\infty} K^p$ とを比較して，$\sum_{n=1}^{\infty} a_n$ は収束することがわかり，(ii) の場合には $\lim_{n \to \infty} a_n = 0$ とはならないから，$\sum_{n=1}^{\infty} a_n$ は発散する．

**系．** 正項級数 $\sum_{n=1}^{\infty} a_n$, ただしすべての $n$ に対して $a_n \neq 0$, は

( i ) $\varlimsup_{n \to \infty} \dfrac{a_{n+1}}{a_n} < 1$ ならば収束,

(ii) $\varliminf_{n \to \infty} \dfrac{a_{n+1}}{a_n} > 1$ ならば発散

である．

**問 1.** 次の級数の収束することを証明せよ：

(1) $\dfrac{1}{1 \cdot 2} + \dfrac{1}{3 \cdot 4} + \dfrac{1}{5 \cdot 6} + \cdots + \dfrac{1}{(2n-1)(2n)} + \cdots,$

(2) $1 + \dfrac{1}{2^2} + \dfrac{1}{3^2} + \cdots + \dfrac{1}{n^2} + \cdots.$

**問 2.** 次の級数の発散することを証明せよ：

(1) $\dfrac{1}{a} + \dfrac{1}{a+b} + \dfrac{1}{a+2b} + \cdots + \dfrac{1}{a+nb} + \cdots \quad (a>0, b>0),$

(2) $\dfrac{1}{2 \cdot 3} + \dfrac{2}{3 \cdot 4} + \dfrac{3}{4 \cdot 5} + \cdots + \dfrac{n}{(n+1)(n+2)} + \cdots.$

## §32. 絶対収束級数

級数 $\sum_{n=1}^{\infty} a_n$ の各項 $a_n$ をその絶対値 $|a_n|$ でおきかえて得られる級数 $\sum_{n=1}^{\infty} |a_n|$ が収束するならば，コーシーの定理からただちに，正数 $\varepsilon$ を任意に与えて適当に自然数 $N$ を定めれば，

$$|a_{n+1}| + |a_{n+2}| + \cdots + |a_{n+p}| < \varepsilon \quad (n \geq N, p \text{ は任意の自然数})$$

であるから，

$$|a_{n+1} + a_{n+2} + \cdots + a_{n+p}| < \varepsilon \quad (n \geq N, p \text{ は任意の自然数})$$

が成立する．定理 30.1 によって，$\sum_{n=1}^{\infty} a_n$ は収束する．

級数 $\sum_{n=1}^{\infty} a_n$ の各項 $a_n$ をその絶対値 $|a_n|$ でおきかえて得られる級数 $\sum_{n=1}^{\infty} |a_n|$ が収束するとき，級数 $\sum_{n=1}^{\infty} a_n$ を**絶対収束**する (absolutely convergent) という．収束する正項級数 $\sum_{n=1}^{\infty} a_n$ は項の順序をどのように変更しても得られる級数は収束して同じ和を持つから，$\sum_{n=1}^{\infty} a_n$ が絶対収束する場合にも同じことがいえる．すなわち，絶対収束する級数の項の順序をどのように変更してもこうして得られる級数は絶対収束してその和は不変である．

**定理 32.1.** 級数 $\sum_{n=1}^{\infty} a_n$ は収束するけれども絶対収束はしないとする．このとき $\sum_{n=1}^{\infty} a_n$ の正項だけを集めて作った級数および負項の絶対値だけを集めて作った級数はともに発散する．

**証明．** 級数 $\sum_{n=1}^{\infty} a_n$ の最初の $n$ 項までの部分和を $s_n$，正項だけの和を $s'_n$，負項だけをその絶対値でおき換えたものの和を $s''_n$，$s_n$ の項の絶対値の和を $\sigma_n$ とすれば，

$$s_n = s'_n - s''_n, \quad \sigma_n = s'_n + s''_n.$$

仮定から $\lim_{n\to\infty} s_n$ は有限, $\lim_{n\to\infty} \sigma_n = +\infty$ である．しかるに $s'_n = \frac{1}{2}(\sigma_n + s_n)$, $s''_n = \frac{1}{2}(\sigma_n - s_n)$ であるから，$\lim_{n\to\infty} s'_n = +\infty$, $\lim_{n\to\infty} s''_n = +\infty$.

絶対収束級数に関して次の定理は重要である．

**定理 32.2.** $s = \sum_{n=1}^{\infty} a_n$ および $s' = \sum_{n=1}^{\infty} a'_n$ が共に絶対収束するならば，積 $a_p \cdot a'_q$ ($p=1, 2, \cdots$; $q=1, 2, \cdots$) のすべてを洩れなく，かつ重複することなしに任意の順にならべて，級数 $\sum a_p \cdot a'_q$ を作れば，これは絶対収束してその和は $s \cdot s'$ に等しい．

**証明．** すべての $a_p \cdot a'_q$ を一定の順序にならべて得る一つの級数

$$\sum_{n=1}^{\infty} a_{p_n} \cdot a'_{q_n}$$

の各項を絶対値 $|a_{p_n}| \cdot |a'_{q_n}|$ でおき換えた級数の部分和

$$\sigma_n = |a_{p_1}| \cdot |a'_{q_1}| + |a_{p_2}| \cdot |a'_{q_2}| + \cdots + |a_{p_n}| \cdot |a'_{q_n}| \quad (n=1, 2, \cdots)$$

を作れば，数列 $\sigma_n$ ($n=1, 2, \cdots$) は有界になる．なぜならば $p_1, p_2, \cdots, p_n$;

## §32. 絶対収束級数

$q_1, q_2, \cdots, q_n$ の最大なるものを $N$ とおけば明らかに

$$\sigma_n \leq (|a_1|+|a_2|+\cdots+|a_N|)(|a_1'|+|a_2'|+\cdots+|a_N'|)$$

$$\leq \left(\sum_{n=1}^{\infty}|a_n|\right)\left(\sum_{n=1}^{\infty}|a_n'|\right)$$

である.したがって,単調増加な数列 $\{\sigma_n\}$ は収束することになって $\sum_{n=1}^{\infty} a_{p_n} \cdot a_{q_n}'$ の絶対収束することがわかる.次に $\sum_{n=1}^{\infty} a_{p_n} \cdot a_{q_n}'$ の和が $s \cdot s'$ であることを示すためには絶対収束する級数においては項の順序をどのように変更してもこうしてえられる級数は絶対収束してその和が不変であるという事実を用いる.数列 $s_n$ $(n=1, 2, \cdots)$ を

$$s_1 = a_1 \cdot a_1', \quad s_2 = (a_1+a_2)(a_1'+a_2'), \cdots,$$
$$s_n = (a_1+a_2+\cdots+a_n)(a_1'+a_2'+\cdots+a_n'), \cdots$$

となるように作れば $\lim_{n\to\infty} s_n = s \cdot s'$ は明らかである.したがって,級数

$$s_1 + (s_2 - s_1) + \cdots + (s_n - s_{n-1}) + \cdots$$

の和は $s \cdot s'$ であって,この級数の各項 $(s_n - s_{n-1})$ の括弧の中を展開して,しかる後に括弧を廃止してみれば,すべての積 $a_p \cdot a_q'$ を洩れなく,かつ重複することなしに,ある一定の順序にならべてつくられた級数 $\sum a_p \cdot a_q'$ が得られる.級数 $\sum a_p \cdot a_q'$ は収束し,しかも収束級数に項の順序をそのままにして適当にいくつかの項を括弧で括っても,こうしてえられた級数はやはり収束して同じ和を表わすから,級数 $\sum a_p \cdot a_q'$ は $s_1 + \sum_{n=2}^{\infty}(s_n - s_{n-1})$ と同じ和 $s \cdot s'$ を持つ.

この定理の特別の場合として

**系.** $s = \sum_{n=1}^{\infty} a_n$, $s' = \sum_{n=1}^{\infty} a_n'$ が共に絶対収束ならば

$$\sum_{n=1}^{\infty}(a_n \cdot a_1' + a_{n-1} \cdot a_2' + \cdots + a_2 \cdot a_{n-1}' + a_1 \cdot a_n')$$

も絶対収束して,その和は $s \cdot s'$ に等しい.

正項級数 $\sum_{n=1}^{\infty} a_n$(ただし $a_n \neq 0$)から作られる級数 $\sum_{n=1}^{\infty}(-1)^{n-1}a_n$ を交代級数という.すなわち

$$a_1 - a_2 + a_3 - a_4 + \cdots \quad (a_n > 0).$$

**定理 32.3.** 交代級数 $\sum_{n=1}^{\infty}(-1)^{n-1}a_n$, ただし $a_n>0$, において

$$a_1>a_2>a_3>a_4>\cdots \text{ かつ } \lim_{n\to\infty}a_n=0$$

であるならば，この級数は収束する．

**証明.** （ⅰ） $s_{2n}=(a_1-a_2)+(a_3-a_4)+\cdots+(a_{2n-1}-a_{2n})$
または（ⅱ） $s_{2n}=a_1-(a_2-a_3)-(a_4-a_5)-\cdots-a_{2n}$
と書くことができる．（ⅰ）から $s_{2n}$ $(n=1,2,\cdots)$ は単調増加かつ（ⅱ）から $s_{2n}<a_1$ $(n=1,2,\cdots)$ である．ゆえに有限な極限値 $\lim_{n\to\infty}s_{2n}=s$ が存在する．$s_{2n+1}=s_{2n}+a_{2n+1}$ であるから

$$\lim_{n\to\infty}s_{2n+1}=\lim_{n\to\infty}s_{2n}+\lim_{n\to\infty}a_{2n+1}=s.$$

したがって，この級数は収束する．

**例．** $1-\dfrac{1}{2}+\dfrac{1}{3}-\dfrac{1}{4}+\cdots+(-1)^{n-1}\dfrac{1}{n}+\cdots$ は収束する．しかし，これは絶対収束ではない．

## §33. ベキ級数

まず，OX 軸上のある区間 $E$ を共通の変域とする函数列 $f_1(x), f_2(x), \cdots, f_n(x), \cdots$ が与えられたとする．いま，$E$ の各点 $x$ において数列 $f_n(x)$ $(n=1,2,\cdots)$ が有限な極限値 $f(x)$ を持つならば，函数列 $\{f_n(x)\}$ は $E$ において収束して極限函数 $f(x)$ が定義されたという．また，同じことを簡単に函数列 $\{f_n(x)\}$ は $E$ において函数 $f(x)$ に収束するともいう．このとき，与えられた正数 $\varepsilon$ に対して $E$ の各点 $x_0$ で

$$|f_n(x_0)-f(x_0)|<\varepsilon \quad (n\geqq N)$$

となるような自然数 $N$ が存在するが，この $N$ は正数 $\varepsilon$ と $x_0$ 点に依存するのが普通である．したがって，これを明示するためには $N$ の代わりに $N(\varepsilon, x_0)$ と書く．いま，特に $E$ のすべての点に対して共通な自然数 $N$ をとりうる場合に，詳しくいえば，正数 $\varepsilon$ を任意に与えたとき自然数 $N=N(\varepsilon)$ を定めれば，$n\geqq N$ なる限り $E$ のいかなる点 $x$ に対しても

$$|f_n(x)-f(x)|<\varepsilon$$

が成立するならば，函数列 $f_n(x)$ $(n=1, 2, \cdots)$ は $E$ において**一様収束**する (uniformly convergent) という．

**定理 33.1．** 函数列 $f_n(x)$ $(n=1, 2, \cdots)$ が区間 $E$ においてその極限函数に一様収束するための必要かつ十分な条件は，正数 $\varepsilon$ を任意に与えたとき，適当に自然数 $N=N(\varepsilon)$ を定めれば，$n \geqq N$ なる限り $p$ をいかなる自然数としても

$$|f_{n+p}(x)-f_n(x)|<\varepsilon$$

が $E$ のすべての点で成立するようにできることである．

**証明．** $f_n(x)$ $(n=1, 2, \cdots)$ が $E$ において極限函数 $f(x)$ に一様収束するとすれば，与えられた正数 $\varepsilon$ に対して自然数 $N$ を適当に定めれば $x$ を $E$ のいかなる点としても

$$|f_n(x)-f(x)|<\frac{\varepsilon}{2}, \quad (n \geqq N) \quad \text{したがって}$$

$$|f_{n+p}(x)-f(x)|<\frac{\varepsilon}{2} \quad (n \geqq N, \ p \ 自然数)$$

が成立する．ゆえに，$E$ のすべての点 $x$ において

$$|f_{n+p}(x)-f_n(x)| \leqq |f_{n+p}(x)-f(x)|+|f(x)-f_n(x)|<\frac{\varepsilon}{2}+\frac{\varepsilon}{2}=\varepsilon.$$

逆に定理の条件が満足されたとすれば，この函数列が $E$ の各点において収束する（定理7.11）から，いまその極限函数を $f(x)$ で表わそう．$E$ の各点 $x$ で成り立つ不等式

$$|f_{n+p}(x)-f_n(x)|<\varepsilon \quad (n \geqq N)$$

において，$x$ および $n$ を固定し，しかる後に $p \to \infty$ ならしめると

$$\lim_{p \to \infty} f_{n+p}(x) = f(x), \quad \text{したがって}$$

$$\lim_{p \to \infty} |f_{n+p}(x)-f_n(x)| = |f(x)-f_n(x)|$$

であるから，$E$ のすべての点において

$$|f_n(x)-f(x)| \leqq \varepsilon \quad (n \geqq N)$$

が成立する．すなわち $f_n(x)$ $(n=1, 2, \cdots)$ は $E$ において $f(x)$ に一様収束

する.

**定理 33.2.** 函数列 $f_n(x)$ $(n=1, 2, \cdots)$ が区間 $E$ において $f(x)$ に一様収束する場合に,$f_n(x)$ がすべて $E$ の一点 $x_0$ で連続であるならば,$f(x)$ もまた $x_0$ において連続である.

**証明.** 正数 $\varepsilon$ を任意に与えたとき,$E$ の各点 $x$ で不等式 $|f_n(x)-f(x)|<\dfrac{\varepsilon}{3}$ が成立するように唯一つの自然数 $n$ を定め(一様収束性を用いる),つぎに $f_n(x)$ は $x_0$ で連続であるから適当に $x_0$ の近傍 $U(x_0): |x-x_0|<r(x_0)$ を定めれば,$U(x_0)$ に含まれる $E$ の各点 $x$ に対して $|f_n(x)-f_n(x_0)|<\dfrac{\varepsilon}{3}$ が成立するようにできる.こうすれば,$U(x_0)$ に含まれる $E$ のすべての点 $x$ で

$$|f(x)-f(x_0)| \leqq |f(x)-f_n(x)|+|f_n(x)-f_n(x_0)|+|f_n(x_0)-f(x_0)|$$
$$< \frac{\varepsilon}{3}+\frac{\varepsilon}{3}+\frac{\varepsilon}{3}=\varepsilon$$

が成立して,極限函数 $f(x)$ が $x_0$ において連続であることがわかる.

今度は函数項の級数について説明しよう.函数 $\varphi_n(x)$ $(n=1, 2, \cdots)$ が区間 $E$ で定義されているものとし,級数 $\sum_{n=1}^{\infty} \varphi_n(x)$ が $E$ の各点で収束するならば $\sum_{n=1}^{\infty} \varphi_n(x)$ は $E$ において収束するという.いま,この級数の和が定義する函数を $\varphi(x)$ で表わすとき,部分和

$$f_n(x)=\varphi_1(x)+\varphi_2(x)+\cdots+\varphi_n(x)$$

の形作る函数列 $f_n(x)$ $(n=1, 2, \cdots)$ が $E$ において一様収束するならば $\sum_{n=1}^{\infty} \varphi_n(x)$ は $E$ において一様収束であるという.函数列が一様収束するための条件を函数項の級数の場合に引き直せば次の定理がえられる.

**定理 33.3.** $\sum_{n=1}^{\infty} \varphi_n(x)$ が区間 $E$ において一様収束するための必要かつ十分な条件は,正数 $\varepsilon$ に対して適当に自然数 $N=N(\varepsilon)$ を定めれば,$p$ をいかなる自然数としても $n \geqq N$ なる限り

$$|\varphi_{n+1}(x)+\varphi_{n+2}(x)+\cdots+\varphi_{n+p}(x)|<\varepsilon$$

が $E$ のすべての点で成立することである.

この系として次の重要な定理がえられる.

## §33. ベ キ 級 数

**定理 33.4.** 区間 $E$ においておのおの函数 $\varphi_n(x)$ が有界であって
$$|\varphi_n(x)| \leq M_n \quad (n=1, 2, \cdots)$$
を満足し，かつ正項級数 $\sum_{n=1}^{\infty} M_n$ が収束するとすれば，$\sum_{n=1}^{\infty} \varphi_n(x)$ は $E$ において絶対かつ一様に収束する．

**証明．** $E$ において
$$|\varphi_{n+1}(x)|+|\varphi_{n+2}(x)|+\cdots+|\varphi_{n+p}(x)| \leq M_{n+1}+M_{n+2}+\cdots+M_{n+p}$$
であるから，定理 30.1 と定理 33.3 とから，定理がえられる．

**定理 33.5.** 函数 $\varphi_n(x)\,(n=1,2,\cdots)$ は開区間 $(a,b)$ において微分可能であって，$\sum_{n=1}^{\infty} \varphi'_n(x)$ は $(a,b)$ において一様収束するものとする．このとき，もし $(a,b)$ 内の一点 $c$ で $\sum_{n=1}^{\infty} \varphi_n(c)$ が収束するならば，$\sum_{n=1}^{\infty} \varphi_n(x)$ は $(a,b)$ において一様収束して，その和 $\varphi(x)$ は $(a,b)$ で微分可能でかつ

$$(33.1) \qquad \varphi'(x) = \sum_{n=1}^{\infty} \varphi'_n(x)$$

が成立する．

**証明．** 正数 $\varepsilon$ を任意に与えたとき，自然数 $N$ を適当に定めると，$N \leq n$ なる限り，$p$ を任意の自然数として，$(a,b)$ において

$$(33.2) \qquad |\varphi'_{n+1}(x)+\varphi'_{n+2}(x)+\cdots+\varphi'_{n+p}(x)| < \varepsilon$$

が成立し，さらに

$$(33.3) \qquad |\varphi_{n+1}(c)+\varphi_{n+2}(c)+\cdots+\varphi_{n+p}(c)| < \varepsilon$$

が成立するようにできる．平均値の定理によって

$$\left|\sum_{k=n+1}^{n+p}[\varphi_k(x)-\varphi_k(c)]\right| = \left|(x-c)\sum_{k=n+1}^{n+p}\varphi'_k(c+\theta(x-c))\right|$$

$$\leq (b-a)\left|\sum_{k=n+1}^{n+p}\varphi'_k(c+\theta(x-c))\right|$$

$$\leq \varepsilon(b-a)$$

であるから，(33.3)を用いて

$$\left|\sum_{k=n+1}^{n+p}\varphi_k(x)\right| \leq \varepsilon + \varepsilon(b-a).$$

したがって，$\sum_{n=1}^{\infty} \varphi_n(x)$ は $(a, b)$ において一様収束することがわかる．次に $\varphi(x) = \sum_{n=1}^{\infty} \varphi_n(x)$ は $(a, b)$ の各点 $x_0$ で微分可能で (33.1) が $x = x_0$ で成立することを証明する．いま

(33.4)
$$\begin{aligned}&\frac{\varphi(x)-\varphi(x_0)}{x-x_0}-\sum_{n=1}^{\infty}\varphi'_n(x_0)\\&=\left\{\sum_{n=1}^{N}\frac{\varphi_n(x)-\varphi_n(x_0)}{x-x_0}-\sum_{n=1}^{N}\varphi'_n(x_0)\right\}\\&+\sum_{n=N+1}^{\infty}\frac{\varphi_n(x)-\varphi_n(x_0)}{x-x_0}-\sum_{n=N+1}^{\infty}\varphi'_n(x_0)\end{aligned}$$

とおく．正数 $\varepsilon$ を任意に与えたとき，自然数 $N$ を (33.2) が $n = N$ に対して成立するように定めれば

$$\left|\sum_{n=N+1}^{N+p}\frac{\varphi_n(x)-\varphi_n(x_0)}{x-x_0}\right|=\left|\sum_{n=N+1}^{N+p}\varphi'_n(x_0+\theta(x-x_0))\right|<\varepsilon,$$

$p \to \infty$ ならしめて

$$\left|\sum_{n=N+1}^{\infty}\frac{\varphi_n(x)-\varphi_n(x_0)}{x-x_0}\right|\leqq \varepsilon.$$

同様にして，

$$\left|\sum_{n=N+1}^{\infty}\varphi'_n(x_0)\right|\leqq \varepsilon.$$

最後に，$N$ を固定した上で，正数 $\delta$ を($\varepsilon$ に対して)適当にえらべば，$0 < |x - x_0| < \delta$ なる限り (33.4) の右辺の第一項の絶対値は $\varepsilon$ よりも小にできるから，結局 $0 < |x - x_0| < \delta$ なる限り

$$\left|\frac{\varphi(x)-\varphi(x_0)}{x-x_0}-\sum_{n=1}^{\infty}\varphi'_n(x_0)\right|<3\varepsilon,$$

したがって，

$$\lim_{x \to x_0}\frac{\varphi(x)-\varphi(x_0)}{x-x_0}=\sum_{n=1}^{\infty}\varphi'_n(x_0),$$

すなわち，

$$\varphi'(x_0)=\sum_{n=1}^{\infty}\varphi'_n(x_0).$$

## §33. ベキ級数

**例 1.** $f_n(x)=1-\dfrac{1}{(x+1)^n}$ $(n=1, 2, \cdots)$ を変域 $0\leqq x<\infty$ で考える。$f_n(0)=0$ であるから $\lim_{n\to\infty} f_n(0)=0$. $0<x<\infty$ とすれば，$(x+1)>1$ であるから $\lim_{n\to\infty}\dfrac{1}{(1+x)^n}=0$, したがって，$\lim_{n\to\infty} f_n(x)=1$. ゆえに

$$f(x)=0 \ (x=0), \qquad f(x)=1 \ (0<x<\infty)$$

とすれば，$0\leqq x<1$ において $\{f_n(x)\}$ は $f(x)$ に収束する．しかしながら，$\{f_n(x)\}$ は $[0,1]$ において一様収束はしない．なぜならば，極限関数 $f(x)$ は $[0,1]$ で連続でないからである．実は $\{f_n(x)\}$ は，$r$ をどんなに小さい正数としても，区間 $0<x<r$ において一様収束しない．なぜならば，$0<x<r$ において

$$|f_n(x)-1|=\dfrac{1}{(1+x)^n}$$

である．

$$\dfrac{1}{(1+x)^n}<\varepsilon \quad\text{から}\quad n>\dfrac{\log\dfrac{1}{\varepsilon}}{\log(1+x)}.$$

しかるに

$$\lim_{x\to +0}\dfrac{\log\dfrac{1}{\varepsilon}}{\log(1+x)}=+\infty.$$

したがって，$\{f_n(x)\}$ は $0<x<r$ で一様収束しない．これを函数項の級数の場合になおせば，

$$f(x)=f_1(x)+\{f_2(x)-f_1(x)\}+\cdots+\{f_n(x)-f_{n-1}(x)\}+\cdots$$
$$=\sum_{n=1}^{\infty}\dfrac{x}{(1+x)^n}$$

は $0\leqq x<\infty$ で収束するけれども，$(0, r)$ で一様収束はしない．

**例 2.** 正項級数 $\sum_{n=1}^{\infty} a_n$ が収束するとき，函数項の級数 $\sum_{n=1}^{\infty} a_n \sin nx$ はどのような区間においても一様収束する（定理 33.4）．特に $\varphi_n(x)=\dfrac{1}{n^2}\sin nx$ $(n=1, 2, \cdots)$ とおくとき，$\varphi(x)=\sum_{n=1}^{\infty}\varphi_n(x)$ は $\sum_{n=1}^{\infty}\dfrac{1}{n^2}<+\infty$ であるから，$-\infty<x<+\infty$ で連続な函数である．$\varphi_n(x)$ は $-\infty<x<+\infty$ で微分可能で $\varphi_n{}'(x)=\dfrac{1}{n}\cos nx$. 明らかに $\sum_{n=1}^{\infty}\varphi_n{}'(0)=\sum_{n=1}^{\infty}\dfrac{1}{n}$ であるから，これは発散する．この例は，$\varphi_n(x)$ $(n=1, 2, \cdots)$ が区間 $(a, b)$ で微分可能でかつ $\sum_{n=1}^{\infty}\varphi_n(x)$ が $(a, b)$ で一様収束であっても，$\sum_{n=1}^{\infty}\varphi_n{}'(x)$ が必ずしも $(a, b)$ で収束しないことを示す．

函数項の級数のうちで最も重要なものは $\sum_{n=0}^{\infty} c_n(x-a)^n$，すなわち

(33.5) $\qquad c_0+c_1(x-a)+c_2(x-a)^2+\cdots+c_n(x-a)^n+\cdots$

の形の級数でこれを**ベキ級数**という．いま簡単のため $a=0$ の場合を考えることにし，ベキ級数

$$\sum_{n=0}^{\infty} c_n x^n = c_0 + c_1 x + c_2 x^2 + \cdots + c_n x^n + \cdots$$

の収束する範囲を求めてみよう．ベキ級数 $\sum_{n=0}^{\infty} c_n x^n$ の各項 $\varphi_n(x) = c_n x^n$ は $-\infty < x < +\infty$ で連続であることと，いかなるベキ級数 $\sum_{n=0}^{\infty} c_n x^n$ も原点 $x=0$ では収束してその和が $c_0$ であることは初めから明らかである．いま，原点と異なる一点 $x_0$ で $\sum_{n=0}^{\infty} c_n x^n$ が収束するものと仮定する．このとき，開区間 $|x| < |x_0|$ において必ずこのベキ級数は絶対収束する．級数 $\sum_{n=0}^{\infty} c_n x_0^n$ が収束する以上 $\lim_{n\to\infty} c_n x_0^n = 0$．したがって数列 $c_n x_0^n$ $(n=0,1,2,\cdots)$ は有界でなければならない．いま，すべての $n$ に対して $|c_n x_0^n| \leq M$ なるように正数 $M$ を定めると，$\sum_{n=0}^{\infty} c_n x^n = \sum_{n=0}^{\infty} c_n x_0^n \cdot \left(\frac{x}{x_0}\right)^n$ は級数 $\sum_{n=0}^{\infty} M \cdot \left|\frac{x}{x_0}\right|^n$ が $|x| < |x_0|$ に対して収束するから，それ自身開区間 $|x| < |x_0|$ において絶対収束することがわかる．さらに同じ仮定の下に，$0 < \rho < |x_0|$ なる任意の正数 $\rho$ をとれば，$\frac{\rho}{|x_0|} = k$ は $0 < k < 1$ であって，閉区間 $|x| \leq \rho$ のすべての点で

$$|c_n x^n| = \left| c_n x_0^n \cdot \left(\frac{x}{x_0}\right)^n \right| \leq M \cdot \left|\frac{\rho}{x_0}\right|^n = M \cdot k^n$$

が成立するから，$\sum_{n=0}^{\infty} c_n x^n$ は閉区間 $|x| \leq \rho$ において一様収束する．

**定理 33.6.** $0 < \varlimsup_{n\to\infty} \sqrt[n]{|c_n|} < +\infty$ なるとき，

$$R = 1/\varlimsup_{n\to\infty} \sqrt[n]{|c_n|}, \quad \text{すなわち}, \quad \varlimsup_{n\to\infty} \sqrt[n]{|c_n|} = 1/R$$

とおけば，ベキ級数 $\sum_{n=0}^{\infty} c_n x^n$ は $|x| < R$ のすべての点 $x$ で絶対収束し，かつ $|x| > R$ のいかなる点 $x$ でも収束しない．　（コーシー・アダマールの定理）

**証明．** まず $|x| < R$ なる任意の一点 $x$ を固定し，$|x| < R - 2\varepsilon$ なるように正数 $\varepsilon$ をとる．最大極限値の性質（定理7.5をみよ）から，適当な自然数 $N$ を定めると $N \leq n$ なる限り，$\sqrt[n]{|c_n|} < \frac{1}{R-\varepsilon}$ が成立する．したがって，$N \leq n$ なる限り $\sqrt[n]{|c_n|} \cdot |x| < \frac{R-2\varepsilon}{R-\varepsilon} = K < 1$．定理 31.6 によって，$\sum_{n=0}^{\infty} c_n x^n$

§33. ベ キ 級 数

は絶対収束する．次に $|x|>R$ なる一点 $x$ を固定し，今度は $|x|>R+\varepsilon$ であるような正数 $\varepsilon$ をとる．ふたたび最大極限値の性質から $\sqrt[n]{|c_n|}>\dfrac{1}{R+\varepsilon}$ であるような $n$ は無限に多くある．したがって，無限に多くの $n$ に対して $\sqrt[n]{|c_n|}\cdot|x|>1$ が成り立ち，定理 31.6 によって $\sum\limits_{n=0}^{\infty}c_nx^n$ は発散する．

**注意．** $\varlimsup\limits_{n\to\infty}\sqrt[n]{|c_n|}=0$ すなわち $\overline{\lim}\limits_{n\to\infty}\sqrt[n]{|c_n|}=0$ の場合には上に述べた証明の前半から与えられたベキ級数は $|x|<+\infty$ で絶対収束することがわかり，また $\overline{\lim}\limits_{n\to\infty}\sqrt[n]{|c_n|}=+\infty$ の場合には上の証明の後半から原点以外のいかなる点でも収束しないことがわかる．前述の $R$ のことを**収束半径**，開区間 $|x|<R$ のことを**収束区間**という．原点だけで収束する場合には収束半径が $0$ であるといい，$|x|<+\infty$ で収束する場合には収束半径が $+\infty$ ということがある．収束半径 $R$ が $0$ でないとき，$0<\rho<R$ なる任意の正数 $\rho$ に対して，閉区間 $|x|\leq\rho$ でこのベキ級数は一様収束する．この事実をベキ級数は収束区間 $|x|<R$ において**広義の一様に収束する**という言葉で表わす．したがってベキ級数の和の表わす函数 $f(x)=\sum\limits_{n=0}^{\infty}c_nx^n$ は収束区間 $|x|<R$ において連続である．

**例 3.** ベキ級数 $1+x+x^2+\cdots$ は明らかに収束半径は $1$ であって収束区間 $|x|<1$ において函数 $\dfrac{1}{1-x}$ を表わす．このベキ級数は $|x|<1$ において一様収束しないことを証明しよう．仮に $\sum\limits_{n=0}^{\infty}x^n$ が $|x|<1$ において一様収束したとすれば，ある自然数 $N$ に対して $|x|<1$ のすべての点 $x$ において

$$\left|\dfrac{1}{1-x}-s_N(x)\right|<1 \qquad (\text{ただし，}s_N(x)=1+x+x^2+\cdots+x^N)$$

が成立する．$|x|<1$ において $|s_N(x)|\leq 1+|x|+|x|^2+\cdots+|x|^N<N+1$ であることから，$\left|\dfrac{1}{1-x}\right|<1+|s_N(x)|<N+2$．したがって函数 $\dfrac{1}{1-x}$ は $|x|<1$ において有界でなければならない．これは明らかに不都合であろう．この例はベキ級数はその収束区間の内部で広義の一様収束するが普通の意味の一様収束するとは限らないことを示す．

**定理 33.7.** ベキ級数 $f(x)=\sum\limits_{n=0}^{\infty}c_nx^n$ がその収束区間の端点 $x_0$ で収束すれば，その端点を込めた区間上で $f(x)$ は連続である．　　（アーベルの定理）

**証明．** $f(x)=\sum\limits_{n=0}^{\infty}c_nx^n$ の収束区間を $(-R,+R)$ とし，$f(R)=\sum\limits_{n=0}^{\infty}c_nR^n$ が収束するとき，$f(x)$ は区間 $(0,R]$ で連続であることを証明する．$f(x)$ において $x=R\xi$ とおけば，$f(x)=f(R\xi)=\sum\limits_{n=0}^{\infty}c_nR^n\xi^n$ は収束区間 $|\xi|<1$ を持ちかつ $\xi=1$ で収束するから，証明には $R=1$ と仮定しても差支えない．また $\sum\limits_{n=0}^{\infty}c_n=\alpha$ のとき $f(x)-\alpha$ を考えれば $x=1$ において $0$ に等しいから，$\alpha=0$ と仮定しても一般性を失わない．そこで $s_n=c_0+c_1+\cdots+c_n$ とおけば，明ら

かに

$$\frac{f(x)}{1-x} = \left(\sum_{n=0}^{\infty} x^n\right)\left(\sum_{n=0}^{\infty} c_n x^n\right)$$

$$= \sum_{n=0}^{\infty}(c_0+c_1+c_2+\cdots+c_n)x^n = \sum_{n=0}^{\infty} s_n x^n.$$

正数 $\varepsilon$ を任意に与えたとき適当に自然数 $N=N(\varepsilon)$ を定めれば, $\lim_{n\to\infty} s_n = 0$ から, $n \geq N$ なる限り $|s_n| < \varepsilon$ とできる. 今後この $N$ を固定する. $0 < x < 1$ なる $x$ に対して

$$f(x) = (1-x)\sum_{n=0}^{N} s_n x^n + (1-x)\sum_{n=N+1}^{\infty} s_n x^n$$

から,

$$|f(x)| \leq (1-x)\sum_{n=0}^{N}|s_n x^n| + (1-x)\sum_{n=N+1}^{\infty}|s_n|x^n$$

$$\leq (1-x)\sum_{n=0}^{N}|s_n| + \varepsilon(1-x)\cdot\frac{x^{N+1}}{1-x}$$

$$\leq (1-x)\sum_{n=0}^{N}|s_n| + \varepsilon.$$

正数 $\delta = \delta(\varepsilon)$ を十分小にとれば, $1-\delta(\varepsilon) < x < 1$ を満足するすべての $x$ に対して

$$|f(x)| \leq \varepsilon + \varepsilon = 2\varepsilon.$$

$f(1) = 0$ であるから, 定理は証明された.

ベキ級数 $\sum_{n=0}^{\infty} c_n (x-a)^n$ の収束半径 $R$ を 0 に等しくないと仮定すれば, このベキ級数の収束区間 $|x-a| < R$ (ただし $R = +\infty$ のとき全 OX 軸を意味する) において絶対収束してかつ広義の一様収束することは前に述べておいた. したがってベキ級数の和の函数 $f(x)$ は収束区間の内部で連続な函数である. われわれは次に $f(x)$ が収束区間 $|x-a| < R$ において微分可能であることを証明しよう. 簡単のため $a = 0$ とおく.

**定理 33.8.** ベキ級数

(33.6) $$f(x) = \sum_{n=0}^{\infty} c_n x^n = c_0 + c_1 x + \cdots + c_n x^n + \cdots$$

## §33. ベキ級数

はその収束区間 $|x|<R$ の各点 $x$ において微分可能でかつ

(33.7) $\quad f'(x) = \sum_{n=1}^{\infty} nc_n x^{n-1} = c_1 + 2c_2 x + \cdots + nc_n x^{n-1} + \cdots$

である.

**証明.** まず, $\sum_{n=1}^{\infty} nc_n x^{n-1}$ も収束半径が $R$ に等しいことに注意する. $\sum_{n=1}^{\infty} nc_n x^{n-1}$ は明らかに $\sum_{n=1}^{\infty} nc_n x^n$ と共通な収束半径 $R'$ を持つから, $\sum_{n=1}^{\infty} c_n x^n$ と $\sum_{n=1}^{\infty} nc_n x^n$ とが相等しい収束半径を持つことを示せばよい. まず, 二つの級数の形からみて $R \geq R'$ は明らかであろう. 次に $x_0 (\neq 0)$ を $|x|<R$ 内の任意の一点とすれば, ここで $\sum_{n=1}^{\infty} c_n x^n$ が収束するから $n=1,2,3,\cdots$ に対して $|c_n x_0^n| \leq M$ となるような正数 $M$ が存在する. したがって, $|x|<|x_0|$ ならば

$$|nc_n x^n| = n|c_n x_0^n|\left|\frac{x}{x_0}\right|^n \leq Mn\left|\frac{x}{x_0}\right|^n$$

であるから, $\sum_{n=1}^{\infty} nc_n x^n$ は収束級数

$$M\sum_{n=1}^{\infty} n\left|\frac{x}{x_0}\right|^n = M\left|\frac{x}{x_0}\right|\left(1-\left|\frac{x}{x_0}\right|\right)^{-2}$$

と共に収束し, したがって, $R' \geq R$ なることがわかる. あとは定理 33.5 を応用して直ちにこの定理が証明される.

定理 33.8 から重要な次の事実がわかる. ベキ級数

(33.8) $\quad \sum_{n=0}^{\infty} c_n(x-a)^n = c_0 + c_1(x-a) + \cdots + c_n(x-a)^n + \cdots$

の収束半径を $R(\neq 0)$ とすれば, ベキ級数

(33.9) $\quad \sum_{n=1}^{\infty} nc_n(x-a)^{n-1} = c_1 + 2c_2(x-a) + \cdots + nc_n(x-a)^{n-1} + \cdots$

も同じ収束半径を持つから, 数学的帰納法を用いれば自然数 $p$ に対して, (33.8) を形式的に $p$ 回項別微分してえられるベキ級数

$$\sum_{n=p}^{\infty} n(n-1)(n-2)\cdots(n-p+1)c_n(x-a)^{n-p} = p!c_p + \cdots \quad (p=1,2,\cdots)$$

もその収束半径が $R$ に等しく, したがって $|x-a|<R$ においてその和は一つの函数 $\varphi_p(x)$ を表わす. 今 (33.8) の表わす函数を $f(x)$ とすれば, $f(x)$

は収束区間 $|x-a|<R$ で微分可能でその導函数は $|x-a|<R$ において函数 $\varphi_1(x)$ と恒等的に等しい．したがって，同じ理由で，$f'(x)$ は $|x-a|<R$ で微分可能でその導函数 $f''(x)$ は $|x-a|<R$ において函数 $\varphi_2(x)$ に等しいことがわかり，順次この議論を続けて行くことができる．

したがって，次の定理がえられる．

**定理 33.9.** $f(x)=\sum_{n=0}^{\infty}c_n(x-a)^n$ は収束区間 $|x-a|<R$ において $p$ 次の導函数 $f^{(p)}(x)$ を持ち，かつ $|x-a|<R$ において

$$f^{(p)}(x)=\sum_{n=p}^{\infty}n(n-1)\cdots(n-p+1)c_n(x-a)^{n-p} \qquad (p=1,2,\cdots)$$

が成立し，したがって $f^{(p)}(x)$ はすべて $|x-a|<R$ において微分可能であって，とくに収束区間の中点 $a$ においては

$$(33.10) \qquad f^{(p)}(a)=p!c_p \quad \text{すなわち} \quad c_p=\frac{f^{(p)}(a)}{p!} \qquad (p=1,2,\cdots)$$

が成立する．

等式 (33.10) を用いるならば

$$f(x)=\sum_{n=0}^{\infty}c_n(x-a)^n \quad \text{および} \quad g(x)=\sum_{n=0}^{\infty}d_n(x-a)^n$$

が共に開区間 $|x-a|<r$ において収束するとき，もし函数 $f(x)$ および $g(x)$ が $|x-a|<r$ において恒等的に等しいとすれば，$c_n=d_n$ $(n=0,1,2,\cdots)$ は明らかである．換言すれば，$\sum_{n=0}^{\infty}c_n(x-a)^n$ および $\sum_{n=0}^{\infty}d_n(x-a)^n$ はベキ級数そのものとして同一でなければならない．さらに，今の場合に，函数 $f(x)$ と函数 $g(x)$ が $|x-a|<r$ において恒等的に一致するためには

$$0<|x_k-a|<r \quad \text{かつ} \quad \lim_{k\to\infty}x_k=a$$

なる点列 $x_k(k=1,2,\cdots)$ の上で $f(x)=g(x)$ が成立すれば十分である．そのためには，函数 $f(x)-g(x)$ が $|x-a|<r$ において恒等的に $0$ に等しいことを示せばよい．すなわち

**定理 33.10.** ベキ級数
$$\varphi(x)=\sum_{n=1}^{\infty}c_n(x-a)^n$$
が $|x-a|<r$ で収束するとき，$0<|x_k-a|<r$ かつ

$\lim_{k\to\infty} x_k = a$ なる点列 $x_k$ $(n=1, 2, \cdots)$ に対して
$$\varphi(x_k)=0 \quad (k=1, 2, \cdots)$$
ならば，函数 $\varphi(x)$ は $|x-a|<r$ において恒等的に $0$ に等しい．

**証明．** まず
$$c_0 = \varphi(a) = \lim_{x\to a}\varphi(x) = \lim_{k\to\infty}\varphi(x_k) = 0.$$

次に各自然数 $n$ に対して
$$\varphi_n(x) = c_n + c_{n+1}(x-a) + \cdots + c_{n+m}(x-a)^m + \cdots$$
は $|x-a|<r$ で収束してかつ $0<|x-a|<r$ で
$$\varphi_n(x) = \frac{\varphi(x) - [c_0 + c_1(x-a) + \cdots + c_{n-1}(x-a)^{n-1}]}{(x-a)^n}$$
が成立するから，もし $c_0 = c_1 = \cdots = c_{n-1} = 0$ なることがわかれば，$c_n$ もまた $0$ に等しいことは
$$c_n = \varphi_n(a) = \lim_{x\to a}\varphi(x) = \lim_{k\to\infty}\varphi(x_k) = \lim_{k\to\infty}\frac{\varphi(x_k)}{(x_k - a)^n} = 0$$
から明らかである．

## §34. 初等函数の展開

いまから，函数のテイラー展開について説明しよう．函数 $f(x)$ を開区間 $|x-a|<r$ において無限回微分可能，すなわち $C^\infty$ の函数とすれば，公式 (25.6) によって，$|x-a|<r$ において

(34.1) $\quad f(x) = f(a) + \dfrac{f'(a)}{1!}(x-a) + \cdots + \dfrac{f^{(n-1)}(a)}{(n-1)!}(x-a)^{n-1} + R_n,$

ただし
$$R_n = \frac{f^{(n)}(a+\theta(x-a))}{n!}(x-a)^n, \qquad 0<\theta<1,$$
と表わされる．[1] もし，$|x-a|<r$ の各点において
$$\lim_{n\to\infty} R_n = 0$$
なることがわかれば，ベキ級数

---

1) コーシーの剰余を用いてもよい．

$$f(a)+\frac{f'(a)}{1!}(x-a)+\cdots+\frac{f^{(n)}(a)}{n!}(x-a)^n+\cdots$$

は $|x-a|<r$ の各点で収束して，その和は $f(x)$ に等しくなる．したがって開区間 $|x-a|<r$ において

(34.2) $\quad f(x)=f(a)+\dfrac{f'(a)}{1!}(x-a)+\cdots+\dfrac{f^{(n)}(a)}{n!}(x-a)^n+\cdots$

すなわち，$f(x)$ は $|x-a|<r$ において(34.2)の形のベキ級数で表わされる[(34.2)の形のベキ級数を $f(x)$ のテイラー級数という]．特に $a=0$ の場合

(34.3) $\quad f(x)=f(0)+\dfrac{f'(0)}{1!}x+\cdots+\dfrac{f^{(n)}(0)}{n!}x^n+\cdots$

の形で表わされる[(34.3) の右辺を $f(x)$ のマクローリン級数という]．
(34.2) および (34.3) をそれぞれ $f(x)$ のテイラー展開およびマクローリン展開という．

初等函数のマクローリン展開については，§25 で述べたことがらから直ちに次のようになる．

$-\infty<x<+\infty$ において

(34.3) $\quad e^x=1+\dfrac{x}{1!}+\dfrac{x^2}{2!}+\cdots+\dfrac{x^n}{n!}+\cdots$

$-\infty<x<+\infty$ において

(34.5) $\quad \sin x=x-\dfrac{x^3}{3!}+\dfrac{x^5}{5!}-\cdots+(-1)^k\dfrac{x^{2k+1}}{(2k+1)!}+\cdots$

$-\infty<x<+\infty$ において

(34.6) $\quad \cos x=1-\dfrac{x^2}{2!}+\dfrac{x^4}{4!}-\cdots+(-1)^k\dfrac{x^{2k}}{(2k)!}+\cdots$

$-1<x\leqq 1$ において

(34.7) $\quad \log(1+x)=x-\dfrac{x^2}{2}+\dfrac{x^3}{3}-\cdots+(-1)^{n-1}\dfrac{x^n}{n}+\cdots$

二項展開は，$m$ が自然数のとき，$-\infty<x<\infty$ において

$$(1+x)^m=1+\frac{m}{1!}x+\frac{m(m-1)}{2!}x^2+\cdots+\frac{m(m-1)\cdots(m-k+1)}{k!}x^k$$
$$+\cdots+x^m,$$

## §34. 初等函数の展開

$m$ が一般の実数のとき, $-1 < x < 1$ において

(34.8) $\quad (1+x)^m = 1 + \dfrac{m}{1!}x + \dfrac{m(m-1)}{2!}x^2 + \cdots$
$\qquad\qquad\qquad + \dfrac{m(m-1)\cdots(m-n+1)}{n!}x^n + \cdots$

**定理 34.1.** 函数 $f(x)$ は開区間 $|x|<r$ で $C^\infty$ に属すると仮定する. このとき, もし $f(x)$ の導函数 $f'(x)$ が $|x|<r$ において

$$f'(x) = c_0 + c_1 x + c_2 x^2 + \cdots + c_n x^n + \cdots$$

と展開されるならば, $f(x)$ は $|x|<r$ において

(34.9) $\quad f(x) = f(0) + c_0 x + \dfrac{c_1}{2}x^2 + \cdots + \dfrac{c_n}{n+1}x^{n+1} + \cdots$

と展開される.

**証明.** まず, ベキ級数

$$g(x) = c_0 x + \dfrac{c_1}{2}x^2 + \cdots + \dfrac{c_n}{n+1}x^{n+1} + \cdots$$

が $|x|<r$ で収束することは明らかである. $|x|<r$ において $g'(x) = f'(x)$ であるから, $f(x) = g(x) + \gamma$ ($\gamma$ は定数). $g(0) = 0$ であるから, $\gamma = f(0)$. ゆえに, $f(x)$ のマクローリン展開 (34.9) がえられる.

**例 1.** $f(x) = \log(1+x)$ を考えてみよう. $-1 < x < 1$ において

$$f'(x) = \dfrac{1}{1+x} = 1 - x + x^2 - \cdots + (-1)^n x^n + \cdots$$

である. ゆえに, $-1 < x < 1$ において

$$f(x) = \log(1+x) = x - \dfrac{x^2}{2} + \dfrac{x^3}{3} - \cdots + \dfrac{(-1)^n x^{n+1}}{n+1} + \cdots$$

が成立する. すでに述べたように

$$1 - \dfrac{1}{2} + \dfrac{1}{3} - \cdots + \dfrac{(-1)^n}{n+1} + \cdots$$

は収束するから, アーベルの定理 (定理 33.7) によれば

$$\log 2 = 1 - \dfrac{1}{2} + \dfrac{1}{3} - \cdots + \dfrac{(-1)^n}{n+1} + \cdots$$

である. このようにして, (34.7) が $-1 < x \leqq 1$ で成立することがわかる.

**例 2.** $f(x) = \tan^{-1} x$ は $-\infty < x < +\infty$ で $C^\infty$ の函数である. $|x|<1$ において

$$f'(x) = \dfrac{1}{1+x^2} = 1 - x^2 + x^4 - \cdots + (-1)^n x^{2n} + \cdots.$$

定理 34.1 によれば，$|x|<1$ において

$$f(x)=x-\frac{x^3}{3}+\frac{x^5}{5}-\cdots+(-1)^n\frac{x^{2n+1}}{2n+1}+\cdots,$$

すなわち，$-1<x<1$ において

(34.9) $\qquad \tan^{-1}x=x-\frac{x^3}{3}+\frac{x^5}{5}-\cdots+(-1)^n\frac{x^{2n+1}}{2n+1}+\cdots.$

(34.9) の右辺は $x=1$ および $x=-1$ で収束するから，(34.9) は $-1\leqq x\leqq 1$ で成立する．

初等関数 $e^x$, $\sin x$, $\cos x$ などの展開はしばしば不定形の極限値を求めるのに使用される．

**例 3.** 
$$\lim_{x\to 0}\frac{1-\cos x}{x^2}=\frac{1}{2}$$

を証明するには，単に

$$\frac{1-\cos x}{x^2}=\frac{1-\left(1-\frac{x^2}{2!}+\frac{x^4}{4!}-\cdots\right)}{x^2}=\frac{1}{2!}-\frac{x^2}{4!}+\cdots\to\frac{1}{2}\quad(x\to 0).$$

また

$$\lim_{x\to 0}\frac{\sin x-\left(x-\frac{x^3}{3!}\right)}{x^5}=\frac{1}{5!}$$

を証明するには

$$\frac{\sin x-\left(x-\frac{x^3}{3!}\right)}{x^5}=\frac{\left(x-\frac{x^3}{3!}+\frac{x^5}{5!}-\cdots\right)-\left(x-\frac{x^3}{3!}\right)}{x^5}$$

$$=\frac{\frac{x^5}{5!}-\frac{x^7}{7!}+\cdots}{x^5}=\frac{1}{5!}-\frac{x^2}{7!}+\cdots\to\frac{1}{5!}\quad(x\to 0)$$

のようにやればよい(§26，例8，例9，例10 と比較せよ)．

**例 4.** $f(x)=e^{-1/x^2}$ $(x\neq 0)$，ただし $f(0)=0$，は $-\infty<x<+\infty$ で $C^\infty$ の函数であって $f^{(n)}(0)=0$ $(n=0,1,2,\cdots)$ である(第4章，問題 14)から，$r$ をどのように小さい正の数としても，$f(x)$ は $(-r, r)$ で展開可能ではない．

**注意．** 初等関数 $e^x$, $\sin x$, $\cos x$ の展開式をみれば，それらの間に類似した点が見られる．また，$\tan^{-1}x$ は $-\infty<x<+\infty$ で無限回微分可能であるのに，$\tan^{-1}x$ の展開は $-1\leqq x\leqq 1$ で成立するだけである．これはどういう所に原因があるのであろうか．初等関数の性質を系統的に調べようとすれば，どうしても函数論が必要になってくる．

## 問 題 6

**1.** 次の級数の収束することを証明せよ：

(1) $\dfrac{1}{1^3}+\dfrac{1}{2^3}+\dfrac{1}{3^3}+\cdots+\dfrac{1}{n^3}+\cdots,$

(2) $\dfrac{1}{2}+\dfrac{2}{2^2}+\dfrac{3}{2^3}+\cdots+\dfrac{n}{2^n}+\cdots,$

(3) $\dfrac{1}{1\cdot 2}+\dfrac{1}{3\cdot 4}+\dfrac{1}{5\cdot 6}+\cdots+\dfrac{1}{(2n-1)\cdot 2n}+\cdots,$

(4) $1+\dfrac{1}{2\sqrt{2}}+\dfrac{1}{3\sqrt{3}}+\cdots+\dfrac{1}{n\sqrt{n}}+\cdots,$

(5) $1-\dfrac{1}{3^2}+\dfrac{1}{5^2}-\dfrac{1}{7^2}+\cdots+(-1)^n\dfrac{1}{(2n+1)^2}+\cdots,$

(6) $\dfrac{1}{2}-\dfrac{1}{2}\cdot\dfrac{1}{2^2}+\dfrac{1}{3}\cdot\dfrac{1}{2^3}-\cdots+(-1)^{n-1}\dfrac{1}{n}\cdot\dfrac{1}{2^n}+\cdots,$

(7) $\dfrac{1}{\log 2}-\dfrac{1}{\log 3}+\dfrac{1}{\log 4}-\cdots+(-1)^n\dfrac{1}{\log n}+\cdots.$

**2.** 次の級数の発散することを証明せよ:

(1) $\dfrac{1}{2}+\dfrac{1}{4}+\dfrac{1}{6}+\cdots+\dfrac{1}{2n}+\cdots,$

(2) $1+\dfrac{1+2}{1+2^2}+\dfrac{1+3}{1+3^2}+\cdots+\dfrac{1+n}{1+n^2}+\cdots,$

(3) $\dfrac{2!}{10}+\dfrac{3!}{10^2}+\cdots+\dfrac{(n+1)!}{10^n}+\cdots,$

(4) $1+\dfrac{1}{3}+\dfrac{1}{5}+\cdots+\dfrac{1}{2n+1}+\cdots.$

**3.** 函数項の級数

$$\sum_{n=1}^{\infty}x[n^2e^{-nx}-(n-1)^2e^{-(n-1)x}]$$

は $0\leqq x<\infty$ において収束して, その和は $f(x)\equiv 0$ であるが, $r$ をいかに小さい正数としても, 区間 $[0, r]$ でこの級数は一様収束しないことを証明せよ.

**4.** 函数項の級数

$$\dfrac{1}{1+x}+\sum_{n=2}^{\infty}\left[\dfrac{1}{1+nx}-\dfrac{1}{1+(n-1)x}\right]$$

は $0\leqq x\leqq 1$ で収束するが一様収束しないことを証明せよ.

**5.** ベキ級数 $f(x)=\sum\limits_{n=0}^{\infty}c_nx^n$ が $|x|<1$ において収束して $\lim\limits_{x\to 1-0}\sum\limits_{n=0}^{\infty}c_nx^n=\alpha$ なるとき, $\sum\limits_{n=0}^{\infty}c_n=\alpha$ と結論できるか.

**6*.** $f_n(x)$ $(n=1, 2, 3, \cdots)$ は閉区間 $[a, b]$ において連続, $\{f_n(x)\}$ は $[a, b]$ における単調減少系列とする, すなわち $[a, b]$ の各点で

$$f_1(x)\geqq f_2(x)\geqq\cdots\geqq f_n(x)\geqq\cdots$$

が成立するものとする. このとき, もし $\lim\limits_{n\to\infty}f_n(x)=f(x)$ が $[a, b]$ で連続であるなら

ば，函数列 $\{f_n(x)\}$ は $[a,b]$ において一様収束することを証明せよ．

**7.** 次の級数の収束範囲を求めよ：

(1) $x - \dfrac{x^2}{2} + \dfrac{x^3}{3} - \dfrac{x^4}{4} + \cdots,$

(2) $x + x^4 + x^9 + x^{16} + \cdots,$

(3) $x + \dfrac{x^2}{\sqrt{2}} + \dfrac{x^3}{\sqrt{3}} + \cdots,$

(4) $1 - \dfrac{x^2}{2!} + \dfrac{x^4}{4!} - \dfrac{x^6}{6!} + \cdots,$

(5) $\dfrac{\sin x}{1!} - \dfrac{\sin 3x}{3!} + \dfrac{\sin 5x}{5!} - \cdots,$

(6) $\dfrac{\cos x}{e^x} + \dfrac{\cos 2x}{e^{2x}} + \dfrac{\cos 3x}{e^{3x}} + \cdots,$

(7) $1 + x \log a + \dfrac{x^2 (\log a)^2}{2!} + \dfrac{x^3 (\log a)^3}{3!} + \cdots.$

**8.** 次の函数のマクローリン展開とその収束範囲を求めよ：

(1) $a^x,$  (2) $\log(1-x),$

(3) $\sin^2 x,$  (4) $\cos^2 x.$

**9.** いま
$$y = f(x) = \log(x + \sqrt{x^2+1})$$
とおくとき，

(i) $\quad y''(x^2+1) + y'x = 0$

を満足することを示せ．次にライプニッツ公式を用いて

(ii) $\quad y^{(n+2)}(x^2+1) + ny^{(n+1)} \cdot 2x + \dfrac{n(n-1)}{2!} y^{(n)} \cdot 2 + y^{(n+1)} \cdot x + ny^{(n)} \cdot 1 = 0$

を出し，これより

(iii) $\quad f^{(n+2)}(0) = -n^2 f^{(n)}(0)$

なる関係を導いて，$y = f(x)$ のマクローリン展開を求めよ．

**10.** 函数 $y = \sin^{-1} x$ が方程式
$$y''(1-x^2) - y'x = 0$$
を満足することを示し，次に
$$f^{(n+2)}(0) = n^2 f^{(n)}(0)$$
を導き，しかる後に $y = \sin^{-1} x$ のマクローリン展開を求めよ．

**11.** ベキ級数
$$f(x) = 1 + \dfrac{x}{1!} + \dfrac{x^2}{2!} + \cdots + \dfrac{x^n}{n!} + \cdots$$
は $-\infty < x < \infty$ で収束する．したがって，$f(x)$ は $-\infty < x < \infty$ で微分可能な函数である．$f'(x) = f(x),\ f(0) = 1$ なる性質を利用して $f(x) = e^x$ なることを証明せよ．

**12.** ベキ級数
$$\varphi(x) = \frac{x}{1!} - \frac{x^3}{3!} + \frac{x^5}{5!} - \cdots$$
およびその導函数
$$\varphi'(x) = 1 - \frac{x^2}{2!} + \frac{x^4}{4!} - \cdots$$
を考える．$-\infty < x < \infty$ において $\dfrac{d^2}{dx^2}\varphi(x) = -\varphi(x)$, $\varphi(0) = 0$, $\varphi'(0) = 1$ なる性質がある．まず $\varphi(x)\cos x - \varphi'(x)\sin x = 0$, $\varphi(x)\sin x + \varphi'(x)\cos x = 1$ を証明し，これより $\varphi(x) = \sin x$, $\varphi'(x) = \cos x$ なることを証明せよ．

**13.** $|x| < 1$ において
$$\log\frac{1+x}{1-x} = 2\left[x + \frac{x^3}{3} + \frac{x^5}{5} + \cdots + \frac{x^{2n-1}}{2n-1} + \cdots\right]$$
であることを証明し，しかる後に $\log 2$ の近似値を求めよ．

**14.**
$$\sqrt{2} = \frac{7}{5}\left(1 - \frac{1}{50}\right)^{-1/2}$$
を用いて，$\sqrt{2}$ の近似値を求めよ．

**15.** $\tan\theta = \dfrac{1}{5}$ とするとき
$$\tan\left(4\theta - \frac{\pi}{4}\right) = \frac{1}{239}$$
となる．等式
$$4\tan^{-1}\frac{1}{5} - \frac{\pi}{4} = \tan^{-1}\frac{1}{239}$$
を用いて，$\pi$ の近似値を求めよ．

**16.** マクローリン展開を使って
$$\lim_{x \to 0} \frac{\left(x + \sin x - 4\sin\dfrac{1}{2}x\right)^4}{\left(3 + \cos x - 4\cos\dfrac{1}{2}x\right)^3}$$
を求めよ．

**17.** マクローリン展開を使って
$$\lim_{x \to 0} \frac{\log(1 + x^2 + x^4)}{e^x + e^{-x} - 2\cos x}$$
を求めよ．

# 第7章 偏導函数

## §35. 二変数函数

平面上に適当に直交軸 $OX$, $OY$ をとって，平面上の各点をその直角座標 $(x, y)$ で表わす．このとき，これを数平面という．二点 $P(x_1, y_1)$, $Q(x_2, y_2)$ の距離は $r(P, Q) = \sqrt{(x_1-x_2)^2+(y_1-y_2)^2}$ で与えられる．

**注意.** 距離 $r(P, Q)$ は次の三つの性質を持っている:
(i)  $P = Q$ ならば $r(P, Q) = 0$, $P \neq Q$ ならば $r(P, Q) > 0$,
(ii) $r(P, Q) = r(Q, P)$,
(iii) 三点 $P, Q, R$ に対して $r(P, R) \leq r(P, Q) + r(Q, R)$ (三角形の三辺の間の不等式)が成立する．

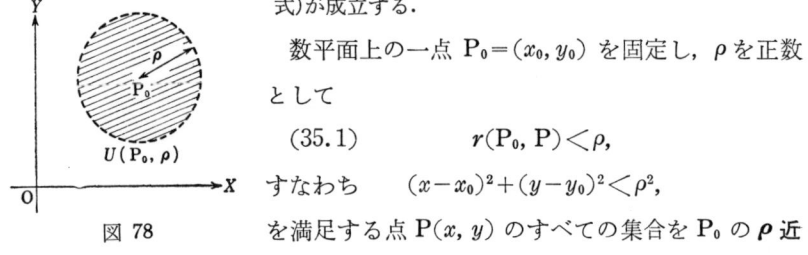

数平面上の一点 $P_0 = (x_0, y_0)$ を固定し，$\rho$ を正数として

$$(35.1) \qquad r(P_0, P) < \rho,$$

すなわち $(x-x_0)^2 + (y-y_0)^2 < \rho^2$,

図 78

を満足する点 $P(x, y)$ のすべての集合を $P_0$ の **$\rho$ 近傍**($\rho$-neighborhood)といい，これを $U(P_0, \rho)$ なる記号で表わす．

**注意.** $U(P_0, \rho)$ は $P_0(x_0, y_0)$ を中心として半径 $\rho$ の円の内部(の点全部の集合)を表わす．$U(P_0, \rho)$ は(35.1)，すなわち $r(P_0, P) < \rho$ で定義されたもので，$r(P_0, P) \leq \rho$ でないことに注意されたい．

二つの不等式 $a < x < b$, $c < y < d$ を満足する点 $(x, y)$ のすべての集合を **開長方形**または(二次元の)**開区間**という．近傍 $U(P_0, \rho)$ が $(x_0, y_0)$ を中心とする開正方形 $W\left(P_0, \dfrac{\rho}{\sqrt{2}}\right) : |x-x_0| < \dfrac{\rho}{\sqrt{2}}, |y-y_0| < \dfrac{\rho}{\sqrt{2}}$ を含み，かつ開正方形 $W(P_0, \rho) : |x-x_0| < \rho, |y-y_0| < \rho$ に含まれることは明らかであろう．平面上の一つの点集合 $E$ を考える．$E$ の各点 $P$ の適当に小さい $\rho$ 近傍 $U(P, \rho)$ を考えるとき，$U(P, \rho)$ がつねに $E$ に含まれるようにできるならば，$E$ を**開集合**(open set)という．たとえば，円の内部 $(x-a)^2+(y-b)^2 < r^2$ (これを開円板ともいう)，楕円の内部 $\dfrac{x^2}{a^2}+\dfrac{y^2}{b^2} < 1$ および開長方形 $a < x < b$, $c < y < d$ などは開集合である．前に述べた中心を共有する開円板と

開正方形との関係から，$E$ の各点 P を中心とする適当に小さい開正方形が $E$ に含まれるならば，$E$ を開集合といってもよい．

**注意．** 円周 $(x-a)^2+(y-b)^2=r^2$, 楕円周 $\dfrac{x^2}{a^2}+\dfrac{y^2}{b^2}=1$ などは開集合ではない．

平面上のある点集合 $E$ の各点 P に一つの（有限な）実数 $z$ が対応するとき $E$ を変域とする点 P の函数

(35.2) $$z=f(\mathrm{P})$$

が定義されたという．P の直角座標を $(x, y)$ とするとき，函数 $z=f(\mathrm{P})$ のことを

(35.3) $$z=f(x, y)$$

と書き，$E$ を変域とする二変数の函数 $x, y$ ともいう．函数 $z=f(x, y)$ のグラフというのは，空間に直交軸 OX, OY, OZ をとったとき，点 $(x, y)$ が $E$ 上を動くときにえられる点

$$(x, y, z)=\{x, y, f(x, y)\}$$

の形作る集合のことである．

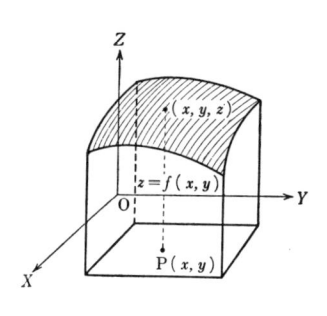

図 79

**例 1．** 函数

$$z=\frac{x^2}{a^2}+\frac{y^2}{b^2}$$

は $(x, y)$ 平面上のすべての点で定義されている．そのグラフは図 80 のような曲面である．平面 $z=k$ $(k>0)$ でこの曲面を切れば，その切り口の $(x, y)$ 平面への射影は楕円

$$\frac{x^2}{a^2k}+\frac{y^2}{b^2k}=1$$

となる．

図 80

**注意．** 曲面 $z=f(x, y)$ において $z=k=$定数とおいてえられる曲線 $f(x, y)=k$ のことを**等高線** (level curve) という．

**例 2．** $z=xy$ は $(x, y)$ 平面上のすべての点で定義された函数である．$z=k$ $(-\infty<k<\infty)$ とすれば，等高線は

$$xy=k$$

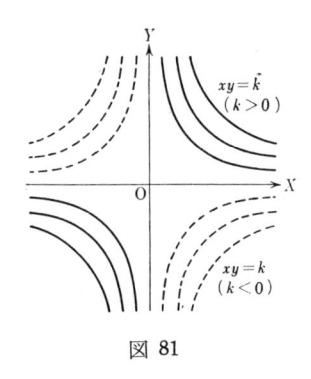

で与えられる．

**例 3.** $z=\sqrt{1-x^2-y^2}$ は変域 $x^2+y^2<1$ で定義された函数である．グラフは半径 1 の球面の上半分を表わす．

閉区間 $a\leqq t\leqq b$ において二つの函数 $x=\varphi(t),\ y=\psi(t)$ がともに連続であるとすれば，$t$ が $a$ から $b$ まで動くとき，点 $(x,y)$ は $(x,y)$ 平面上に連続曲線 $C$ を描く．$P(\varphi(a),\psi(a))$，$Q(\varphi(b),\psi(b))$ をそれぞれ曲線 $C$ の始点，終点という．開集合 $D$ があって，$D$ 内の任意の二点 P, Q を考えたとき，P と Q とを $D$ 内で連続曲線(または有限個の線分を連結した折れ線)で結ぶことができるとき $D$ を**領域**という．二つの数平面 $(x,y)$ 平面，$(u,v)$ 平面があって，$(x,y)$ 平面上のある点集合 $E$ において，一対の函数

(35.4) $$u=f(x,y),\ v=g(x,y)$$

が定義されているとき，$E$ の各点 $P(x,y)$ に $(u,v)$ 平面の一点 $Q(u,v)$，ただし $u=f(x,y),\ v=g(x,y)$，を対応させれば，$(x,y)$ 平面上の点集合 $E$ から $(u,v)$ 平面の中への**写像** $Q=\varPhi(P)$ が定義される．

一般に，実数から成る $n$ 項系列 $(x_1,x_2,\cdots,x_n)$ を点と呼び，二つの点 $P(a_1,a_2,\cdots,a_n)$，$Q(b_1,b_2,\cdots,b_n)$ は $a_k=b_k (k=1,2,\cdots,n)$ のときかつこのときに限り

$$P(a_1,a_2,\cdots,a_n)=Q(b_1,b_2,\cdots,b_n)$$

と定める．$x_1,x_2,\cdots,x_n$ のおのおのがすべての実数を動くとき，相異なるすべての点 $(x_1,x_2,\cdots,x_n)$ の集合 $R_n$ を **$n$ 次元空間**といい，$R_n$ の二点 $P(x_1,x_2,\cdots,x_n)$，$Q(y_1,y_2,\cdots,y_n)$ の距離は

$$r(P,Q)=\sqrt{(x_1-y_1)^2+\cdots+(x_n-y_n)^2}$$

で定義する．この距離 $r(P,Q)$ は前に述べた三つの性質を持つことが証明できる．$R_n$ のある点集合 $E$，すなわち $E\subset R_n$，の各点 $P(x_1,x_2,\cdots,x_n)$ に一つの実数 $z$ が対応するとき函数

$$z=f(P)=f(x_1,x_2,\cdots,x_n)$$

が変域 $E$ で定義される．今後，われわれはおもに二変数の函数 $z=f(x,y)$，または一対の実函数 $u=f(x,y)$, $v=g(x,y)$ で定義される $(x,y)$ 平面上のある点集合から $(u,v)$ 平面の中への写像を調べる．これらの変数の個数が2よりも大きい場合への拡張は容易な場合が多い．

**問 1.** 平面上の二点 $P(a,b)$, $Q(c,d)$ を結ぶ直線の方程式を求めよ．

**問 2.** 写像
$$u=x^2-y^2, \quad v=2xy$$
によって，$(u,v)$ 平面の直線 $u=c, v=c$ は $(x,y)$ 平面上にどんな図形が対応するか．

**問 3.** $n$ 次元空間 $R_n$ の二点 $P, Q$ の距離 $r(P,Q)=\sqrt{\sum_{k=1}^{n}(x_k-y_k)^2}$ は三角形不等式 (iii) を満足することを証明せよ．

## §36. 極　限　値

一点 $P_0=(a,b)$ の $\rho$ 近傍 $U(P_0, \rho)$
$$(x-a)^2+(y-b)^2<\rho^2$$
から中心 $(a,b)$ を取り除いた点集合 $E$ で定義された函数 $f(P)$ を考える．

正数 $\varepsilon$ を任意に与えたとき，適当に正数 $\delta=\delta(\varepsilon)$ をえらんで，$0<r(P_0,P)<\delta$ なる限り
$$|f(P)-\alpha|<\varepsilon$$
を満足するようにできるならば，函数 $f(P)$ の点 $P_0$ における **極限値**は $\alpha$ であるといって，これを

(36.1) $$\lim_{P\to P_0} f(P)=\alpha$$

で表わす．これを写像という見地から説明してみよう．

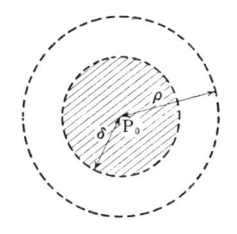

図 82

$z=f(P)$ は，$(x,y)$ 平面の点集合 $E: 0<(x-a)^2+(y-b)^2<\rho^2$ から $OZ$ 軸の中への写像を定義するものと考える．$OZ$ 軸の一点 $\alpha$ の任意の $\varepsilon$ 近傍 $|z-\alpha|<\varepsilon$ を与えたとき，適当に正数 $\delta=\delta(\varepsilon)$ をえらべば，$0<(x-a)^2+(y-b)^2<\delta^2$ [すなわち $P_0$ の $\delta$ 近傍から中心 $(a,b)$ をとり除いたもの]の各点 $(x,y)$ の像 $z$ が $\alpha$ の近傍に含まれるようにできるとき，$\lim_{P\to P_0} f(P)=\alpha$ というわけである．さて(36.1)のことをしばしば

$$\lim_{(x,y)\to(a,b)} f(x,y) = \alpha$$

または

(36.2)
$$\lim_{\substack{x\to a \\ y\to b}} f(x,y) = \alpha$$

とも書く．

**例 1.** 函数

$$z = f(x, y) = \frac{xy}{x^2+y^2}$$

は $(x, y)$ 平面から原点 $(0, 0)$ を取り去った残りの変域で定義されている．直線 $y=mx$（ただし $x \neq 0$）上では

$$z = \frac{m}{1+m^2}$$

であるから，$\lim_{\substack{x\to 0 \\ y\to 0}} f(x, y)$ の存在しないことは明らかであろう．

**例 2.** 函数

$$f(x, y) = \frac{x^2-y^2}{x^2+y^2}$$

は $(x, y)$ 平面から原点 $(0, 0)$ をとり去った残りの変域で定義されている．

$$\lim_{x\to 0}\left\{\lim_{y\to 0}\frac{x^2-y^2}{x^2+y^2}\right\}=1, \quad \lim_{y\to 0}\left\{\lim_{x\to 0}\frac{x^2-y^2}{x^2+y^2}\right\}=-1.$$

明らかに

$$\lim_{\substack{x\to 0 \\ y\to 0}} f(x, y)$$

は存在しない．

平面上の点集合 $E$ が与えられたとき，$\rho$ 近傍 $U(\mathrm{P}, \rho)$ を用いて，平面上の点を $E$ の内点，$E$ の外点，$E$ の境界点のいずれかに分類できる．まず，$E$ の点 P の適当に小さい $\rho$ 近傍 $U(\mathrm{P}, \rho)$ が $E$ に含まれるとき，P を $E$ の**内点**という．$E$ に属さないような点の全体を $E$ の**補集合**といって，$CE$ なる記号で表わす．$CE$ の内点のことを $E$ の外点という．すなわち，点 P のある $\rho$ 近傍 $U(\mathrm{P}, \rho)$ が全然 $E$ の点を含まないとき，P を $E$ の**外点**というわけである．今度は P を平面上の一点とし，P のいかなる $\rho$ 近傍 $U(\mathrm{P}, \rho)$ を考えても，$U(\mathrm{P}, \rho)$ の中に $E$ の点と $CE$ の点とが同時に含まれるとき，P を

$E$ の**境界点**という．

**例 3.** $(x-a)^2+(y-b)^2 \leq 1 \quad (y \geq 0),$
$(x-a)^2+(y-b)^2 < 1 \quad (y < 0)$

を満足するすべての点 $(x, y)$ の集合を $E$ で表わすとき，図 83 で示しているように P は $E$ の内点，Q は $E$ の外点，$P_1$ は $E$ に属する $E$ の境界点，$P_2$ は $E$ に属さない $E$ の境界点である．

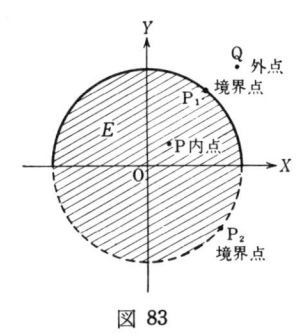

函数 $z=f(P)=f(x,y)$ がたとえば開長方形 $E: a<x<b,\ c<y<d$ で定義されているとき，その境界点 $P_0$ で $f(x,y)$ が**境界値** $\alpha$ を持つというのは，$\varepsilon$ を任意に与えたとき，$P_0$ の適当な $\delta$ 近傍 $U(P_0, \delta)$ と $E$ との共通部分の各点 $P$ で $|f(P)-\alpha|<\varepsilon$ が成り立つことを意味する．

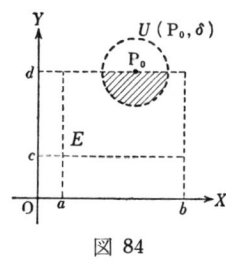

図 83

**注意．** (36.1) の点 $P_0$ における極限値は境界点 $P_0$ における境界値の特別のものである．

**注意．** 内点ばかりから成る集合は開集合である．便宜上空集合も開集合と考える．

図 84

**問 1.** いくつかの（その個数の如何を問わず）開集合の合併集合は開集合であることを証明せよ．

**問 2.** 任意の集合 $E$ の内点全部の集合は開集合であることを証明せよ．

**問 3.** 函数 $z=f(x,y)$ が上半平面 $y>0$ で定義されていて，$OX$ 軸上の各点 $(x, 0)$ で有限な境界値 $\varphi(x)$ を持つとすれば，$\varphi(x)$ は $-\infty<x<\infty$ で $x$ の連続な函数であることを証明せよ．

## §37. 連 続 性

まず，函数 $z=f(P)=f(x,y)$ は平面上の開集合 $D$ で定義されているとする．このとき $D$ の一点 $P_0$ で $z=f(P)$ が連続であるというのは，正数 $\varepsilon$ を任意に与えたとき，適当に正数 $\rho=\rho(\varepsilon, P_0)$ をえらべば，$P_0$ の $\rho$ 近傍 $U(P_0, \rho)$ は $D$ に含まれ，かつ $U(P_0, \rho)$ の各点で

(37.1) $\qquad |f(P)-f(P_0)|<\varepsilon$

が成立するようにできることである．

**注意．** $z=f(x,y)$ が $P_0(x_0, y_0)$ で連続であるというのは，$\varepsilon$ を任意の正数とすると

き，適当に正数 $\sigma=\sigma(P_0, \varepsilon)$ をえらべば，正方形 $W: |x-x_0|<\sigma,\ |y-y_0|<\sigma$ が $D$ に含まれて，$W$ の各点 $(x, y)$ に対して (37.1) すなわち

$$|f(x, y)-f(x_0, y_0)|<\varepsilon$$

が成立するようにできることである．

　開集合とは限らず，一般の点集合 $E$ を変域とする函数 $z=f(P)=f(x, y)$ が $E$ の一点 $P_0$ で連続であるというのは，正数 $\varepsilon$ を任意に与えたとき，適当に正数 $\delta=\delta(\varepsilon, P_0)$ をえらべば，$U(P_0, \delta) \cap E$ の各点 $P$ で $|f(P)-f(P_0)|<\varepsilon$ が成立することである．函数 $z=f(P)$ が $E$ の各点において連続であるとき，$z=f(P)$ は $E$ において連続であるという．さて，このとき，$P_0$ を $E$ 上で動かしたときの $\delta(\varepsilon, P_0)$ の下限 $\delta(\varepsilon)$ が正であるように換言すれば，$E$ の各点 $P_0$ に共通な半径 $\eta=\delta(\varepsilon)$ の近傍 $U(P_0, \eta)$ を用いて，$U(P_0, \eta) \cap E$ の各点 $P$ で $|f(P)-f(P_0)|<\varepsilon$ が成立するようにできる場合に，$z=f(P)$ は $E$ において**一様連続**であるという．

　連続函数の中間値の定理 11.5 は次のような形に拡張される．

**定理 37.1.** 函数 $z=f(P)=f(x, y)$ を領域 $D$ で連続とし，$D$ 内の二点 A, B において $f(A)<f(B)$ とする．いま，$f(A)<\gamma<f(B)$ なる任意の値を $\gamma$ とすれば，必ず $f(Q)=\gamma$ となるような $D$ の点 Q がある．

　**証明．** $D$ は領域であるから，二点 A, B を $D$ の内点ばかりから成る連続曲線 $L$ で結ぶことができる．いま，$L$ の方程式を

$$x=\varphi(t),\ y=\psi(t) \quad (a \leq t \leq b)$$

とし，$\varphi(t)$ および $\psi(t)$ は閉区間 $[a, b]$ において連続かつ $A=(\varphi(a), \psi(a))$，$B=(\varphi(b), \psi(b))$ とする．区間 $[a, b]$ において合成函数

$$F(t)=f[\varphi(t), \psi(t)]$$

を作れば，前に述べた注意から，容易に $F(t)$ は $[a, b]$ で連続であることがわかる．$F(a)<\gamma<F(b)$ であるから，定理 11.5 を用いれば，$F(c)=\gamma$ ($a<c<b$) なる点 $t=c$ があることがわかる．$Q=(\varphi(c), \psi(c))$ とおけば，$f(Q)=\gamma$，$Q \in D$ である．

　一変数の連続函数に関する定理 11.6，定理 11.7，定理 11.8 に相当した定理は二変数の連続函数の場合にも成立する．そのためには点集合および点列の

## §37. 連続性

性質を少しく補足しよう.

$(x, y)$ 平面上に点集合 $E$ が与えられたとする. 平面上の一点 $P_0$ のいかなる $\rho$ 近傍 $U(P_0, \rho)$ の中にも無限に多くの $E$ の点が含まれるならば, $P_0$ を $E$ の**集積点**(accumulation point)という.

$E$ の集積点は必ずしも $E$ に属するとは限らない(図 83 の点 $P_2$ をみよ). 点列 $P_n$ $(n=1, 2, \cdots)$ が与えられたとき, $P_0$ のいかなる $\rho$ 近傍 $U(P_0, \rho)$ の中にも無限に多くの $n$ に対して $P_n$ が含まれるとき, $P_0$ を点列 $\{P_n\}$ の**集積点**という. 特に, $P_0$ のいかなる $\rho$ 近傍 $U(P_0, \rho)$ の中にも, 有限個の $n$ を除いてすべての $n$ に対して $P_n$ が含まれるならば, $P_0$ を $\{P_n\}$ の**極限点**という. 点集合 $E$ の集積点全部が作る集合を $E$ の**導集合**(derived set)といい, これを記号 $E'$ で表わす. $E' \subset E$ なるとき, すなわち $E$ がその集積点を必ず含むとき, $E$ を**閉集合**(closed set)という. また, 点集合 $E$ または点列 $\{P_n\}$ が原点を中心とする一つの円の内部に含まれるとき, $E$ または点列 $\{P_n\}$ は有界であるという.

**例 1.** $a \leqq x \leqq b$, $c \leqq y \leqq d$ を満足するすべての点 $(x, y)$ の集合は閉集合である. これを**閉長方形**または**閉区間**という. $(x-a)^2+(y-b)^2 \leqq r^2$ を満足する $(x, y)$ の集合も閉集合であって, これを**閉円板**という.

**定理 37.2.** 有界な点列 $P_n$ $(n=1, 2, \cdots)$ にはその集積点が存在する.

(ボルツァノ・ワイエルシュトラスの定理)[1]

**証明.** $P_n = (x_n, y_n)$ $(n=1, 2, \cdots)$ とすれば, $\{x_n\}$ および $\{y_n\}$ は有界な数列である. したがって, $\{x_n\}$ および $\{y_n\}$ の適当な部分列 $\{x_{n_k}\}$ および $\{y_{n_k}\}$ がそれぞれ有限な極限値 $\xi$ および $\eta$ を持つようにできる(第 1 章, 問題 15). いま, $Q=(\xi, \eta)$ とすれば, $Q$ は点列 $\{P_n\}$ の部分列 $\{P_{n_k}\}$ の極限点, したがって $\{P_n\}$ の集積点であることは明らかであろう.

この定理 37.2 を用いれば

**定理 37.3.** 函数 $z=f(P)=f(x, y)$ を $(x, y)$ 平面上の有界閉集合 $E$ において連続とすれば, $z=f(P)$ は $E$ において有界であってかつ最大値と最小値を必ずとる.

---

[1] Bolzano-Weierstrass の定理.

**証明 37.4.** 函数 $z=f(\mathrm{P})=f(x,y)$ を $(x,y)$ 平面上の有界閉集合 $E$ において連続とすれば，$z=f(\mathrm{P})$ は $E$ において一様連続となる．

定理 37.3 を証明するには，定理 11.6 と定理 11.7 の証明を適当に修正すればよく，また定理 37.4 を証明するには定理 11.8 の証明を適当に直せばよい．

**例 2.** 導集合 $E'$ が空集合 0 なるとき，$E' \subset E$ となるから，$E$ は閉集合である．特に空集合および有限個の点から成る点集合 $E$ は閉集合である．また $E$ を点列 $\mathrm{P}_n=(n,0)$ $(n=1,2,\cdots)$ から成る集合とすれば，$E'=0$ であるから，$E$ は閉集合である．

**例 3.** 函数 $z=f(\mathrm{P})=f(x,y)$ が $U(\mathrm{P}_0,\rho)$ で定義されていて，$f(\mathrm{P})$ を $\mathrm{P}_0$ で連続とすれば，$\mathrm{P}_0$ を極限点とする $U(\mathrm{P}_0,\rho)$ 内の任意の点列 $\mathrm{P}_n$ $(n=1,2,\cdots)$ に対して $\lim_{n\to\infty} f(\mathrm{P}_n)=f(\mathrm{P}_0)$ である．

**例 4.** 任意の点集合を $E$, その導集合を $E'$ とする．$E \cup E'$ を $E$ の**閉包**(closure) といい，$\bar{E}$ で表わす．また $E$ のすべての内点の集合，すべての外点の集合，境界点の集合をそれぞれ $I(E)$, $A(E)$, $B(E)$ で表わすとき

$$\bar{E}=I(E)\cup B(E), \quad \overline{CE}=A(E)\cup B(E)$$

となる．なぜならば，$\bar{E} \subset I(E) \cup B(E)$ なることは明らかである．逆に $I(E)\cup B(E)$ の一点を P とする．P が $E$ の内点ならば P$\in E$, また P$\notin E$ で P$\in B(E)$ ならば，P は $E$ の集積点であるから(詳しい証明は諸君にゆずる).いずれにせよ,P$\in \bar{E}$ である．

**問 1.** 点集合 $E$ を開(閉)集合とすれば，その補集合 $CE$ は閉(開)集合であることを証明せよ．

**問 2.** $E$ を任意の点集合とするとき，$E$ の境界点の集合 $B(E)$ は閉集合であることを証明せよ．

## §38. 偏導函数

函数 $z=f(x,y)$ を開正方形 $W: |x-x_0|<r, |y-y_0|<r$ で定義された二変数 $x,y$ の函数とする．いま，$y=y_0$ とおけば $f(x,y_0)$ は開区間 $|x-x_0|<r$ で定義された $x$ の函数である： $f(x,y_0)$ が $x=x_0$ で微分係数 $f_x(x_0,y_0)$ を持つとき，これを $f(x,y)$ の $(x_0,y_0)$ における $x$ に関する**偏微分係数**(partial differential coefficient) という．$f_x(x_0,y_0)$ が有限であるとき，$f(x,y)$ は $(x_0,y_0)$ で $x$ に

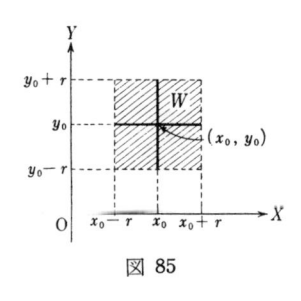

図 85

## §38. 偏 導 函 数

関して**偏微分可能**であるという。$f(x, y)$ が $(x_0, y_0)$ で $x$ に関して偏微分可能であるならば，$f(x, y_0)$ は $x=x_0$ で連続である。

まったく同様に，$x=x_0$ とおけば $f(x_0, y)$ は開区間 $|y-y_0|<r$ で定義された $y$ の函数である。$f(x_0, y)$ が $y=y_0$ で($y$ に関して)微分係数 $f_y(x_0, y_0)$ をもつとき，これを $f(x, y)$ の $(x_0, y_0)$ における $y$ に関する偏微分係数という。$f_y(x_0, y_0)$ が有限なるとき，$f(x, y)$ は $(x_0, y_0)$ で $y$ に関して偏微分可能であるという。$f(x, y)$ が $(x_0, y_0)$ で $y$ に関して偏微分可能ならば，$f(x_0, y)$ は $y=y_0$ で連続である。

**例 1.** $$f(x, y) = \frac{xy}{x^2+y^2} \quad ((x, y) \neq (0, 0) \text{ のとき}),$$
$$f(0, 0) = 0$$

とする。函数 $f(x, y)$ は全 $(x, y)$ 平面で定義されている。$y=0$ のとき $f(x, 0)=0$ であるから $f_x(x, 0)=0$. 同様に，$x=0$ のとき $f(0, y)=0$ であるから $f_y(0, y)=0$. したがって，$f_x(0, 0)=0$, $f_y(0, 0)=0$. すなわち，$f(x, y)$ は $(0, 0)$ で $x$ および $y$ に関しても偏微分可能である。しかしながら，$f(x, y)$ は $(0, 0)$ において連続ではない (§36, 例1をみよ)。

函数 $z=f(x, y)$ が領域 $D$ で定義されていて，$D$ の各点 $(x, y)$ で $x$ に関して($y$ に関して)偏微分可能なるとき，偏微分係数 $f_x(x, y)$ ($f_y(x, y)$) は $D$ で定義された二変数 $x, y$ の函数である。

これらの函数 $f_x(x, y)$ および $f_y(x, y)$ をそれぞれ $D$ における $x$ に関する**偏導函数**および $y$ に関する偏導函数といい，偏導函数 $f_x(x, y)$ および $f_y(x, y)$ を求めることを $x$ および $y$ に関して**偏微分する**という。偏導函数を表わすには

$$f_x(x, y), \quad \frac{\partial f}{\partial x}(x, y), \quad \frac{\partial}{\partial x}f(x, y), \quad f_x, \quad \frac{\partial f}{\partial x}, \quad \frac{\partial z}{\partial x},$$

$$f_y(x, y), \quad \frac{\partial f}{\partial y}(x, y), \quad \frac{\partial}{\partial y}f(x, y), \quad f_y, \quad \frac{\partial f}{\partial y}, \quad \frac{\partial z}{\partial y}$$

などの記号がつかわれる。偏導函数を求めるには

$$\frac{\partial f(x, y)}{\partial x} = \lim_{\Delta x \to 0} \frac{f(x+\Delta x, y) - f(x, y)}{\Delta x},$$

$$\frac{\partial f(x,y)}{\partial y} = \lim_{\Delta y \to 0} \frac{f(x, y+\Delta y) - f(x,y)}{\Delta y}.$$

であるから，一変数 $y=f(x)$ の微分法の公式を用いて偏導函数を計算できる．

**注意．** 変数の数が 2 よりも多い函数 $f(x, y, z, \cdots)$ の偏導函数についてもまったく同様である．

**例 2.** たとえば，函数 $z=f(x,y) = \sqrt{1-x^2-y^2}$ は $x^2+y^2 < 1$ で定義された二変数 $x, y$ の函数である．$x_0^2+y_0^2 < 1$ とし，一点 $(x_0, y_0)$ における $f_x(x_0, y_0)$ の幾何学的の意味を考えてみよう．

図 86 において $OA = y_0$ とし，点 A において $OY$ 軸と直交する平面 $\Pi$ と曲面 $z = \sqrt{1-x^2-y^2}$ との交りの曲線 $\Gamma$ 上の一点 $M(x_0, y_0, z_0)$，ただし $z_0 = f(x_0, y_0)$，における $\Gamma$ の接線 MT と $\Pi$ と $(x, y)$ 平面との交り AT とのつくる角を $\theta$ とすれば $f_x(x_0, y_0) = \tan\theta$ である．

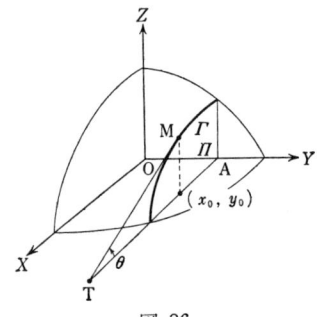

図 86

**例 3.** $z = f(x, y) = \sqrt{x^2+y^2}$ は $(x, y)$ 平面上のすべての点で定義されている．$(x, y) \neq (0, 0)$ とすれば $x$ および $y$ に関して $z = f(x, y)$ は偏微分可能であって

$$\frac{\partial z}{\partial x} = \frac{x}{\sqrt{x^2+y^2}}, \quad \frac{\partial z}{\partial y} = \frac{y}{\sqrt{x^2+y^2}}.$$

また，$y = 0$ とすれば $f(x, 0) = |x|$，$x = 0$ とすれば $f(0, y) = |y|$ であるから $f_x(0, 0)$ も $f_y(0, 0)$ も存在しない．

**問 1.** 次の函数の偏導函数を求めよ：

 (1) $z = x^3 + 3x^2y + y^3$,   (2) $u = (ax^2 + by^2 + cz^2)^n$,

 (3) $z = \sin^{-1}\dfrac{x}{y}$.

**問 2.** $z = \log(e^x + e^y)$ は $\dfrac{\partial z}{\partial x} + \dfrac{\partial z}{\partial y} = 1$ を満足することを証明せよ．

**問 3.** $u = \log(x^3 + y^3 + z^3 - 3xyz)$ なるとき，

$$\frac{\partial u}{\partial x} + \frac{\partial u}{\partial y} + \frac{\partial u}{\partial z} = \frac{3}{x+y+z}$$

なることを証明せよ．

## §39. 全微分

一点 $P_0(x_0, y_0)$ を中心とする正方形 $W: |x-x_0| < r,\ |y-y_0| < r$ におい

て，函数
$$z = f(\mathrm{P}) = f(x, y)$$
が定義されているものとする．いま $\mathrm{P}(x, y)$ を $\mathrm{P}_0(x_0, y_0)$ と相異なる $W$ の一点とし，

(39.1) $\quad \begin{aligned} f(\mathrm{P}) - f(\mathrm{P}_0) &= A(x - x_0) \\ &\quad + B(y - y_0) + \sigma(\mathrm{P}) \cdot r(\mathrm{P}, \mathrm{P}_0) \end{aligned}$

とおいたとき，ただし $A, B$ は $(x_0, y_0)$ に依存する定数，$r(\mathrm{P}, \mathrm{P}_0)$ は二点 $\mathrm{P}, \mathrm{P}_0$ の距離，$\sigma(\mathrm{P})$ は $W$ から中心 $\mathrm{P}_0$ をとり除いた領域 $W\text{-}\mathrm{P}_0$ で定義された函数，

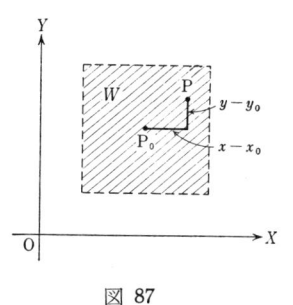

(39.2) $\quad \lim_{\mathrm{P} \to \mathrm{P}_0} \sigma(\mathrm{P}) = 0$

図 87

であるならば，$z = f(x, y)$ は $\mathrm{P}_0$ において**全微分可能**(totally differentiable) という．

換言すれば，

(39.3) $\quad f(x, y) - f(x_0, y_0) = A(x - x_0) + B(y - y_0) + \varepsilon \cdot (x - x_0) + \varepsilon' \cdot (y - y_0)$

(ただし，$A, B$ は $(x_0, y_0)$ に依存する定数，$\varepsilon$ および $\varepsilon'$ は $|x - x_0| + |y - y_0| \to 0$ なるとき $\varepsilon \to 0, \varepsilon' \to 0$ となる量)という等式が成立するとき，$f(x, y)$ は $(x_0, y_0)$ で全微分可能というわけである．

**注意．**(39.1)と(39.3)とは等式の右辺の形が少し異なるが実は同値である．$r(\mathrm{P}, \mathrm{P}_0) = \sqrt{(x - x_0)^2 + (y - y_0)^2}$ であるから

$$\sigma(\mathrm{P}) \cdot r(\mathrm{P}, \mathrm{P}_0) = \frac{\sigma(\mathrm{P})(x - x_0)}{r(\mathrm{P}, \mathrm{P}_0)} \cdot (x - x_0) + \frac{\sigma(\mathrm{P})(y - y_0)}{r(\mathrm{P}, \mathrm{P}_0)} \cdot (y - y_0),$$

$$\varepsilon(\mathrm{P}) = \frac{\sigma(\mathrm{P})(x - x_0)}{r(\mathrm{P}, \mathrm{P}_0)}, \quad \varepsilon'(\mathrm{P}) = \frac{\sigma(\mathrm{P})(y - y_0)}{r(\mathrm{P}, \mathrm{P}_0)}$$

とおけば，(39.1)は(39.3)の形に書くことができる．次に

$$\sigma(\mathrm{P}) = \varepsilon(\mathrm{P}) \cdot \frac{x - x_0}{r(\mathrm{P}, \mathrm{P}_0)} + \varepsilon'(\mathrm{P}) \cdot \frac{y - y_0}{r(\mathrm{P}, \mathrm{P}_0)}$$

とおけば，(39.3)は(39.1)の形で表わされる．

**定理 39.1.** 函数 $f(x, y)$ を点 $(x_0, y_0)$ で全微分可能とすれば，$f(x, y)$ は $(x_0, y_0)$ で連続である．

**証明．**(39.1)または(39.3)から明白であろう．

さらに，上の等式 (39.3) において $y=y_0$ とおけば，
$$f(x, y_0)-f(x_0, y_0)=A(x-x_0)+\varepsilon\cdot(x-x_0).$$
したがって
$$\frac{f(x, y_0)-f(x_0, y_0)}{x-x_0}=A+\varepsilon.$$
ゆえに $f_x(x_0, y_0)=A$. まったく同様にして $f_y(x_0, y_0)=B$ であることがわかる.

**定理 39.2.** $f(x, y)$ を $(x_0, y_0)$ において全微分可能とすれば，有限な偏微分係数 $f_x(x_0, y_0)$ および $f_y(x_0, y_0)$ が存在する.

この逆は必ずしも成立しない．たとえば $f(x, y)=\dfrac{xy}{x^2+y^2}$, ただし $f(0,0)=0$, は $f_x(0,0)=f_y(0,0)=0$ であるが，この函数は $(0,0)$ において連続でないから，なおさら $(0,0)$ において全微分可能でない.

しかしながら次の定理が成り立つ.

**定理 39.3.** 開正方形 $W: |x-x_0|<r,\ |y-y_0|<r$ において偏導函数 $f_x(x, y)$ および $f_y(x, y)$ が存在して $(x_0, y_0)$ において共に連続であるとすれば，$f(x, y)$ は $(x_0, y_0)$ で全微分可能となる.

**証明.** いま $x=x_0+h,\ y=y_0+k$ とおいて $h \neq 0,\ k \neq 0$ の場合には
$$f(x_0+h, y_0+k)-f(x_0, y_0)$$
$$=[f(x_0+h, y_0+k)-f(x_0, y_0+k)]+[f(x_0, y_0+k)-f(x_0, y_0)]$$
右辺の各項に平均値の定理を用いて
$$=hf_x(x_0+\theta h, y_0+k)+kf_y(x_0, y_0+\theta' k) \quad (0<\theta<1,\ 0<\theta'<1)$$
$$=h[f_x(x_0, y_0)+\varepsilon]+k[f_y(x_0, y_0)+\varepsilon']$$

とおけば，$f_x(x, y)$ および $f_y(x, y)$ は $(x_0, y_0)$ で連続であるから $|h|+|k|\to 0$ なるとき $\varepsilon$ および $\varepsilon'$ がともに $\to 0$ になることは明らかである．次に
$$f(x_0+h, y_0+k)-f(x_0, y_0)$$
$$=h[f_x(x_0, y_0)+\varepsilon]$$
$$+k[f_y(x_0, y_0)+\varepsilon']$$

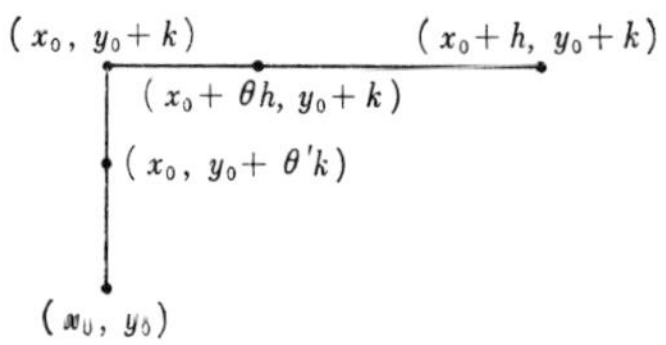

図 88

## §39. 全微分

（ただし（$|h|+|k|\to 0$ ならば $|\varepsilon|+|\varepsilon'|\to 0$）は $h$ および $k$ のいずれかが $0$ の場合も当然成立するから $f(x,y)$ は $(x_0, y_0)$ において全微分可能である.

等式 (39.3) において $x_0, y_0$ の代わりに $x, y$ また $x-x_0, y-y_0$ の代わりに $\varDelta x, \varDelta y$ と書き, (39.3) の左辺を $\varDelta f(x, y)$ とおけば, $f(x, y)$ が点 $(x, y)$ で全微分可能であるというのは

$$(39.4) \quad \varDelta f(x, y) = f(x+\varDelta x, y+\varDelta y) - f(x, y) \\ = A\varDelta x + B\varDelta y + \varepsilon \varDelta x + \varepsilon' \varDelta y$$

（ただし, $A, B$ は $(x, y)$ に依存する定数, $\varepsilon$ および $\varepsilon'$ は $|\varDelta x|+|\varDelta y|\to 0$ なるとき $|\varepsilon|+|\varepsilon'|\to 0$ となる量）となることである.

$f(x, y)$ が点 $(x, y)$ で全微分可能であるとき (39.4) における $A\varDelta x + B\varDelta y$ のことを $f(x, y)$ の点 $(x, y)$ における**全微分** (total differential) といい, これを $df(x, y)$ で表わす. すなわち

$$(39.5) \quad df(x, y) = A\varDelta x + B\varDelta y,$$

または

$$(39.6) \quad df(x, y) = \frac{\partial f}{\partial x}\varDelta x + \frac{\partial f}{\partial y}\varDelta y.$$

いま, $f(x, y) = x$ とすれば,

$$A = \frac{\partial f}{\partial x} = 1, \quad B = \frac{\partial f}{\partial y} = 0. \quad \text{ゆえに} \quad dx = \varDelta x.$$

同様に $f(x, y) = y$ とすれば,

$$A = \frac{\partial f}{\partial x} = 0, \quad B = \frac{\partial f}{\partial y} = 1. \quad \text{ゆえに} \quad dy = \varDelta y.$$

したがって

$$(39.7) \quad df(x, y) = \frac{\partial f}{\partial x} dx + \frac{\partial f}{\partial y} dy.$$

点 $(x, y)$ における全微分 $df(x, y)$ の幾何学的意味を考えてみよう.

曲面 $z=f(x, y)$ 上の点 $M(x, y, z)$, ただし $z=f(x, y)$ における接平面の方程式は

$$(39.8) \quad Z-z = \frac{\partial f}{\partial x}(X-x) + \frac{\partial f}{\partial y}(Y-y)$$

である. したがって, $x$ および $y$ の増分 $\varDelta x$ および $\varDelta y$ に対する点 $(x, y)$

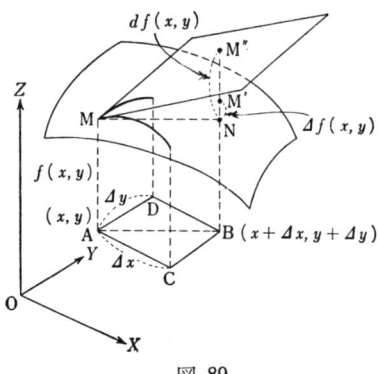

図 89

における $z=f(x,y)$ の全微分 $df(x,y)$ は $M$ における接平面の $z$ 座標の増分に等しいことがわかる(図 89).

## §40. 合成函数の導函数

函数 $z=f(x,y)$ が領域 $D$ の各点で全微分可能であるとき,この函数は領域 $D$ で全微分可能であるという.

**定理 40.1.** 函数 $z=f(x,y)$ を領域 $D$ において全微分可能とし,[1] 区間 $a \leqq t \leqq b$ において微分可能な二つの函数

$$x=\varphi(t), \quad y=\psi(t)$$

は $D$ 内の連続曲線を定めるものとする.このとき合成函数

$$F(t) \equiv f(\varphi(t), \psi(t))$$

は $[a,b]$ で微分可能であって

(40.1) $\qquad F'(t) = \dfrac{\partial f}{\partial x} \cdot \varphi'(t) + \dfrac{\partial f}{\partial y} \cdot \psi'(t).$

**証明.** $[a,b]$ の任意の一点を $t$ とし,その増分 $\varDelta t$ に対応する $x=\varphi(t)$, $y=\psi(t)$ の増分をそれぞれ $\varDelta x, \varDelta y$ としよう.$z=f(x,y)$ は $D$ において全微分可能であるから

(40.2) $\qquad f(x+\varDelta x, y+\varDelta y) - f(x,y)$

---

[1] $z=f(x,y)$ が $D$ において連続な偏導函数 $f_x(x,y), f_y(x,y)$ を持つとき定理 40.1 は成立する(定理 39.3 をみよ).

$$= f_x(x, y)\Delta x + f_y(x, y)\Delta y + \varepsilon \cdot \Delta x + \varepsilon' \cdot \Delta y,$$

すなわち

(40.3)
$$F(t+\Delta t) - F(t)$$
$$= f_x(\varphi(t), \psi(t))\Delta x + f_y(\varphi(t), \psi(t))\Delta y + \varepsilon \cdot \Delta x + \varepsilon' \cdot \Delta y.$$

この両辺を $\Delta t$ で割れば

(40.4)
$$\frac{F(t+\Delta t) - F(t)}{\Delta t}$$
$$= f_x(\varphi(t), \psi(t))\frac{\Delta x}{\Delta t} + f_y(\varphi(t), \psi(t))\frac{\Delta y}{\Delta t} + \varepsilon \cdot \frac{\Delta x}{\Delta t} + \varepsilon' \cdot \frac{\Delta y}{\Delta t}.$$

$x = \varphi(t), y = \psi(t)$ は点 $t$ で連続であるから, $\Delta t \to 0$ のとき $|\Delta x| + |\Delta y| \to 0$, したがって, $\Delta t \to 0$ のとき $|\varepsilon| + |\varepsilon'| \to 0$ である. また, 明らかに

$$\lim_{\Delta t \to 0}\frac{\Delta x}{\Delta t} = \varphi'(t), \quad \lim_{\Delta t \to 0}\frac{\Delta y}{\Delta t} = \psi'(t)$$

である. ゆえに (40.4) において $\Delta t \to 0$ ならしめて

$$F'(t) = f_x(\varphi(t), \psi(t))\varphi'(t) + f_y(\varphi(t), \psi(t))\psi'(t)$$

がえられる.

**定理 40.2.** 領域 $D$ において, $z = f(x, y)$ は連続な偏導函数 $f_x(x, y)$, $f_y(x, y)$ を持つものとする. いま, $D$ 内の 2 点 $P_1(x_1, y_1), P_2(x_2, y_2)$ を結ぶ線分

$$x = x_1 + (x_2 - x_1)t, \quad y = y_1 + (y_2 - y_1)t \quad (0 \leq t \leq 1)$$

は $D$ に含まれるものとすれば,

(40.5)
$$f(x_2, y_2) - f(x_1, y_1) = (x_2 - x_1)f_x(x_1 + \theta(x_2 - x_1), y_1 + \theta(y_2 - y_1))$$
$$+ (y_2 - y_1)f_y(x_1 + \theta(x_2 - x_1), y_1 + \theta(y_2 - y_1)) \quad (0 < \theta < 1)$$

なるような正数 $\theta$ がある (平均値の定理の拡張).

**証明.** 定理 40.1 によって

$$F(t) = f(x_1 + (x_2 - x_1)t, y_1 + (y_2 - y_1)t)$$

は $0 \leq t \leq 1$ で微分可能であるから, 平均値の定理によって

$$F(1) - F(0) = F'(\theta) \quad (0 < \theta < 1)$$

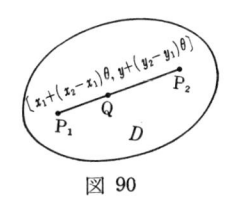

図 90

なる $\theta$ がある．これを等式 (40.1) を用いて書き直せば求める (40.5) 式がえられる．

**定理 40.3.** 領域 $D$ において，$z=f(x,y)$ の偏導函数 $f_x(x,y)$, $f_y(x,y)$ はともに恒等的に 0 に等しいとすれば，$z=f(x,y)$ は $D$ において恒等的に定数に等しい．

**証明．** $D$ 内の任意の一点 $P_0(x_0, y_0)$ を固定し，P を $D$ 内の一点とする．$D$ は領域であるから，$D$ 内の折れ線(線分を有限個連結したもの) $\Pi$ で $P_0$ と P を結ぶことができる．いま $\Pi$ の頂点を

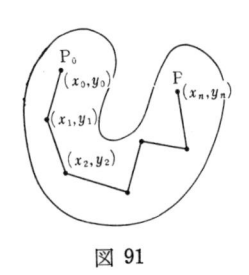

$$P_0(x_0, y_0), P_1(x_1, y_1), \cdots, P_n(x_n, y_n)=P$$

としよう．定理 40.2 を $\Pi$ の各線分に応用すれば，

$$f(x_0, y_0)=f(x_1, y_1)=\cdots=f(x_n, y_n),$$

図 91

したがって $\qquad f(P)=f(P_0).$

**注意．** 公式 (40.1) から

$$F'(t)dt = \frac{\partial f}{\partial x}\cdot\varphi'(t)dt + \frac{\partial f}{\partial y}\cdot\psi'(t)dt.$$

しかるに $df(x,y)=F'(t)dt$, $dx=\varphi'(t)dt$, $dy=\psi'(t)dt$ であるから

$$df(x,y) = \frac{\partial f}{\partial x}dx + \frac{\partial f}{\partial y}dy.$$

これは形の上では (39.7) に他ならない．すなわち，公式 (39.7) は $z=f(x,y)$ において $x, y$ が独立変数でなく，ともに変数 $t$ の函数である場合にも成立する．

**定理 40.4.** 函数 $z=f(u,v)$ は $(u,v)$ 平面の領域 $\varDelta$ で全微分可能とする．二つの函数 $u=\varphi(x,y)$, $v=\psi(x,y)$ はともに $(x,y)$ 平面の領域 $D$ において全微分可能であって，$D$ の各点 $(x,y)$ の写像 $u=\varphi(x,y)$, $v=\psi(x,y)$ に

図 92

よる像 $(u,v)$ は $\varDelta$ に含まれるものとする．このとき合成函数

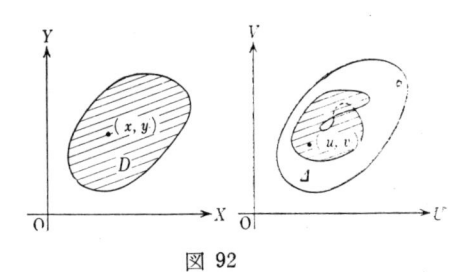

$$z=F(x,y)\equiv f[\varphi(x,y), \psi(x,y)]$$

は $D$ において全微分可能である．したがって $x$ および $y$ に関して偏微分可能になって

(40.5) $$\frac{\partial z}{\partial x} = \frac{\partial f}{\partial u}\frac{\partial u}{\partial x} + \frac{\partial f}{\partial v}\frac{\partial v}{\partial x},$$

(40.6) $$\frac{\partial z}{\partial y} = \frac{\partial f}{\partial u}\frac{\partial u}{\partial y} + \frac{\partial f}{\partial v}\frac{\partial v}{\partial y}.$$

**証明．** $u = \varphi(x, y)$, $v = \psi(x, y)$ は $D$ の一点 $(x, y)$ で全微分可能であるから，

(40.7) $$\varDelta u = \frac{\partial u}{\partial x}\varDelta x + \frac{\partial u}{\partial y}\varDelta y + \varepsilon'\rho',$$

(40.8) $$\varDelta v = \frac{\partial v}{\partial x}\varDelta x + \frac{\partial v}{\partial y}\varDelta y + \varepsilon''\rho',$$

ただし
$$\rho' = |\varDelta x| + |\varDelta y| \to 0 \text{ のとき } \varepsilon', \varepsilon'' \to 0.$$

次に $z = f(u, v)$ は点 $(u, v)$ で全微分可能であるから

(40.9) $$\varDelta z = \frac{\partial f}{\partial u}\varDelta u + \frac{\partial f}{\partial v}\varDelta v + \varepsilon\rho,$$

ただし $\rho = |\varDelta u| + |\varDelta v| \to 0$ のとき $\varepsilon \to 0$. いま $\left|\frac{\partial u}{\partial x}\right|$, $\left|\frac{\partial u}{\partial y}\right|$, $\left|\frac{\partial v}{\partial x}\right|$, $\left|\frac{\partial v}{\partial y}\right|$ の最大値を $M$, $\eta = \max(\varepsilon', \varepsilon'')$ とすれば，
$$|\varDelta u| < (M+\eta)\rho', \quad |\varDelta v| < (M+\eta)\rho',$$

であるから，

(40.10) $$\frac{\rho}{\rho'} = \frac{|\varDelta u| + |\varDelta v|}{\rho'} < 2(M+\eta)$$

である．さて，(40.7) および (40.8) を (40.9) に代入すれば
$$\varDelta z = \frac{\partial f}{\partial u}\left(\frac{\partial u}{\partial x}\varDelta x + \frac{\partial u}{\partial y}\varDelta y\right) + \frac{\partial f}{\partial v}\left(\frac{\partial v}{\partial x}\varDelta x + \frac{\partial v}{\partial y}\varDelta y\right)$$
$$+ \left(\varepsilon\rho + \varepsilon'\rho'\frac{\partial f}{\partial u} + \varepsilon''\rho'\frac{\partial f}{\partial v}\right),$$

すなわち

(40.11) $$\varDelta z = \left(\frac{\partial f}{\partial u}\frac{\partial u}{\partial x} + \frac{\partial f}{\partial v}\frac{\partial v}{\partial x}\right)\varDelta x + \left(\frac{\partial f}{\partial u}\frac{\partial u}{\partial y} + \frac{\partial f}{\partial v}\frac{\partial v}{\partial y}\right)\varDelta y$$

$$+\rho'\xi,$$

ただし

$$\xi=\varepsilon\frac{\rho}{\rho'}+\varepsilon'\frac{\partial f}{\partial u}+\varepsilon''\frac{\partial f}{\partial v}.$$

$\rho'\to 0$ のとき(40.10)に注意すれば，$\xi\to 0$．したがって，$z=F(x,y)$ は点 $(x,y)$ で全微分可能である．また (40.11) から直ちに (40.5) と (40.6) がえられる．

**注意．** (40.11) から直ちに

$$dz=\left(\frac{\partial f}{\partial u}\frac{\partial u}{\partial x}+\frac{\partial f}{\partial v}\frac{\partial v}{\partial x}\right)dx+\left(\frac{\partial f}{\partial u}\frac{\partial u}{\partial y}+\frac{\partial f}{\partial v}\frac{\partial v}{\partial y}\right)dy$$
$$=\frac{\partial f}{\partial u}\left(\frac{\partial u}{\partial x}dx+\frac{\partial u}{\partial y}dy\right)+\frac{\partial f}{\partial v}\left(\frac{\partial v}{\partial x}dx+\frac{\partial v}{\partial y}dy\right),$$

すなわち

$$dz=\frac{\partial f}{\partial u}du+\frac{\partial f}{\partial v}dv.$$

公式 (39.7) は，$z=f(u,v)$ において，$u$ および $v$ が独立変数でなく，ともに $x$ および $y$ の函数である場合にも定理 40.4 の条件の下に成立する．

**例 1.** $z=\tan^{-1}\dfrac{y}{x}$ とすれば，

$$dz=\frac{d\left(\dfrac{y}{x}\right)}{1+\left(\dfrac{y}{x}\right)^2}=\frac{x\,dy-y\,dx}{x^2+y^2}.$$

**例 2.** $z=\log\sqrt{x^2+y^2}$ とすれば，

$$dz=\frac{d\sqrt{x^2+y^2}}{\sqrt{x^2+y^2}}=\frac{2x\,dx+2y\,dy}{2(x^2+y^2)}=\frac{x\,dx+y\,dy}{x^2+y^2}.$$

## §41. 高次偏導函数

領域 $D$ において定義された函数 $z=f(x,y)$ の偏導函数 $f_x(x,y)$, $f_y(x,y)$ が $x$ および $y$ に関して偏微分できるとき，

$$f_{xx}=\frac{\partial^2 z}{\partial x^2}=\frac{\partial}{\partial x}\left(\frac{\partial z}{\partial x}\right)=\lim_{\Delta x\to 0}\frac{f_x(x+\Delta x,y)-f_x(x,y)}{\Delta x},$$

$$f_{yx}=\frac{\partial^2 z}{\partial x\partial y}=\frac{\partial}{\partial x}\left(\frac{\partial z}{\partial y}\right)=\lim_{\Delta x\to 0}\frac{f_y(x+\Delta x,y)-f_y(x,y)}{\Delta x},$$

$$f_{xy}=\frac{\partial^2 z}{\partial y\partial x}=\frac{\partial}{\partial y}\left(\frac{\partial z}{\partial x}\right)=\lim_{\Delta y\to 0}\frac{f_x(x,y+\Delta y)-f_x(x,y)}{\Delta y},$$

## §41. 高次偏導函数

$$f_{yy} = \frac{\partial^2 z}{\partial y^2} = \frac{\partial}{\partial y}\left(\frac{\partial z}{\partial y}\right) = \lim_{\Delta y \to 0} \frac{f_y(x, y+\Delta y) - f_y(x, y)}{\Delta y}$$

のことを $D$ における $z=f(x, y)$ の**二次偏導函数**という．また，$\dfrac{\partial^2 z}{\partial x^2}$, $\dfrac{\partial^2 z}{\partial y \partial x}$, … がさらに $D$ において $x$ および $y$ について偏微分できると**三次偏導函数** $\dfrac{\partial^3 z}{\partial x^3}$, $\dfrac{\partial^3 z}{\partial x \partial y \partial x}$, … が定義できる．また，これらの定義は独立変数 $x, y, z, \cdots$ の数が 2 よりも多い函数 $u=f(x, y, z, \cdots)$ の場合にもそのまま拡げることができる．

**例 1.** $z = x^3 y - 3x^2 y^3$ について $\dfrac{\partial^2 z}{\partial y \partial x} = \dfrac{\partial^2 z}{\partial x \partial y}$ となることを示してみよう．

$$\frac{\partial z}{\partial x} = 3x^2 y - 6xy^3, \qquad \frac{\partial^2 z}{\partial y \partial x} = 3x^2 - 18xy^2,$$

$$\frac{\partial z}{\partial y} = x^3 - 9x^2 y^2, \qquad \frac{\partial z^2}{\partial x \partial y} = 3x^2 - 18xy^2.$$

ゆえに

$$\frac{\partial^2 z}{\partial y \partial x} = \frac{\partial^2 z}{\partial x \partial y}.$$

**例 2.** 函数

$$f(x, y) = xy\frac{x^2 - y^2}{x^2 + y^2}, \quad \text{ただし } f(0, 0) = 0$$

の二次の偏導函数 $f_{xy}(x, y)$, $f_{yx}(x, y)$ を求めてみよう．まず $(x, y) \neq (0, 0)$ の場合を考える．

(41.1) $$f_x(x, y) = y\left\{\frac{x^2 - y^2}{x^2 + y^2} + \frac{4x^2 y^2}{(x^2 + y^2)^2}\right\},$$

(41.2) $$f_y(x, y) = x\left\{\frac{x^2 - y^2}{x^2 + y^2} - \frac{4x^2 y^2}{(x^2 + y^2)^2}\right\},$$

$$f_{xy}(x, y) = \frac{x^2 - y^2}{x^2 + y^2} + \frac{8x^2 y^2 (x^2 - y^2)}{(x^2 + y^2)^3},$$

$$f_{yx}(x, y) = \frac{x^2 - y^2}{x^2 + y^2} + \frac{8x^2 y^2 (x^2 - y^2)}{(x^2 + y^2)^3}.$$

ゆえに

$$f_{xy}(x, y) = f_{yx}(x, y)$$

である．次に $(x, y) = (0, 0)$ の場合を考える．$f(x, 0) = f(0, y) = 0$ であるから

$$f_x(0, 0) = \lim_{x \to 0} \frac{f(x, 0) - f(0, 0)}{x} = 0,$$

$$f_y(0, 0) = \lim_{y \to 0} \frac{f(0, y) - f(0, 0)}{y} = 0.$$

$$f_{xy}(0,0) = \lim_{y \to 0} \frac{f_x(0,y) - f_x(0,0)}{y}, \quad (41.1) \text{によって,}$$

$$= \lim_{y \to 0} \frac{-y-0}{y} = -1$$

$$f_{yx}(0,0) = \lim_{x \to 0} \frac{f_y(x,0) - f_y(0,0)}{x}, \quad (41.2) \text{によって,}$$

$$= \lim_{x \to 0} \frac{x-0}{x} = 1.$$

ゆえに

$$f_{xy}(0,0) \neq f_{yx}(0,0).$$

二次偏導函数 $\dfrac{\partial^2 f}{\partial y \partial x}$ と $\dfrac{\partial^2 f}{\partial x \partial y}$ とがいかなる条件の場合に相等しくなるかという問題に対してヤング(Young)の定理とシュワルツ(Schwarz)の定理とが著名である．

**定理 41.1.** 一点 $(x_0, y_0)$ を中心とする開正方形 $W: |x-x_0| < r, |y-y_0| < r$ において $f_x(x,y)$ および $f_y(x,y)$ が存在してかつ $f_x(x,y)$ および $f_y(x,y)$ が点 $(x_0, y_0)$ でともに全微分可能とすれば,

$$f_{xy}(x_0, y_0) = f_{yx}(x_0, y_0)$$

である．　　　　　　　　　　　　　　　　　　　　（ヤングの定理）

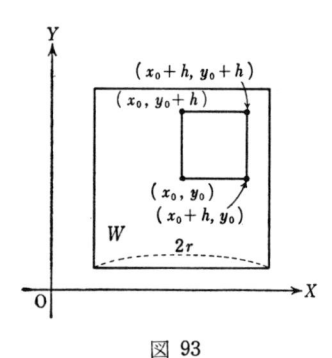

図 93

**証明．** まず $f_{xy}(x_0, y_0), f_{yx}(x_0, y_0)$ の存在は明らかであるから，$f_{xy}(x_0, y_0) = f_{yx}(x_0, y_0)$ を証明すればよい．簡単のため

$$\Delta^2 f = f(x_0+h, y_0+h) - f(x_0+h, y_0) - f(x_0, y_0+h) + f(x_0, y_0)$$

とおく．函数 $\varphi(x) = f(x, y_0+h) - f(x, y_0)$ は閉区間 $[x_0, x_0+h]$ において微分可能であるから平均値の定理で

$$\Delta^2 f = \varphi(x_0+h) - \varphi(x_0) = h \varphi'(x_0+\theta h) \quad (0 < \theta < 1),$$

したがって

$$\Delta^2 f = h[f_x(x_0+\theta h, y_0+h) - f_x(x_0+\theta h, y_0)].$$

しかるに $f_x(x,y)$ は $(x_0, y_0)$ で全微分可能であるから,

§41. 高次偏導函数

$$f_x(x_0+\theta h, y_0+h)-f_x(x_0, y_0)=\theta h f_{xx}(x_0, y_0)+h f_{xy}(x_0, y_0)+\varepsilon' h,$$
$$f_x(x_0+\theta h, y_0)-f_x(x_0, y_0)=\theta h f_{xx}(x_0, y_0)+\varepsilon'' h.$$

ゆえに

$$\Delta^2 f = h^2 f_{xy}(x_0, y_0)+\varepsilon_1 h^2,$$

ここに $\varepsilon_1=\varepsilon'-\varepsilon''$ は $h\to 0$ のとき $0$ に収束する量である.他方で,函数 $\psi(y)=f(x_0+h, y)-f(x_0, y)$ を考えて,同様な議論を繰り返せば,

$$\Delta^2 f = h^2 f_{yx}(x_0, y_0)+\varepsilon_2 h^2.$$

ゆえに

$$\lim_{h\to 0}\frac{\Delta^2 f}{h^2}=f_{xy}(x_0, y_0)=f_{yx}(x_0, y_0).$$

**定理 41.2.** 一点 $(x_0, y_0)$ を中心とする開長方形 $Q: |x-x_0|<r, |y-y_0|<\rho$ において $f_x(x, y), f_y(x, y)$ および $f_{xy}(x, y)$ が存在してかつ $f_{xy}(x, y)$ は $(x_0, y_0)$ で連続であると仮定すれば, $f_{yx}(x_0, y_0)$ が存在してかつ $f_{xy}(x_0, y_0)=f_{yx}(x_0, y_0)$. (シュワルツの定理)

**証明.** まず,函数

$$\varphi(x)=f(x, y_0+k)-f(x, y_0)$$

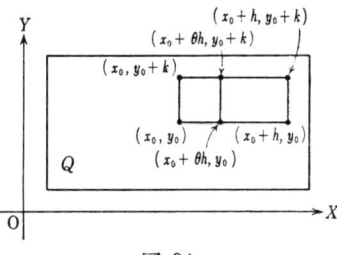

図 94

を $[x_0, x_0+h]$ または $[x_0+h, x_0]$ で考えれば,[1]) 平均値の定理で

$$\varphi(x_0+h)-\varphi(x_0)=h[f_x(x_0+\theta h, y_0+k)-f_x(x_0+\theta h, y_0)] \quad (0<\theta<1)$$

ふたたび平均値の定理を用いて

$$=hk f_{xy}(x_0+\theta h, y_0+\theta' k), \quad (0<\theta'<1).$$

しかるに, $f_{xy}(x, y)$ は $(x_0, y_0)$ で連続であるから

$$f_{xy}(x_0+\theta h, y_0+\theta' k)-f_{xy}(x_0, y_0)=\varepsilon(h, k)$$

とおけば, $\varepsilon(h, k)$ は変域 $0<|h|<r, 0<|k|<\rho$ で定義されて, $|h|+|k|\to 0$ のとき $\varepsilon(h, k)\to 0$ である.ゆえに

(41.1) $\qquad \varphi(x_0+h)-\varphi(x_0)=hk[f_{xy}(x_0, y_0)+\varepsilon(h, k)].$

---

1) $h \gtrless 0$ にしたがって $[x_0, x_0+h]$ および $[x_0+h, x_0]$ を考える.

この両辺を $k$ で割れば,

$$(41.2) \quad \frac{\varphi(x_0+h)-\varphi(x_0)}{k}=h[f_{xy}(x_0,y_0)+\varepsilon(h,k)],$$

$k\to 0$ ならしめると, $\varphi(x)$ の定義から

$$\lim_{k\to 0}\frac{\varphi(x)}{k}=\lim_{k\to 0}\frac{f(x,y_0+k)-f(x,y_0)}{k}=f_y(x,y_0)$$

であるから,

$$f_y(x_0+h,y_0)-f_y(x_0,y_0)=h[f_{xy}(x_0,y_0)+\lim_{k\to 0}\varepsilon(h,k)].$$

次に $h$ で割って

$$\lim_{h\to 0}\frac{f_y(x_0+h,y_0)-f_y(x_0,y_0)}{h}=f_{xy}(x_0,y_0)+\lim_{h\to 0}\lim_{k\to 0}\varepsilon(h,k).$$

しかるに

$$\lim_{h\to 0}\lim_{k\to 0}\varepsilon(h,k)=0^{1)}$$

であるから, $f_{yx}(x_0,y_0)$ の存在することおよび

$$f_{yx}(x_0,y_0)=f_{xy}(x_0,y_0)$$

なることがわかる.

**注意.** $\varepsilon(h,k)$ は変域 $0<|h|<r$, $0<|k|<\rho$ で定義され, $|h|+|k|\to 0$ のとき $\varepsilon(h,k)\to 0$ である. また, (41.2) の左辺からわかるように $\lim_{k\to 0}\varepsilon(h,k)=\eta(h)$ が $0<|h|<r$ で存在し, $\lim_{h\to 0}\eta(h)=0$ であることを上の証明で用いている.

一般に, 函数 $z=f(x,y)$ が領域 $D$ において定義されていて, すべての $n$ 次の偏導函数まで存在して連続であるとき, $z=f(x,y)$ は $C^n$ の函数という. 定理 41.1 または定理 41.2 の系として

**定理 41.3.** 函数 $z=f(x,y)$ を領域 $D$ において $C^2$ の函数とすれば, $D$ において

$$\frac{\partial^2 f}{\partial x\partial y}=\frac{\partial^2 f}{\partial y\partial x}$$

が成立する.

**注意.** この定理を応用すれば, 一般に $f(x,y)$ が領域 $D$ において $C^n$ に属すると

---

1) 次の注意をみよ.

き，$D$ において
$$\frac{\partial^n f}{\partial x^h \partial y^k} = \frac{\partial^n f}{\partial y^k \partial x^h} \quad (n = h+k)$$
が成立する．

いままで説明したことは，変数の個数が 2 よりも多い場合に拡張される．$n$ 次元空間 $R_n$ の領域 $D$[1]で定義された函数 $z = f(\mathrm{P}) = f(x_1, x_2, \cdots, x_n)$ の場合に，たとえば $x_2, x_3, \cdots, x_n$ を定数とみなし，これを $x_1$ だけの函数と考えて微分すれば，$\dfrac{\partial z}{\partial x_1}, \dfrac{\partial f}{\partial x_1}, \cdots$ がえられる．また，一点 $(x_1, x_2, \cdots, x_n)$ において全微分可能であるとか，その点における $f(x_1, x_2, \cdots, x_n)$ の全微分 $dz = \dfrac{\partial f}{\partial x_1} dx_1 + \dfrac{\partial f}{\partial x_2} dx_2 + \cdots + \dfrac{\partial f}{\partial x_n} dx_n$ とか，高次の導函数
$$\frac{\partial^{m+n+p} f}{\partial x_1{}^m \partial x_2{}^n \partial x_3{}^p}$$
などは形式的にはそのまま拡張される．

## §42. テイラーの定理の拡張

函数 $z = f(x, y)$ を領域 $D$ で $n$ 次の偏導函数まで存在して連続，すなわち $C^n$ の函数とする．いま $D$ 内の二点 $(a, b)$, $(a+h, b+k)$ を結ぶ線分 $S$ は $D$ に含まれるものとする．明らかに，線分 $S$ の方程式は
$$x = a + ht, \ y = b + kt \quad (0 \leq t \leq 1)$$
である．合成函数
$$F(t) = f(a+ht, b+kt)$$
は $0 \leq t \leq 1$ において $C^n$ の函数であるから，テイラーの定理で

(42.1) $\quad F(1) - F(0) = F'(0) + \dfrac{F''(0)}{2!} + \cdots + \dfrac{F^{(n-1)}(0)}{(n-1)!} + \dfrac{F^{(n)}(\theta)}{n!}$
$$(0 < \theta < 1).$$

次に
$$F'(t) = h f_x(a+ht, b+kt) + k f_y(a+ht, b+kt)$$

---

[1] 空間 $R_n$ の領域は $n$ 次元空間の $\rho$ 近傍と曲線を用いて二次元の場合と同様に定義できる．

$$= \left(h\frac{\partial}{\partial x} + k\frac{\partial}{\partial y}\right)f(a+ht, b+kt),$$

$$F''(t) = h^2 f_{xx}(a+ht, b+kt)$$
$$+ 2hk f_{xy}(a+ht, b+kt) + k^2 f_{yy}(a+ht, b+kt)$$
$$= \left(h\frac{\partial}{\partial x} + k\frac{\partial}{\partial y}\right)^2 f(a+ht, b+kt),$$

$$\cdots\cdots\cdots\cdots\cdots\cdots\cdots\cdots\cdots\cdots.$$

一般に

$$F^{(p)}(t) = \left(h\frac{\partial}{\partial x} + k\frac{\partial}{\partial y}\right)^p f(a+ht, b+kt)$$

なる記号で書くことができる．したがって，

$$F^{(p)}(0) = \left(h\frac{\partial}{\partial x} + k\frac{\partial}{\partial y}\right)^p f(a, b).$$

特に $t=\theta$ に対しては $x=a+\theta h,\ y=b+\theta k$ であるから，

$$F^{(n)}(\theta) = \left(h\frac{\partial}{\partial x} + k\frac{\partial}{\partial y}\right)^n f(a+\theta h, b+\theta k).$$

かくして

$$f(a+h, b+k) - f(a, b)$$
$$= \left(h\frac{\partial}{\partial x} + k\frac{\partial}{\partial y}\right)f(a, b)$$
$$+ \frac{1}{2!}\left(h\frac{\partial}{\partial x} + k\frac{\partial}{\partial y}\right)^2 f(a, b)$$

(42.2)
$$\cdots\cdots\cdots\cdots\cdots\cdots\cdots$$

$$+ \frac{1}{(n-1)!}\left(h\frac{\partial}{\partial x} + k\frac{\partial}{\partial y}\right)^{n-1} f(a, b)$$
$$+ \frac{1}{n!}\left(h\frac{\partial}{\partial x} + k\frac{\partial}{\partial y}\right)^n f(a+\theta h, b+\theta k)$$

なる公式がえられる．

**注意．** 函数 $z=f(x, y)$ が領域 $D$ において $C^{n-1}$ に属し，すべての $n-1$ 次の偏導函数が $D$ において全微分可能であれば公式 (42.2) が成立する．

いま，$a=b=0,\ h=x,\ k=y$ とおけば，マクローリンの公式

$$f(x, y) = f(0,0) + \left(x\frac{\partial}{\partial x} + y\frac{\partial}{\partial y}\right)f(0,0)$$

$$+ \frac{1}{2!}\left(x\frac{\partial}{\partial x} + y\frac{\partial}{\partial y}\right)^2 f(0,0)$$

(42.3) ·······························

$$+ \frac{1}{(n-1)!}\left(x\frac{\partial}{\partial x} + y\frac{\partial}{\partial y}\right)^{n-1} f(0,0)$$

$$+ \frac{1}{n!}\left(x\frac{\partial}{\partial x} + y\frac{\partial}{\partial y}\right)^n f(\theta x, \theta y)$$

がえられる．

これらの公式は独立変数の個数が2よりも多い場合にも成立する．たとえば

$$f(a+h, b+k, c+l) = f(a,b,c) + \left(h\frac{\partial}{\partial x} + k\frac{\partial}{\partial y} + l\frac{\partial}{\partial z}\right)f(a,b,c)$$

$$+ \frac{1}{2!}\left(h\frac{\partial}{\partial x} + k\frac{\partial}{\partial y} + l\frac{\partial}{\partial z}\right)^2 f(a,b,c) + \cdots$$

などが成り立つ．

## 問題 7

**1.** 次の函数の変域と等高線を求めよ：
$$z = c\sqrt{1 - \frac{x^2}{a^2} - \frac{y^2}{b^2}}.$$

**2.** 次の函数の偏導函数を求めよ：
 (1) $z = Ax^2 + Bxy + Cy^2 + Dx + Ey + F$,
 (2) $z = x^y$,
 (3) $u = \cos(ax + by + cz)$.

**3.** $u = \log(\tan x + \tan y + \tan z)$ なるとき，
$$\frac{\partial u}{\partial x}\sin 2x + \frac{\partial u}{\partial y}\sin 2y + \frac{\partial u}{\partial z}\sin 2z = 2$$
なることを証明せよ．

**4.** 平面上に点集合列 $E_n$ ($n=1, 2, \cdots$) があったとき，
$$C\left(\bigcup_{n=1}^{\infty} E_n\right) = \bigcap_{n=1}^{\infty} C(E_n),$$
$$C\left(\bigcap_{n=1}^{\infty} E_n\right) = \bigcup_{n=1}^{\infty} C(E_n)$$

なることを証明せよ．ただし，$C(M)$ は $M$ の全平面に関する補集合を表わす．

(注) $E_n(n=1, 2, \cdots)$ の少なくとも一つに含まれる点全部の集合(合併集合)を $\bigcup_{n=1}^{\infty} E_n$, $E_n(n=1, 2, \cdots)$ のすべてに共通に含まれる点全部の集合(共通集合)を $\bigcap_{n=1}^{\infty} E_n$ で表わす．

**5.** 平面上の開集合の系列 $E_n\ (n=1, 2, \cdots)$ の合併集合は開集合であり，閉集合の系列 $F_n\ (n=1, 2, \cdots)$ の共通集合は閉集合であることを証明せよ．

**6*.** 閉正方形 $\Delta$ の各点 P に任意に一つの P を中心とする開円板 $U(\mathrm{P})$ を対応させたとき，かかる開円板のうちの適当な有限個 $U(\mathrm{P}_1), U(\mathrm{P}_2), \cdots, U(\mathrm{P}_m)$ だけで $\Delta$ を被うことができる．すなわち
$$\Delta \subset U(\mathrm{P}_1) \bigcup U(\mathrm{P}_2) \bigcup \cdots \bigcup U(\mathrm{P}_m)$$
となるようにできる(ボレル・ルベーグの定理)ことを証明せよ．

**7.** 次の函数の全微分を求めよ：

(1) $z=axy^2+bx^2+cy^3+dx$, 　　(2) $z=\dfrac{x^2-y^2}{x^2+y^2}$,

(3) $z=\sin(xy)$, 　　(4) $z=y^{\sin x}$.

**8.** 函数 $z=f(x, y)$ が点 $\mathrm{P}_0(x_0, y_0)$ の近傍 $U(\mathrm{P}_0, \rho)$ で定義されていて，$(x_0, y_0)$ で全微分可能とする．このとき，半径に沿うて $\mathrm{P}(x, y)$ が $\mathrm{P}_0(x_0, y_0)$ に近づくとき
$$\lim_{\mathrm{P} \to \mathrm{P}_0} \frac{f(x, y)-f(x_0, y_0)}{\sqrt{(x-x_0)^2+(y-y_0)^2}}$$
の存在することを証明せよ．

**9.** $z=\dfrac{x^2y^2}{x+y}$ なるとき，
$$x\frac{\partial^2 z}{\partial x^2}+y\frac{\partial^2 z}{\partial x \partial y}=2\frac{\partial z}{\partial x}$$
であることを証明せよ．

**10.** $u=(x^2+y^2+z^2)^{-1/2}$ なるとき，
$$\frac{\partial^2 u}{\partial x^2}+\frac{\partial^2 u}{\partial y^2}+\frac{\partial^2 u}{\partial z^2}=0$$
であることを証明せよ．

**11.** $u=\log(x^3+y^3+z^3-3xyz)$ なるとき，
$$\frac{\partial^2 u}{\partial x^2}+\frac{\partial^2 u}{\partial y^2}+\frac{\partial^2 u}{\partial z^2}+2\frac{\partial^2 u}{\partial x \partial y}+2\frac{\partial^2 u}{\partial y \partial z}+2\frac{\partial^2 u}{\partial z \partial x}=-\frac{9}{(x+y+z)^2}$$
なることを証明せよ．

**12.** 函数 $f(x, y)$ があって，任意の実数 $t$ に対して，恒等式
$$f(tx, ty)=t^m f(x, y)$$
が成立するとき，$f(x, y)$ を $m$ 次の同次式という．$f(x, y)$ が $m$ 次の同次式のとき
$$xf_x(x, y)+yf_y(x, y)=mf(x, y)$$
であることを証明せよ．

問題 7

**13.** 函数 $z = f(ax+by+c)$ の $\dfrac{\partial^{m+n} z}{\partial x^m \partial y^n}$ を求めよ．

**14.** 函数 $f(x, y)$ を $|x-x_0| < r$, $|y-y_0| < r$ で定義されているとする．このときもし
$$\lim_{x \to x_0} f_x(x, y_0)$$
が存在するならば，
$$f_x(x_0, y_0) = \lim_{x \to x_0} f_x(x, y_0)$$
であることを証明せよ．

**15\*.** 函数
$$f(x, y) = x^2 \tan^{-1} \frac{y}{x} - y^2 \tan^{-1} \frac{x}{y}, \quad \text{ただし } f(x, 0) = f(0, y) = 0,$$
について，$(x, y) \neq (0, 0)$ では
$$f_{xy}(x, y) = f_{yx}(x, y) = \frac{x^2 - y^2}{x^2 + y^2}$$
が成立することおよび
$$f_{xy}(0, 0) = -1, \quad f_{yx}(0, 0) = 1$$
なることを証明せよ．

**16.** $z = f(u, v)$, $u = \varphi(x, y)$, $v = \psi(x, y)$ なるとき合成函数 $z = F(x, y) = f[\varphi(x, y), \psi(x, y)]$ の二次偏導函数を求めよ．

# 第8章　偏導函数の応用

## §43. 極大と極小

函数 $z=f(x, y)$ を一点 $(a, b)$ の $\rho$ 近傍：$(x-a)^2+(y-b)^2<\rho^2$ で定義されているとする．このとき，もし適当な正数 $\delta$ に対して
$$0<(x-a)^2+(y-b)^2<\delta^2 \text{ なる限り}$$
(43.1) $\qquad f(x, y)<f(a, b) \quad (f(x, y)>f(a, b))$

が成立するならば，$f(x, y)$ は点 $(a, b)$ において**極大**（**極小**）になるといって，$f(a, b)$ を極大値（極小値）という．極大値と極小値とを総称して**極値**という．

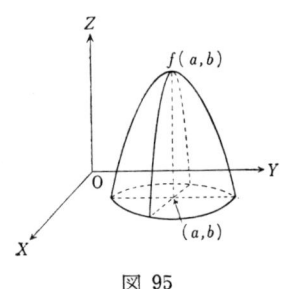

函数 $z=f(x, y)$ が $(a, b)$ で極値をとるとき，もし $f(x, y)$ が $(a, b)$ で偏微分係数 $f_x(a, b)$，$f_y(a, b)$ を持つならば $f_x(a, b)=0$，$f_y(a, b)=0$ である．なぜならば，$f(x, b)$ は $|x-a|<\rho$ で定義された $x$ の函数であって $x=a$ で

図 95

極値をとるから $f_x(a, b)=0$ である．同様にして $f_y(a, b)=0$ なることがわかる．

**例 1.** $z=f(x, y)=\sqrt{x^2+y^2}$ は $(0, 0)$ で極小となるけれども $f_x(0, 0)$，$f_y(0, 0)$ は存在しない．

**例 2.** $z=f(x, y)=x^2-y^2$,
$\qquad f_x(x, y)=2x$,
$\qquad f_y(x, y)=2y$.

ゆえに
$\qquad f_x(0, 0)=f_y(0, 0)=0$.

等高線 $x^2-y^2=k \ (-\infty<k<\infty)$ をかいてみればわかるように，$z=f(x, y)$ は $(0, 0)$ で極大にも極小にもならない．

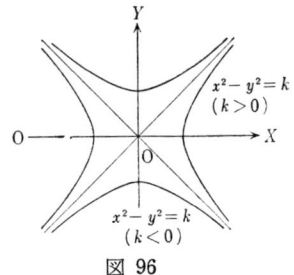

図 96

今度は $z=f(x, y)$ を開正方形 $W: |x-a|<r, |y-b|<r$ で $C^2$ の函数とし
$$f_x(a, b)=f_y(a, b)=0$$

## §43. 極大と極小

とする．テイラーの定理によって

$$f(a+h, b+k) - f(a, b)$$
$$= \frac{1}{2}[h^2 f_{xx}(a+\theta h, b+\theta k) + 2hk f_{xy}(a+\theta h, b+\theta k)$$
$$+ k^2 f_{yy}(a+\theta h, b+\theta k)] \quad (0<\theta<1).$$

仮定によって，$f_{xx}, f_{xy}, f_{yy}$ は $(a, b)$ で連続であるから，

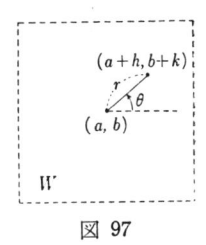

$$f(a+h, b+k) - f(a, b)$$
$$= \frac{1}{2}[h^2 f_{xx}(a, b) + 2hk f_{xy}(a, b) + k^2 f_{yy}(a, b) + \varepsilon \cdot (h^2 + k^2)],$$

図 97

ただし $\sqrt{h^2+k^2} \to 0$ のとき $\varepsilon = \varepsilon(h, k) \to 0$，と書き直すことができる．さらに

$$\sqrt{h^2+k^2} = r, \quad h = r\cos\theta, \quad k = r\sin\theta,$$
$$f_{xx}(a, b) = A, \quad f_{xy}(a, b) = B, \quad f_{yy}(a, b) = C$$

とおけば，

(43.2)
$$f(a+h, b+k) - f(a, b)$$
$$= \frac{r^2}{2}[A\cos^2\theta + 2B\cos\theta\sin\theta + C\sin^2\theta + \varepsilon],$$

ただし $r \to 0$ のとき $\varepsilon \to 0$ と書くことができる．いま

$$\varphi(\theta) = A\cos^2\theta + 2B\cos\theta\sin\theta + C\sin^2\theta \quad (0 \leq \theta \leq 2\pi)$$

とおく．

I．$\Delta = B^2 - AC < 0$ の場合を考える．このとき $B^2 < AC$ であるから，$A$ および $C$ は $0$ と異なり，かつ同符号である．

$$A\varphi(\theta) = (A\cos\theta + B\sin\theta)^2 + (AC - B^2)\sin^2\theta$$

の右辺の二つの項はともに $\geq 0$ でかつ同時には $0$ にならない．したがって，$A\varphi(\theta)$ は閉区間 $0 \leq \theta \leq 2\pi$ で正値ばかりとる連続な函数である．その最小値を $\alpha$ で表わそう．正数 $\delta$ を十分小さくとれば，$0 < r < \delta$ なる限り

$$|A\varepsilon| < \alpha$$

となるようにできる．したがって，$0 < r < \delta$ なる限り $f(a+h, b+k) - f(a, b)$ は $A$ と同符号になる．ゆえに

$A<0$（または $C<0$）ならば $f(a, b)$ は極大値であり，

$A>0$（または $C>0$）ならば $f(a, b)$ は極小値である．

II. $\varDelta = B^2 - AC > 0$ の場合を考える．$C=0$ とすれば

$$\varphi(\theta) = A\cos^2\theta + 2B\cos\theta\sin\theta = \cos^2\theta(A + 2B\tan\theta)$$

であるから，$\varphi(\theta)$ は $\tan\theta$ と $-\dfrac{A}{2B}$ との大小によって符号を変える．$C \neq 0$ とすれば

$$\varphi(\theta) = \cos^2\theta(A + 2B\tan\theta + C\tan^2\theta)$$

は $\tan\theta$ の二つの値で $\varphi(\theta)$ は $0$ となり，したがって $\theta$ の値によって $\varphi(\theta)$ は符号を変える．ゆえに，I の場合と同じような考えを使って，$f(a, b)$ は極大値でも極小値でもないことがわかる．

III. $\varDelta = B^2 - AC = 0$ の場合を考える．

$A \neq 0, C \neq 0$ のときは明らかに $B \neq 0$

$A\varphi(\theta) = (A\cos\theta + B\sin\theta)^2$ はつねに $\geqq 0$ であるが $\tan\theta = -\dfrac{A}{B}$ なる $\theta$ で $\varphi(\theta) = 0$ となる．このとき，等式 (43.2) における $\varepsilon(h, k)$ の影響を無視できないから，$f(a, b)$ は極値であるかどうか決定ができない．$A=0$ のときは $B=0$，$\varphi(\theta) = C\sin^2\theta$．$C=0$ のときは $B=0$，$\varphi(\theta) = A\cos^2\theta$．これらの場合も同じように，ある $\theta$ で $\varphi(\theta) = 0$ となる．結局 $\varDelta = B^2 - AC = 0$ の場合は $f(a, b)$ が極値であるかどうか（これだけでは）決定できない．

いままでに述べたことをまとめておこう．

**定理 43.1.** $z = f(x, y)$ を開正方形：$|x-a|<r$, $|y-b|<r$ において $C^2$ の函数とし，

$$f_x(a, b) = 0, \quad f_y(a, b) = 0$$

とする．$\varDelta = f_{xy}(a, b)^2 - f_{xx}(a, b)f_{yy}(a, b)$ とおく．

I. $\varDelta < 0$ なるとき

$f_{xx}(a, b) < 0$（または $f_{yy}(a, b) < 0$）とすれば

$f(a, b)$ は極大値，

$f_{xx}(a, b) > 0$（または $f_{yy}(a, b) > 0$）とすれば

$f(a, b)$ は極小値

である．

II. $\Delta > 0$ ならば $f(a, b)$ は極値でない．

III. $\Delta = 0$ ならば $f(a, b)$ は極値であるかどうか決定できない．

**例 3.** $f(x, y) = 3axy - x^3 - y^3$ $(a > 0)$ の極値を調べてみる．

$$f_x = 3ay - 3x^2 = 0, \quad f_y = 3ax - 3y^2 = 0 \text{ から}$$
$$x = 0, \ y = 0; \ x = a, \ y = a.$$
$$f_{xx} = -6x, \ f_{xy} = 3a, \ f_{yy} = -6y,$$
$$\Delta = 9a^2 - 36xy.$$
$$f_{xx}(0, 0) = 0, \ f_{xy}(0, 0) = 3a, \ f_{yy}(0, 0) = 0,$$

$\Delta = 9a^2 > 0$. ゆえに $f(0, 0)$ は極大値でも極小値でもない；
$$f_{xx}(a, a) = -6a < 0, \ f_{xy}(a, a) = 3a, \ f_{yy} = -6a,$$
$\Delta = 9a^2 - 36a^2 = -27a^2 < 0$. ゆえに $f(a, a)$ は極大値である．

**例 4.** 三角形 ABC 内に一点 P を求めて
$$\overline{AP}^2 + \overline{BP}^2 + \overline{CP}^2$$
を最小にしよう．A, B, C の直角座標を $(a_1, a_2)$, $(b_1, b_2)$, $(c_1, c_2)$, 求める点の座標を $(x, y)$ とし, 函数
$$f(x, y) = \{(x-a_1)^2 + (y-a_2)^2\}$$
$$+ \{(x-b_1)^2 + (y-b_2)^2\}$$
$$+ \{(x-c_1)^2 + (y-c_2)^2\}$$
を全 $(x, y)$ 平面で考える．$f(x, y)$ は $x, y$ に関する二次式であって明らかに $C^2$ の函数でしかも $x^2 + y^2 \to +\infty$ のとき $f(x, y) \to +\infty$ である．[1] したがって, $f(x, y)$ は平面上のある点 $(x_0, y_0)$ で必ず最小値をとる．そこでは $f_x(x_0, y_0) = f_y(x_0, y_0) = 0$ となるはずである．しかるに
$$\tfrac{1}{2} f_x(x, y) = 3x - (a_1 + b_1 + c_1),$$
$$\tfrac{1}{2} f_y(x, y) = 3y - (a_2 + b_2 + c_2)$$
であるから,
$$x_0 = \frac{a_1 + b_1 + c_1}{3}, \quad y_0 = \frac{a_2 + b_2 + c_2}{3}$$
すなわち, 三角形 ABC の重心であることがわかる．

**例 5.** 二次式
$$z = \varphi(x, y) = ax^2 + 2hxy + by^2 + 2gx + 2fy + c$$
の極値を調べてみよう．

---

[1] $x = r\cos\theta, \ y = r\sin\theta$ とおいて, $\lim\limits_{r \to \infty} f(r\cos\theta, \ r\sin\theta) = \infty$ なることがわかる．

$$\frac{1}{2}\varphi_x = ax+hy+g = 0, \quad \frac{1}{2}\varphi_y = hx+by+f = 0.$$

$h^2-ab \neq 0$ とすれば,

$$x_0 = \frac{bg-hf}{h^2-ab}, \quad y_0 = \frac{af-hg}{h^2-ab},$$

$$\frac{1}{2}\varphi_{xx} = a, \quad \frac{1}{2}\varphi_{xy} = h, \quad \frac{1}{2}\varphi_{yy} = b.$$

いま $\frac{1}{4}\varDelta = h^2-ab < 0$ とすれば, $a < 0$ のとき, $\varphi(x_0, y_0)$ は極大値であるばかりでなく, 実は最大値である. なぜならば, いまの場合, テイラーの公式によって, $x^2+y^2 \neq 0$ なる限り

$$\varphi(x_0+x, y_0+y) - \varphi(x_0, y_0) = ax^2 + 2hxy + by^2$$
$$= \frac{1}{a}\{(ax+hy)^2 + (ab-h^2)y^2\} > 0$$

が成立するからである.

同様にして, $\varDelta < 0$ かつ $a > 0$ の場合には, $\varphi(x_0, y_0)$ は極小値であるばかりでなく最小値である. なお,

$$\varphi(x_0, y_0) = \frac{1}{2}\varphi_x(x_0, y_0)x_0 + \frac{1}{2}\varphi_y(x_0, y_0)y_0 + gx_0 + fy_0 + c = gx_0 + fy_0 + c$$

であることに注意する.

**注意.** 例4は例5の一つの応用とも考えられる.

**例 6\*.** 空間の平行でない二直線の最短距離を求めよ. 空間の二直線 $g_1, g_2$ の方程式を

$$g_1: \quad \frac{x-a_1}{\alpha_1} = \frac{y-b_1}{\beta_1} = \frac{z-c_1}{\gamma_1},$$

$$g_2: \quad \frac{x-a_2}{\alpha_2} = \frac{y-b_2}{\beta_2} = \frac{z-c_2}{\gamma_2}$$

とする. $g_1$ 上の動点を $P(x, y, z)$, $g_2$ 上の動点を $Q(\xi, \eta, \zeta)$ とし,

$$\frac{x-a_1}{\alpha_1} = \frac{y-b_1}{\beta_1} = \frac{z-c_1}{\gamma_1} = u \quad (-\infty < u < \infty),$$

$$\frac{\xi-a_2}{\alpha_2} = \frac{\eta-b_2}{\beta_2} = \frac{\zeta-c_2}{\gamma_2} = v \quad (-\infty < v < \infty)$$

とおけば,

(43.3)
$$\xi-x = \alpha_2 v - \alpha_1 u + (a_2-a_1),$$
$$\eta-y = \beta_2 v - \beta_1 u + (b_2-b_1),$$
$$\zeta-z = \gamma_2 v - \gamma_1 u + (c_2-c_1),$$

であるから,

$$F(u, v) = \overline{PQ}^2 = (\xi-x)^2 + (\eta-y)^2 + (\zeta-z)^2$$
$$= \{\alpha_2 v - \alpha_1 u + (a_2-a_1)\}^2 + \{\beta_2 v - \beta_1 u + (b_2-b_1)\}^2$$

$$+\{\gamma_2 v-\gamma_1 u+(c_2-c_1)\}^2$$
$$=Au^2+2Huv+Bv^2+\cdots,$$

ただし，$A=\alpha_1^2+\beta_1^2+\gamma_1^2$, $H=-(\alpha_1\alpha_2+\beta_1\beta_2+\gamma_1\gamma_2)$, $B=\alpha_2^2+\beta_2^2+\gamma_2^2$. $g_1$ と $g_2$ とは平行でないから，

$$AB-H^2=(\alpha_1\beta_2-\alpha_2\beta_1)^2+(\beta_1\gamma_2-\beta_2\gamma_1)^2+(\gamma_1\alpha_2-\gamma_2\alpha_1)^2>0,$$

かつ $A>0$ である．したがって，例5で述べたように $F_u(u,v)=0$, $F_v(u,v)=0$ の解を $u=u_0$, $v=v_0$ とすれば，$F(u_0,v_0)$ は最小値を与える．

$$-\frac{1}{2}F_u(u,v)=\alpha_1(\xi-x)+\beta_1(\eta-y)+\gamma_1(\zeta-z)=0,$$
$$\frac{1}{2}F_v(u,v)=\alpha_2(\xi-x)+\beta_2(\eta-y)+\gamma_2(\zeta-z)=0.$$

いま最短距離 $\rho$ を与えるベクトル PQ の方向余弦を $l, m, n$ とすれば

(43.4) $$\xi-x=l\rho,\quad \eta-y=m\rho,\quad \zeta-z=n\rho$$

であるから，

(43.5) $$\alpha_1 l+\beta_1 m+\gamma_1 n=0,\quad \alpha_2 l+\beta_2 m+\gamma_2 n=0.$$

すなわち，ベクトル PQ は $g_1$ および $g_2$ の共通垂線であることがわかる．いま
$$T_1=\beta_1\gamma_2-\beta_2\gamma_1,\quad T_2=\gamma_1\alpha_2-\gamma_2\alpha_1,\quad T_3=\alpha_1\beta_2-\alpha_2\beta_1$$
とおけば，

$$\frac{l}{T_1}=\frac{m}{T_2}=\frac{n}{T_3}=\frac{\pm 1}{\sqrt{T_1^2+T_2^2+T_3^2}}.$$

したがって，(43.3), (43.4) および (43.5) を用いて

$$\rho=l(\xi-x)+m(\eta-y)+n(\zeta-z)=(a_2-a_1)l+(b_2-b_1)m+(c_2-c_1)n$$
$$=\frac{|(a_2-a_1)T_1+(b_2-b_1)T_2+(c_2-c_1)T_3|}{\sqrt{T_1^2+T_2^2+T_3^2}}.$$

**問 1.** 函数 $z=f(x,y)=x^2+xy+y^2-ax-by$ の極値を調べよ．

**問 2.** 体積が一定なる直方体の表面積の最大なるものは立方体であることを証明せよ．

## §44. 陰 函 数

二つの変数 $x, y$ の方程式

(44.1) $$F(x,y)=0$$

が与えられたとき，変数 $x$ の函数

(44.2) $$y=f(x)$$

がある区間で恒等的に方程式 (44.1) を満足するならば，$y=f(x)$ を方程式 (44.1) で定義される一つの陰函数(implicit function)という．まず，最初にどのような条件の下に陰函数の存在がわかるか調べてみよう．

**定理 44.1.** 函数 $F(x, y)$ を一点 $(x_0, y_0)$ を中心とする開正方形 $W: |x-x_0|<h, |y-y_0|<h$ で連続とし

(i) $\qquad F(x_0, y_0) = 0,$

(ii) $\qquad F_y(x_0, y_0) \neq 0$

とする．このとき，適当な閉区間 $K: |x-x_0| \leq r \ (<h)$ において少なくとも一つの函数 $y=f(x)$，ただし $y_0=f(x_0)$，が方程式 $F(x, y)=0$ を恒等的に満足する．

(ヤング[1]の定理)

**証明．** 同様であるから $F_y(x_0, y_0) > 0$ と仮定しよう．一変数 $y$ の函数 $F(x_0, y)$ は開区間 $y_0-h<y<y_0+h$ で定義され，$F_y(x_0, y_0) > 0$ であるから，$F(x_0, y)$ は $y=y_0$ で増加の状態にある．したがって，適当に小さく正数 $k\ (<h)$ を定めれば，$F(x_0, y_0)=0$ であることから，

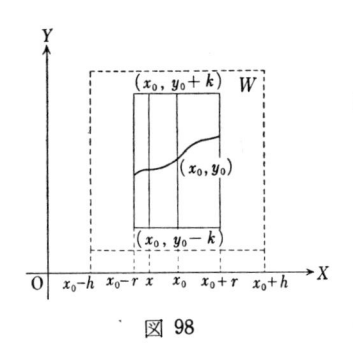

$y_0-k \leq y < y_0$ ならば $F(x_0, y) < 0,$
$y_0 < y \leq y_0+k$ ならば $F(x_0, y) > 0$

となる．函数 $F(x, y)$ は二点 $(x_0, y_0-k)$ および $(x_0, y_0+k)$ で連続であるから，正数 $r\ (<h)$ を適当に小さくとれば，$|x-x_0| \leq r$ なる限り

(44.3) $\qquad F(x, y_0-k) < 0 < F(x, y_0+k)$

が成立するようにできる．いま，$|x-x_0| \leq r$ の各点 $x$ に対して，一変数 $y$ の連続函数 $F(x, y)$ を閉区間 $[y_0-k, y_0+k]$ で考えて，連続函数の中間値の定理を用いれば，(44.3) から，開区間 $(y_0-k, y_0+k)$ の少なくとも一点 $y$ で $F(x, y)=0$ となることがわかる．かかる $y$ が一つよりも多いとき，そのうちの最大なものを $y$ とすれば，こうして定義される函数 $y=f(x)$ は閉区間 $[x_0-r, x_0+r]$ において恒等的に方程式 (44.1) を満足する．

次に陰函数 $y=f(x)$ の一意性を調べるための一つの準備をしよう．

**定理 44.2.** 函数 $F(x, y)$ は開正方形 $W: |x-x_0|<h, |y-y_0|<h$ におい

---

[1] Young の定理.

§44. 陰 函 数

て偏導函数 $F_y(x, y)$ を持ち，かつ $F_y(x, y)$ は $W$ において決して $0$ にならないとすれば，$W$ 内の二点 $(x, y_1), (x, y_2)$, ただし $y_1 \not\approx y_2$, に対してつねに

$$F(x, y_1) \not\approx F(x, y_2)$$

である．

**証明．** 平均値の定理によれば

$$F(x, y_2) - F(x, y_1) = (y_2 - y_1) F_y(x, y_1 + (y_2 - y_1)\theta), \quad 0 < \theta < 1$$

であるから，$F(x, y_2) = F(x, y_1)$ とすれば

$$F_y(x, y_1 + (y_2 - y_1)\theta) = 0$$

となって仮定に反する．

したがって次の定理がえられる．

**定理 44.3.** 函数 $F(x, y)$ を開正方形 $W: |x - x_0| < h, |y - y_0| < h$ で連続とし，偏導函数 $F_y(x, y)$ は $W$ において $\not\approx 0$ とする．さらに $F(x_0, y_0) = 0$ とする．このとき，適当な閉区間 $K: |x - x_0| \leq r$ にただ一つの函数 $y = f(x)$, ただし $y_0 = f(x_0)$, が存在して恒等的に方程式 $F(x, y) = 0$ を満足する．さらに，函数 $y = f(x)$ は $|x - x_0| \leq r$ で必然的に連続となる．

**証明．** 陰函数の存在と一意性（ただ一つであるということ）は定理 44.1 と定理 44.2 から明らかである．次に $y = f(x)$ の $|x - x_0| \leq r$ における連続性を証明しよう．定理 44.1 の証明からわかるように，函数 $y = f(x)$ は $x_0 - r \leq x \leq x_0 + r$ において $y_0 - k < y < y_0 + k$ を満足しかつ恒等的に

$$F(x, f(x)) = 0$$

である．いま $x_n \in K, \lim_{n \to \infty} x_n = x$ とする．明らかに $x \in K$, かつ $y_n = f(x_n)$ $(n = 1, 2, \cdots)$ は閉区間 $[y_0 - k, y_0 + k]$ に含まれる数列である．いま，$\{y_n\}$ の集積値の一つを $\bar{y}$ とし，適当な部分列 $\{y_{n_\nu}\}$ は $\bar{y}$ に収束するものとしよう．$F(x, y)$ は $W$ において連続であるから

$$\lim_{\nu \to \infty} F(x_{n_\nu}, y_{n_\nu}) = F(x, \bar{y}) = 0.$$

しかるに $F(x, f(x)) = 0$ であるから，一意性によって $\bar{y} = f(x)$. すなわち $y = f(x)$ は閉区間 $x_0 - r \leq x \leq x_0 + r$ で連続である．

次に陰函数の微分可能性を出すためにはもう少しく条件を加える．

**定理 44.4.** 函数 $F(x, y)$ を開正方形 $W: |x-x_0|<h, |y-y_0|<h$ において二つの連続な偏導函数 $F_x(x, y)$ および $F_y(x, y)$ を持ち，

(i) $\quad F(x_0, y_0)=0,$

(ii) $\quad F_y(x_0, y_0) \neq 0$

とすれば，ある適当な開区間 $|x-x_0|<r(<h)$ においてただ一つの連続な函数 $y=f(x)$，ただし $y_0=f(x_0)$，が恒等的に方程式 $F(x, y)=0$ を満足する．それだけでなく，$y=f(x)$ は $|x-x_0|<r$ の各点で微分可能でかつ

(44.4) $\quad f'(x)=-\dfrac{F_x(x, y)}{F_y(x, y)} \quad$ （ただし $y=f(x)$）

である．[1]

**証明．** まず定理 37.3 からわかるように $F(x, y)$ は $W$ において連続であることに注意する．$F_y(x, y)$ は $(x_0, y_0)$ で連続であるから，正数 $\rho$ を適当に小にとれば，$W_\rho: |x-x_0|<\rho, |y-y_0|<\rho$ において $F_y(x, y) \neq 0$ であるようにできる．正数 $r(<\rho)$ を適当にえらべば，$|x-x_0|<r$ において $|y-y_0|<\rho$ 内の値をとり，恒等的に方程式 $F(x, y)=0$ を満足するただ一つの函数 $y=f(x)$ がある．定理 44.3 で述べたように，$y=f(x)$ は $|x-x_0|<r$ で連続である．したがって，開区間 $|x-x_0|<r$ の一点 $x$ に増分 $\Delta x$ を与えたとき $\Delta y=f(x+\Delta x)-f(x)$ とすれば，$\Delta x \to 0$ のとき $\Delta y \to 0$ である．平均値の定理を用いて

$F(x+\Delta x, y+\Delta y)-F(x, y)$
$=\Delta x F_x(x+\theta \Delta x, y+\theta \Delta y)+\Delta y F_y(x+\theta \Delta x, y+\theta \Delta y)=0 \quad (0<\theta<1),$

しかるに $F_y(x+\theta \Delta x, y+\theta \Delta y) \neq 0$ であるから，

$$\frac{\Delta y}{\Delta x}=-\frac{F_x(x+\theta \Delta x, y+\theta \Delta y)}{F_y(x+\theta \Delta x, y+\theta \Delta y)}.$$

$\Delta x \to 0$ のとき，$\Delta y \to 0$ かつ $F_x, F_y$ は $(x, y)$ で連続であるから (44.4) がえられる．

次に三変数 $x, y, z$ の間の方程式

---

[1] $f'(x)$ の右辺の形からわかるように $f'(x)$ は $|x-x_0|<r$ で連続である．

## §44. 陰 函 数

$$(44.5) \qquad F(x, y, z) = 0$$

が与えられたとき，二変数 $x, y$ の函数

$$(44.6) \qquad z = f(x, y)$$

がある領域で恒等的に方程式(44.5)を満足するならば，(44.6)を方程式(44.5)で定まる陰函数という．定理 44.4 は次のように拡張される．

**定理 44.5.** 函数 $F(x, y, z)$ は点 $(x_0, y_0, z_0)$ のある近傍 $U$ で連続な偏導函数 $F_x(x, y, z)$, $F_y(x, y, z)$, $F_z(x, y, z)$ を持ち，

(ⅰ) $\qquad F(x_0, y_0, z_0) = 0,$

(ⅱ) $\qquad F_z(x_0, y_0, z_0) \neq 0.$

とすれば，適当な開正方形 $Q: |x-x_0| < r, |y-y_0| < r$ においてただ一つの（連続な）函数 $z = f(x, y)$，ただし $z_0 = f(x_0, y_0)$，があって恒等的に方程式 (44.5) を満足する．さらに，$z = f(x, y)$ は開正方形 $Q$ において連続な偏導函数を持ち

$$(44.7) \quad f_x(x, y) = -\frac{F_x(x, y, z)}{F_z(x, y, z)}, \quad f_y(x, y) = -\frac{F_y(x, y, z)}{F_z(x, y, z)}$$

[ただし $z = f(x, y)$] が成立する．

**証明．** まず $F_z(x_0, y_0, z_0) > 0$ としよう．$z$ に関する偏導函数 $F_z(x, y, z)$ は点 $(x_0, y_0, z_0)$ で連続であるから，正数 $h$ を十分小にとれば領域 $\varDelta: |x-x_0| < h, |y-y_0| < h, |z-z_0| < h$ は近傍 $U$ に含まれて，$\varDelta$ においてつねに $F_z(x, y, z) > 0$ であるようにできる．一変数 $z$ の函数 $F(x_0, y_0, z)$ を開区間 $|z-z_0| < h$ で考えれば，これは狭義の単調増加な函数であるから，$0 < k < h$ とすれば

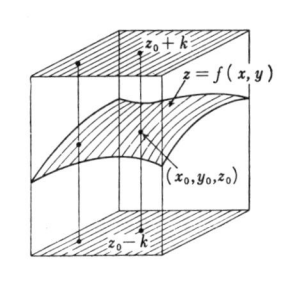

図 99

$$F(x_0, y_0, z_0 - k) < 0 < F(x_0, y_0, z_0 + k)$$

となる．つぎに $k$ を固定して，$(x_0, y_0)$ を中心とする開正方形 $Q: |x-x_0| < r, |y-y_0| < r$ を十分小にとれば，$Q$ に属する各点 $(x, y)$ に対して

$$F(x, y, z_0 - k) < 0 < F(x, y, z_0 + k)$$

が成り立つようにできる．$Q$ の各点 $(x, y)$ に対して，$z$ の函数 $F(x, y, z)$ を閉区間 $[z_0-k, z_0+k]$ で考えれば，これは狭義の単調増加函数であるから，$F(x, y, z)=0$ を満足する $z$ が開区間 $(z_0-k, z_0+k)$ 内に必ずあってただ一つであることがわかる．これを $z=f(x, y)$ で表わせば，$Q$ において $F(x, y, f(x, y))\equiv 0$ である．函数 $z=f(x, y)$ が $Q$ において連続であることは，定理 44.3 の証明と同じようにしてわかる．次に $Q$ の一点を $(x, y), x, y$ の増分を $\varDelta x, \varDelta y$ とし，対応する $z=f(x, y)$ の増分を $\varDelta z$ とすれば，平均値の定理によって

$$F(x+\varDelta x, y+\varDelta y, z+\varDelta z) - F(x, y, z)$$
$$= F_x(\bar{x}, \bar{y}, \bar{z})\varDelta x + F_y(\bar{x}, \bar{y}, \bar{z})\varDelta y + F_z(\bar{x}, \bar{y}, \bar{z})\varDelta z = 0,$$

ただし

$$\bar{x}=x+\theta\varDelta x, \quad \bar{y}+\theta\varDelta y, \quad \bar{z}=z+\theta\varDelta z \quad (0<\theta<1).$$

函数 $z=f(x, y)$ は $(x, y)$ で連続であるから，$|\varDelta x|+|\varDelta y|\to 0$ のとき $\varDelta z \to 0$ である．

$\varDelta y=0$ とすれば

$$F_x(\bar{x}, \bar{y}, \bar{z})\varDelta x + F_z(\bar{x}, \bar{y}, \bar{z})\varDelta z = 0,$$
$$\frac{\varDelta z}{\varDelta x} = -\frac{F_x(\bar{x}, \bar{y}, \bar{z})}{F_z(\bar{x}, \bar{y}, \bar{z})},$$

$\varDelta x \to 0$ ならしめて

$$\frac{\partial z}{\partial x} = -\frac{F_x(x, y, z)}{F_z(x, y, z)}.$$

まったく同様にして

$$\frac{\partial z}{\partial y} = -\frac{F_y(x, y, z)}{F_z(x, y, z)}.$$

偏導函数 $F_x(x, y, z), F_y(x, y, z), F_z(x, y, z)$ は近傍 $U$ で連続であり，$z=f(x, y)$ は $Q$ で連続であるから，合成函数 $F_x(x, y, f(x, y))$，$F_y(x, y, f(x, y))$，$F_z(x, y, f(x, y))$ は $Q$ で連続である．しかも，$F_z(x, y, f(x, y))$ は $Q$ で $0$ にならないから，$f_x(x, y)$ および $f_y(x, y)$ が $Q$ で連続であることがわかる．

§44. 陰 函 数

**注意.** 定理 44.5 は変数が三つよりも多い方程式 $F(x, y, u, v)=0$ の場合にもそのまま拡張される.

次に四つの変数 $x, y, u, v$ の二つの方程式

(44.8) $$F(x, y, u, v)=0,$$
(44.9) $$G(x, y, u, v)=0$$

が与えられたとき, 変数 $x, y$ の函数

$$u=f(x, y), \quad v=g(x, y)$$

がある領域で恒等的に方程式 (44.8) および (44.9) を満足するならば, $u=f(x, y)$, $v=g(x, y)$ を一組の(これらの方程式で定まる)陰函数という.

**定理 44.6.** 函数 $F(x, y, u, v)$, $G(x, y, u, v)$ は一点 $(x_0, y_0, u_0, v_0)$ のある近傍 $U$ において連続な一次の偏導函数を持ち,

( i ) $F(x_0, y_0, u_0, v_0) = G(x_0, y_0, u_0, v_0) = 0,$

(ii) $(x_0, y_0, u_0, v_0)$ において

$$J = \begin{vmatrix} F_u & F_v \\ G_u & G_v \end{vmatrix} \neq 0$$

とする. このとき, 適当に小さい $r$ 近傍 $K: (x-x_0)^2+(y-y_0)^2 < r^2$ においてただ一組の連続函数

(44.10) $$u=f(x, y), \quad v=g(x, y),$$

ただし $u_0=f(x_0, y_0)$, $v_0=g(x_0, y_0)$, があって恒等的に二つの方程式 (44.8), (44.9) を満足する. さらに, (44.10) の二つの函数は $K$ において連続な偏導函数を持つ.

**証明.** $J \neq 0$ であるから,

$$G_v(x_0, y_0, u_0, v_0) \neq 0$$

と仮定しよう. このとき, 定理 44.5 (注意をみよ) によって, $(x_0, y_0, u_0)$ のある近傍 $V$ で方程式 $G(x, y, u, v)=0$ を恒等的に満足するただ一つの連続函数

(44.11) $$v = \varphi(x, y, u),$$

ただし $v_0 = \varphi(x_0, y_0, u_0)$, がある. すなわち

(44.12) $$G(x, y, u, \varphi(x, y, u)) \equiv 0.$$

しかも, $v = \varphi(x, y, u)$ は近傍 $V$ において連続な偏導函数 $\varphi_x, \varphi_y, \varphi_u$ を持

つ.次に $v=\varphi(x, y, u)$ を方程式 (44.8) に代入すれば,解くべき方程式は
(44.13) $$F(x, y, u, \varphi)=\Phi(x, y, u)=0$$
となる.$\Phi(x, y, u)$ は明らかに近傍 $V$ において連続な偏導函数 $\Phi_x, \Phi_y, \Phi_u$ を持つ.次に
$$\Phi_u(x_0, y_0, u_0) \neq 0$$
であることに注意しよう.なぜならば
$$\Phi_u(x_0, y_0, u_0)=F_u(x_0, y_0, u_0, v_0)+F_v(x_0, y_0, u_0, v_0) \cdot \varphi_u(x_0, y_0, u_0),$$
$$0=G_u(x_0, y_0, u_0, v_0)+G_v(x_0, y_0, u_0, v_0) \cdot \varphi_u(x_0, y_0, u_0)$$
[(44.12) を $u$ で偏微分したもの],したがって
$$G_v(x_0, y_0, u_0, v_0) \cdot \Phi_u(x_0, y_0, u_0)=J(x_0, y_0, u_0, v_0) \neq 0.$$
ゆえに $\Phi_u(x_0, y_0, u_0) \neq 0$.したがって,$(x_0, y_0)$ のある近傍 $K$ において方程式 $\Phi(x, y, u)=0$ を恒等的に満足するただ一つの函数 $u=f(x, y)$,ただし $u_0=f(x_0, y_0)$,があって連続な偏導函数 $f_x, f_y$ を持つ.$u=f(x, y)$ を (44.11) に代入して $v=\varphi(x, y, f)=g(x, y)$ とおけば,$v=g(x, y)$ は近傍 $K$ において連続な偏導函数を持つ.

**別証明**[1].まず,$F(x, y, u, v)$,$G(x, y, u, v)$ の一次偏導函数はすべて点 $(x_0, y_0, u_0, v_0)$ で連続であるから,正数 $\delta$ を適当に小にとれば,
$$(x-x_0)^2+(y-y_0)^2+(u-u_0)^2+(v-v_0)^2<\delta^2$$
を満足する四点 $(x_i, y_i, u_i, v_i)$ $(i=1, 2, 3, 4)$ に対して
$$\begin{vmatrix} F_u(x_1, y_1, u_1, v_1) & F_v(x_2, y_2, u_2, v_2) \\ G_u(x_3, y_3, u_3, v_3) & G_v(x_4, y_4, u_4, v_4) \end{vmatrix} \neq 0$$
であることに注意しよう.これは
$$F_u(x_1, y_1, u_1, v_1)=F_u(x_0, y_0, u_0, v_0)+\varepsilon_1,$$
$$F_v(x_2, y_2, u_2, v_2)=F_v(x_0, y_0, u_0, v_0)+\varepsilon_2,$$
$$G_u(x_3, y_3, u_3, v_3)=G_u(x_0, y_0, u_0, v_0)+\varepsilon_3,$$
$$G_v(x_4, y_4, u_4, v_4)=G_v(x_0, y_0, u_0, v_0)+\varepsilon_4$$
とおくとき,$\delta \to 0$ ならば $|\varepsilon_1|+|\varepsilon_2|+|\varepsilon_3|+|\varepsilon_4| \to 0$ であって $(x_0, y_0, u_0, v_0)$

---

1) 次の記述は小松勇作,函数と極限(東海書房)に負う.

において $J \neq 0$ であることから明らかであろう.

次に $(x, y)$ 平面および $(u, v)$ 平面上のそれぞれ閉円板

(44.14) $\quad (x-x_0)^2+(y-y_0)^2 \leq \sigma^2, \ (u-u_0)^2+(v-v_0)^2 \leq \rho^2$

(ただし $\sigma^2+\rho^2<\delta^2$) を考える. いま簡単のため $P=(x, y)$, $Q=(u, v)$ とおこう. (44.14)の各点 P に対して方程式 $F(P, Q)=0$, $G(P, Q)=0$ を満足するような (44.14) の Q は存在するとしてただ一つであることを証明する. 仮に相異なる二点 $Q_1, Q_2$ が共に

$$F(P, Q_1)=G(P, Q_1)=0,$$
$$F(P, Q_2)=G(P, Q_2)=0$$

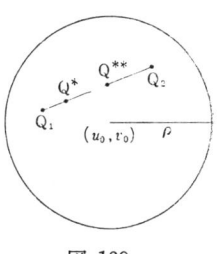

図 100

とすれば,

$$F(P, Q_2)-F(P, Q_1)=F(x, y, u_2, v_2)-F(x, y, u_1, v_1)$$
$$=(u_2-u_1)F_u(x, y, u_1+(u_2-u_1)\theta, v_1+(v_2-v_1)\theta)$$
$$+(v_2-v_1)F_v(x, y, u_1+(u_2-u_1)\theta, v_1+(v_2-v_1)\theta)=0.$$

すなわち, 線分 $Q_1Q_2$ 上の適当な内点を $Q^*$ とすれば,

$$(u_2-u_1)F_u(P, Q^*)+(v_2-v_1)F_v(P, Q^*)=0.$$

まったく同様にして, 線分 $Q_1Q_2$ 上の適当な内点を $Q^{**}$ とすれば,

$$(u_2-u_1)G_u(P, Q^{**})+(v_2-v_1)G_u(P, Q^{**})=0.$$

したがって

$$\begin{vmatrix} F_u(P, Q^*) & F_v(P, Q^*) \\ G_u(P, Q^{**}) & G_v(P, Q^{**}) \end{vmatrix}=0.$$

これは始めに述べた注意に反する. 次に

$$\Phi(P, Q)=\Phi(x, y, u, v)=F(x, y, u, v)^2+G(x, y, u, v)^2$$

を (44.14) で考えてみよう. 簡単のため, $P_0=(x_0, y_0)$, $Q_0=(u_0, v_0)$ とおく. $\Phi(P_0, Q)$ は $Q_0$ を中心とする半径 $\rho$ の円周 $\Gamma$ 上で連続な函数で正である (なぜならば, $\Phi(P_0, Q_0)=0$). したがって, $\Phi(P_0, Q)$ の $\Gamma$ 上の最小値を $2m$ で表わせば,

$$\min_{Q \in \Gamma} \Phi(P_0, Q)=2m > \Phi(P_0, Q_0)=0.$$

次に適当に正数 $r(<\sigma)$ をえらべば，$P_0$ の $r$ 近傍 $K$ の各点 P に対して，Q を $\Gamma$ 上のいかなる点としても

$$|\varPhi(P, Q)-\varPhi(P_0, Q)|<m$$

が成立し，さらに

$$\varPhi(P, Q_0)=\varPhi(P, Q_0)-\varPhi(P_0, Q_0)<m$$

が成立するようにできる．したがって，近傍 $K$ の各点 P に対して，$Q\in\Gamma$ なるとき

(44.15) $$\varPhi(P, Q)>m>\varPhi(P, Q_0).$$

いま，近傍 $K$ の各点 P を固定するとき，(44.15) によって，函数 $\varPhi(P, Q)$ は閉円板 $(u-u_0)^2+(v-v_0)^2\leqq\rho^2$ における最小値を $\Gamma$ の内部の点 $(u, v)$ でとる．したがって，そこで $\varPhi_u, \varPhi_v$ は 0 となる．

すなわち

$$\frac{1}{2}\frac{\partial\varPhi}{\partial u}=F(P, Q)F_u(P, Q)+G(P, Q)G_u(P, Q)=0,$$

$$\frac{1}{2}\frac{\partial\varPhi}{\partial v}=F(P, Q)F_v(P, Q)+G(P, Q)G_v(P, Q)=0.$$

しかるに，始めに述べたように

$$\begin{vmatrix} F_u & G_u \\ F_v & G_v \end{vmatrix}\neq 0$$

であるから $F(P, Q)=0$, $G(P, Q)=0$. すなわち，$(x-x_0)^2+(y-y_0)^2<r^2$ なる限り各点 $(x, y)$ に対して方程式

$$F(x, y, u, v)=0, \quad G(x, y, u, v)=0$$

を満足する $(u, v)$ が $(u-u_0)^2+(v-v_0)^2<\rho^2$ 内に必ずある．しかも，かかる $(u, v)$ はただ一通りであることは前に述べてあるから，これらを

(44.16) $$u=f(x, y), \quad v=g(x, y)$$

とおけば，定理の前半がえられる．

次に $K$ の各点 $x, y$ に増分 $\varDelta x, \varDelta y$ を与えたとき，$u=f(x, y), v=g(x, y)$ の増分を $\varDelta u, \varDelta v$ とすれば，平均値の定理によって

$$0=F(x+\varDelta x, y+\varDelta y, u+\varDelta u, v+\varDelta v)-F(x, y, u, v)$$

$$= (F_x)_1 \Delta x + (F_y)_1 \Delta y + (F_u)_1 \Delta u + (F_v)_1 \Delta v,$$

ただし $(F_x)_1, (F_y)_1, (F_u)_1, (F_v)_1$ は点

$$(x+\theta_1 \Delta x, y+\theta_1 \Delta y, u+\theta_1 \Delta u, v+\theta_1 \Delta v), \quad 0<\theta_1<1$$

における $F_x, F_y, F_u, F_v$ のそれぞれの値を表わす.すなわち

(44.17) $\quad (F_x)_1 \Delta x + (F_y)_1 \Delta y + (F_u)_1 \Delta u + (F_v)_1 \Delta v = 0.$

同様に

(44.18) $\quad (G_x)_2 \Delta x + (G_y)_2 \Delta y + (G_u)_2 \Delta u + (G_v)_2 \Delta v = 0,$

ただし $(G_x)_2, (G_y)_2, (G_u)_2, (G_v)_2$ は点

$$(x+\theta_2 \Delta x, y+\theta_2 \Delta y, u+\theta_2 \Delta u, v+\theta_2 \Delta v), \quad 0<\theta_2<1$$

における $G_x, G_y, G_u, G_v$ の値を表わす.

$(F_u)_1(G_v)_2-(F_v)_1(G_u)_2 \neq 0$ であるから,(44.17) と (44.18) を $\Delta u, \Delta v$ について解いてみれば,$|\Delta x|+|\Delta y|\to 0$ のとき $|\Delta u|+|\Delta v|\to 0$ となることがわかる.すなわち,$u=f(x, y)$,$v=g(x, y)$ は連続となる.また,$\Delta y=0$ とおいて (44.17), (44.18) を $\Delta x$ で割って $\Delta x \to 0$ ならしめれば

$$F_x + F_u \frac{\partial u}{\partial x} + F_v \frac{\partial v}{\partial x} = 0,$$

$$G_x + G_u \frac{\partial u}{\partial x} + G_v \frac{\partial v}{\partial x} = 0.$$

これより $\dfrac{\partial u}{\partial x}, \dfrac{\partial v}{\partial x}$ がえられる.$\dfrac{\partial u}{\partial y}, \dfrac{\partial v}{\partial y}$ についても同様である.

**問 1.** 方程式

$$\log \sqrt{x^2-y^2} = \tan^{-1} \frac{y}{x}$$

で定義される $x$ の函数 $y$ の導函数を求めよ.

**問 2.** $\quad x+y+u+v=a,$
$\quad\quad\quad\quad x^2+y^2+u^2+v^2=b^2$

で定義される $x, y$ の函数 $u, v$ の一次の偏導函数を求めよ.

## §45. 変数変換

$(u, v)$ 平面の領域 $D$ で定義された函数

(45.1) $\quad\quad\quad\quad x=\varphi(u, v), \quad y=\psi(u, v)$

は $(u, v)$ 平面の領域 $D$ から $(x, y)$ 平面のなかへの写像(または変換)を定義する．いま，$Q=(u, v)$, $P=(x, y)$ とおけば，(45.1) は簡単に

(45.2) $$P=\varPhi(Q)$$

の形に書くことができる．変換 (45.1) の性質を調べるためには，次の定理は重要である．

**定理 45.1.** 二つの函数

(45.1) $$x=\varphi(u, v), \quad y=\psi(u, v)$$

はそれらの一次の偏導函数とともに点 $Q_0=(u_0, v_0)$ のある近傍で連続とし，

(ⅰ) $x_0=\varphi(u_0, v_0)$, $y_0=\psi(u_0, v_0)$

かつ

(ⅱ) $(u_0, v_0)$ において

$$J(u, v) = \begin{vmatrix} \varphi_u(u, v) & \varphi_v(u, v) \\ \psi_u(u, v) & \psi_v(u, v) \end{vmatrix} \neq 0$$

とする．このとき，適当に小さい近傍

$$(x-x_0)^2+(y-y_0)^2 < r^2, \quad (u-u_0)^2+(v-v_0)^2 < \rho^2$$

を定めると，$(x-x_0)+(y-y_0)^2 < r^2$ の各点 $(x, y)$ に対して，方程式 (45.1) を満足する点 $(u, v)$ が $(u-u_0)^2+(v-v_0)^2 < \rho^2$ 内に必ずあってただ一つである．これを

(45.3) $$u=f(x, y), \quad v=g(x, y)$$

で表わせば，これらは $(x-x_0)^2+(y-y_0)^2 < r^2$ において連続な一次偏導函数を持つ．

**証明．** $F(x, y, u, v)=\varphi(u, v)-x$, $G(x, y, u, v)=\psi(u, v)-y$ とおけば，

$F_x(x, y, u, v) = -1, \quad F_y(x, y, u, v) = 0,$

$F_u(x, y, u, v) = \varphi_u(u, v), \quad F_v(x, y, u, v) = \varphi_v(u, v),$

$G_x(x, y, u, v) = 0, \quad G_y(x, y, u, v) = -1,$

$G_u(x, y, u, v) = \psi_u(u, v), \quad G_v(x, y, u, v) = \psi_v(u, v).$

したがって

$$\begin{vmatrix} F_u(x, y, u, v) & F_v(x, y, u, v) \\ G_u(x, y, u, v) & G_v(x, y, u, v) \end{vmatrix} = \begin{vmatrix} \varphi_u(u, v) & \varphi_v(u, v) \\ \psi_u(u, v) & \psi_v(u, v) \end{vmatrix} = J(u, v).$$

## §45. 変 数 変 換

明らかに $F(x_0, y_0, u_0, v_0) = G(x_0, y_0, u_0, v_0) = 0$, $(x_0, y_0, u_0, v_0)$ のある近傍で $F$ および $G$ は一次の偏導函数とともに連続であって $J(u_0, v_0) \neq 0$ であるから,定理 44.6 を応用して定理が証明される.

$u = f(x, y)$, $v = g(x, y)$ の偏導函数を求めるには,$(x-x_0)^2 + (y-y_0)^2 < r^2$ において,

$$x \equiv \varphi[f(x, y), g(x, y)], \quad y \equiv \psi[f(x, y), g(x, y)]$$

であるから

$$1 = \frac{\partial \varphi}{\partial u} \frac{\partial f}{\partial x} + \frac{\partial \varphi}{\partial v} \frac{\partial g}{\partial x},$$

$$0 = \frac{\partial \psi}{\partial u} \frac{\partial f}{\partial x} + \frac{\partial \psi}{\partial v} \frac{\partial g}{\partial x},$$

$$0 = \frac{\partial \varphi}{\partial u} \frac{\partial f}{\partial y} + \frac{\partial \varphi}{\partial v} \frac{\partial g}{\partial y},$$

$$1 = \frac{\partial \psi}{\partial u} \frac{\partial f}{\partial y} + \frac{\partial \psi}{\partial v} \frac{\partial g}{\partial y};$$

$$\frac{\partial f}{\partial x} = \frac{\frac{\partial \psi}{\partial v}}{J(u, v)}, \quad \frac{\partial g}{\partial x} = \frac{-\frac{\partial \psi}{\partial u}}{J(u, v)},$$

$$\frac{\partial f}{\partial y} = \frac{-\frac{\partial \varphi}{\partial v}}{J(u, v)}, \quad \frac{\partial g}{\partial y} = \frac{\frac{\partial \varphi}{\partial u}}{J(u, v)}.$$

したがって,

$$\begin{vmatrix} f_x & f_y \\ g_x & g_y \end{vmatrix} = \frac{1}{J^2} \begin{vmatrix} \frac{\partial \psi}{\partial v} & -\frac{\partial \varphi}{\partial v} \\ -\frac{\partial \psi}{\partial u} & \frac{\partial \varphi}{\partial u} \end{vmatrix} = \frac{J}{J^2} = \frac{1}{J} \neq 0.$$

すなわち

(45.4) $\qquad J(x, y) \cdot J(u, v) = 1.$

**注意.** 定理 45.1 において $Q_0 = (u_0, v_0)$ の $\rho$ 近傍 $U(Q_0, \rho):$ $(u-u_0)^2 + (v-v_0)^2 < \rho^2$ を十分小にとれば (45.2) の写像 $P = \varPhi(Q)$ は $U(Q_0, \rho)$ において一対一である. すなわち,$Q_1 \neq Q_2$, $Q_1, Q_2 \in U(Q_0, \rho)$ に対して

$$\varPhi(Q_1) \neq \varPhi(Q_2)$$

である(これは定理 44.6 の別証明の方法で直接証明ができる). また, $r$ を十分小にとれば, $U(Q_0, \rho)$ の写像 $P=\varPhi(Q)$ による像は $P_0=(x_0, y_0)$ の $r$ 近傍 $U(P_0, r)$ を含みかつ $U(P_0, r)$ において写像

$$Q=\varPsi(P): \quad u=f(x, y), \quad v=g(x, y)$$

は

$$\varPhi[\varPsi(P)]=P$$

を恒等的に満足する. したがって, $Q=\varPsi(P)$ は $U(P_0, r)$ において一対一であることはいうまでもない. $Q=\varPsi(P)$ を $P=\varPhi(Q)$ の逆写像という. (45.4) によれば, $P=\varPhi(Q)$ はまた $Q=\varPsi(P)$ の逆写像であることは明らかであろう.

**定理 45.2.** 二つの函数

$$(45.1) \qquad x=\varphi(u, v), \quad y=\psi(u, v)$$

はその一次偏導函数とともに領域 $D$ で連続とし, かつ

$$J(u, v)=\begin{vmatrix} \varphi_u & \varphi_v \\ \psi_u & \psi_v \end{vmatrix} \neq 0$$

とすれば, 写像 $x=\varphi(u, v), y=\psi(u, v)$ による $D$ の像 $\varDelta$ は $(x, y)$ 平面上の領域である.

**証明.** $\varDelta$ の任意の一点を $(x_0, y_0)$ とし

$$x_0=\varphi(u_0, v_0), \quad y_0=\psi(u_0, v_0)$$

なる $D$ の任意の一点を $(u_0, v_0)$ とすれば, $J(u_0, v_0) \neq 0$ であるから, 前定理によって, 適当に小さい近傍 $(x-x_0)^2+(y-y_0)^2 < r^2$ は $\varDelta$ に含まれる. このように $\varDelta$ は内点ばかりから成るから開集合である. また $\varDelta$ の任意の二点を $(x_1, y_1), (x_2, y_2)$ とし, その逆像の一つをそれぞれ $(u_1, v_1), (u_2, v_2)$ とする. $(u_1, v_1)$ と $(u_2, v_2)$ とを $D$ 内の曲線で結ぶとき, その像曲線は $(x_1, y_1)$ と $(x_2, y_2)$ とを $\varDelta$ 内で結ぶ. したがって, $\varDelta$ は領域である.

**定理 45.3.** 前定理の仮定の下に, 変換

$$P=\varPhi(Q): \quad x=\varphi(u, v), \quad y=\psi(u, v)$$

を考える. $C$ を $D$ 内の単純(自分自身と交らない)閉曲線とし, $C$ の内部 $(C)$ は $D$ の点ばかりから成るものとする. このとき, もし $P=\varPhi(Q)$ が $C \cup (C)$ において一対一であるならば, $C$ の像曲線 $\varGamma$ も単純閉曲線であって, $C$ の内部 $(C)$ は $\varGamma$ の内部 $(\varGamma)$ に 対一に対応する.

**証明.** まず, $\varGamma$ が単純閉曲線であることは明らかであろう. $x=\varphi(u, v)$,

§45. 変 数 変 換

$y=\psi(u,v)$ は有界閉集合 $C\cup(C)$ において連続であるから，ともに有界である．したがって，$(C)$ の $P=\varPhi(Q)$ による像は有界な領域である．これを $\mathfrak{D}$ で表わそう．仮に $\mathfrak{D}$ が $\varGamma$ の外部の一点を含むとすれば，$\varGamma$ の上にない $\mathfrak{D}$ の境界点 $P'$ がある．いま $P_n \in \mathfrak{D}$，$\lim_{n\to\infty} P_n = P'$ とし，$\varPhi(Q_n)=P_n$，$Q_n \in (C)$ なる点列 $\{Q_n\}$ の集積点の一つを $Q'$ としよう．このとき，適当な部分列 $Q_{n_\nu}$ ($\nu=1, 2, \cdots$) をえらべば，$\lim_{\nu\to\infty} Q_{n_\nu} = Q'$ とできる．$Q' \in C$ とすれば $\varPhi(Q')=P' \in \varGamma$ となって仮定に反する．また $Q' \in (C)$ とすれば $\varPhi(Q')=P' \in \mathfrak{D}$ となって不都合である．したがって $\mathfrak{D}$ は $\varGamma$ の外部の点を含まない．また $\mathfrak{D}$ は $\varGamma$ の点を含まないことは明らかであるから，$\mathfrak{D}$ は $\varGamma$ の内部 $(\varGamma)$ に含まれる．仮に $\mathfrak{D} \neq (\varGamma)$ とすれば，$\mathfrak{D}$ の境界点で $\varGamma$ の内部にあるものがあることになって，前とまったく同様な議論で矛盾がおこる．

**注意．** 程度の高い議論を使えば，この定理において，$P=\varPhi(Q)$ が $C\cup(C)$ において一対一という仮定は単に $P=\varPhi(Q)$ が $C$ において一対一という仮定でおきかえることができる．

**注意．** 定理 45.3 によれば，定理 45.1 において $(x-x_0)^2+(y-y_0)^2 < r^2$ は逆写像 $u=f(x,y)$，$v=g(x,y)$ によって，$(u_0, v_0)$ を内部に含む単純閉曲線で囲まれた領域に一対一に写像されることがわかる．

定理 45.1, 45.2, 45.3 を変数変換の計算に応用しよう．まず，簡単な場合から始める．函数 $y=F(x)$ および $x=\varphi(t)$ を与えたとき，$\dfrac{dy}{dx}$，$\dfrac{d^2y}{dx^2}$，$\cdots$ を $t$，$\dfrac{dy}{dt}$，$\dfrac{d^2y}{dt^2}$，$\cdots$ で表わす問題を考えてみる．$y=F[\varphi(t)]$ であるから，

$$\frac{dy}{dt}=\frac{dy}{dx}\frac{dx}{dt} \quad \text{ゆえに} \quad \frac{dy}{dx}=\frac{1}{\varphi'(t)}\frac{dy}{dt}.$$

$$\frac{d^2y}{dx^2}=\frac{d}{dx}\left(\frac{dy}{dx}\right)=\frac{1}{\varphi'(t)}\frac{d}{dt}\left(\frac{dy}{dx}\right)=\frac{1}{\varphi'(t)}\frac{d}{dt}\left[\frac{1}{\varphi'(t)}\frac{dy}{dt}\right]$$

$$=\frac{1}{\varphi'(t)}\left[-\frac{\varphi''(t)}{\varphi'(t)^2}\frac{dy}{dt}+\frac{1}{\varphi'(t)}\frac{d^2y}{dt^2}\right]$$

$$=\frac{\varphi'(t)\dfrac{d^2y}{dt^2}-\varphi''(t)\dfrac{dy}{dt}}{\varphi'(t)^3}.$$

**例 1.** $y=F(x)$, $x=e^t$.

$$\frac{dy}{dt} = \frac{dy}{dx}\frac{dx}{dt} = x\frac{dy}{dx},$$

$$\frac{d}{dt}\left(x\frac{dy}{dx}\right) = x\frac{d}{dx}\left(x\frac{dy}{dx}\right) = x^2\frac{d^2y}{dx^2} + x\frac{dy}{dx},$$

$$x^2\frac{d^2y}{dx^2} = \frac{d^2y}{dt^2} - \frac{dy}{dt} = (D-1)Dy,$$

ただし $\dfrac{d}{dt} = D$.

$$\frac{d}{dt}\left(x^2\frac{d^2y}{dx^2}\right) = x\frac{d}{dx}\left(x^2\frac{d^2y}{dx^2}\right) = x^3\frac{d^3y}{dx^3} + 2x^2\frac{d^2y}{dx^2},$$

$$x^3\frac{d^3y}{dx^3} = (D-2)(D-1)Dy.$$

次に函数 $y = F(x)$ と一組の函数

$$x = \varphi(u, v), \quad y = \psi(u, v)$$

を与える. $\psi(u, v) = F[\varphi(u, v)]$ であるから, $v$ は $u$ の函数と考えられる. $\dfrac{dy}{dx}, \dfrac{d^2y}{dx^2}, \cdots$ を $u, v, \dfrac{dv}{du}, \dfrac{d^2v}{du^2}, \cdots$ で表わすことを考えてみよう.

$$\frac{dy}{du} = \frac{dy}{dx}\frac{dx}{du},$$

$$\frac{dx}{du} = \frac{\partial \varphi}{\partial u} + \frac{\partial \varphi}{\partial v}\frac{dv}{du},$$

$$\frac{dy}{du} = \frac{\partial \psi}{\partial u} + \frac{\partial \psi}{\partial v}\frac{dv}{du},$$

(45.5) $$\frac{dy}{dx} = \frac{\dfrac{dy}{du}}{\dfrac{dx}{du}} = \frac{\dfrac{\partial \psi}{\partial u} + \dfrac{\partial \psi}{\partial v}\dfrac{dv}{du}}{\dfrac{\partial \varphi}{\partial u} + \dfrac{\partial \varphi}{\partial v}\dfrac{dv}{du}},$$

$$\frac{d^2y}{dx^2} = \frac{d}{dx}\left(\frac{dy}{dx}\right) = \frac{1}{\dfrac{dx}{du}}\frac{d}{du}\left(\frac{dy}{dx}\right)$$

(45.6) $$= \frac{1}{\dfrac{dx}{du}}\frac{d}{du}\left(\frac{\dfrac{\partial \psi}{\partial u} + \dfrac{\partial \psi}{\partial v}\dfrac{dv}{du}}{\dfrac{\partial \varphi}{\partial u} + \dfrac{\partial \varphi}{\partial v}\dfrac{dv}{du}}\right)$$

$$= \frac{A}{\left(\dfrac{\partial \varphi}{\partial u} + \dfrac{\partial \varphi}{\partial v}\dfrac{dv}{du}\right)^3},$$

ただし，

$$A = \left\{ \frac{\partial^2 \psi}{\partial u^2} + 2 \frac{\partial^2 \psi}{\partial u \partial v} \frac{dv}{du} + \frac{\partial^2 \psi}{\partial v^2} \left(\frac{dv}{du}\right)^2 + \frac{\partial \psi}{\partial v} \frac{d^2 v}{du^2} \right\}$$

$$\times \left( \frac{\partial \varphi}{\partial u} + \frac{\partial \varphi}{\partial v} \frac{dv}{du} \right)$$

$$- \left\{ \frac{\partial^2 \varphi}{\partial u^2} + 2 \frac{\partial^2 \varphi}{\partial u \partial v} \frac{dv}{du} + \frac{\partial^2 \varphi}{\partial v^2} \left(\frac{dv}{du}\right)^2 + \frac{\partial \varphi}{\partial v} \frac{d^2 v}{du^2} \right\}$$

$$\times \left( \frac{\partial \psi}{\partial u} + \frac{\partial \psi}{\partial v} \frac{dv}{du} \right).$$

**例 2.** $y = f(x)$, $x = r\cos\theta$, $y = r\sin\theta$ とすれば，$r\sin\theta = f(r\cos\theta)$. したがって $r$ は $\theta$ の函数である.

$$\frac{dx}{d\theta} = r'\cos\theta - r\sin\theta, \quad \text{ただし } r' = \frac{dr}{d\theta},$$

$$\frac{dy}{d\theta} = r'\sin\theta + r\cos\theta,$$

$$\frac{d^2x}{d\theta^2} = r''\cos\theta - 2r'\sin\theta - r\cos\theta,$$

$$\frac{d^2y}{d\theta^2} = r''\sin\theta + 2r'\cos\theta - r\sin\theta.$$

(45.7) $$\frac{dy}{dx} = \frac{\dfrac{dy}{d\theta}}{\dfrac{dx}{d\theta}} = \frac{r'\sin\theta + r\cos\theta}{r'\cos\theta - r\sin\theta}.$$

$$\frac{d^2y}{dx^2} = \frac{1}{\dfrac{dx}{d\theta}} \cdot \frac{d}{d\theta} \left( \dfrac{\dfrac{dy}{d\theta}}{\dfrac{dx}{d\theta}} \right) = \frac{\dfrac{d^2y}{d\theta^2} \dfrac{dx}{d\theta} - \dfrac{d^2x}{d\theta^2} \dfrac{dy}{d\theta}}{\left(\dfrac{dx}{d\theta}\right)^3},$$

ゆえに

(45.8) $$\frac{d^2y}{dx^2} = \frac{2r'^2 - r''r + r^2}{(r'\cos\theta - r\sin\theta)^3}.$$

函数 $z = F(x, y)$ および一組の函数

$$x = \varphi(u, v), \quad y = \psi(u, v)$$

が与えられたとき，$\dfrac{\partial z}{\partial x}$, $\dfrac{\partial z}{\partial y}$, $\dfrac{\partial^2 z}{\partial x^2}$, … などを $u$, $v$, $\dfrac{\partial z}{\partial u}$, $\dfrac{\partial z}{\partial v}$, $\dfrac{\partial^2 z}{\partial u^2}$, … などで表わすという問題を考えてみる．まず

$$\frac{\partial z}{\partial u} = \frac{\partial z}{\partial x} \frac{\partial \varphi}{\partial u} + \frac{\partial z}{\partial y} \frac{\partial \psi}{\partial u},$$

$$\frac{\partial z}{\partial v} = \frac{\partial z}{\partial x}\frac{\partial \varphi}{\partial v} + \frac{\partial z}{\partial y}\frac{\partial \psi}{\partial v}.$$

これを $\dfrac{\partial z}{\partial x}$, $\dfrac{\partial z}{\partial y}$ について解けば,

$$\frac{\partial z}{\partial x} = a\frac{\partial z}{\partial u} + b\frac{\partial z}{\partial v},$$

$$\frac{\partial z}{\partial y} = a_1\frac{\partial z}{\partial u} + b_1\frac{\partial z}{\partial v},$$

ただし

$$a = \frac{1}{J}\frac{\partial \psi}{\partial v}, \quad b = -\frac{1}{J}\frac{\partial \psi}{\partial u},$$

$$a_1 = -\frac{1}{J}\frac{\partial \varphi}{\partial v}, \quad b_1 = \frac{1}{J}\frac{\partial \varphi}{\partial u},$$

$$J = \frac{\partial \varphi}{\partial u}\frac{\partial \psi}{\partial v} - \frac{\partial \psi}{\partial u}\frac{\partial \varphi}{\partial v}.$$

したがって

$$\frac{\partial^2 z}{\partial x^2} = \frac{\partial}{\partial x}\left(\frac{\partial z}{\partial x}\right) = \left(a\frac{\partial}{\partial u} + b\frac{\partial}{\partial v}\right)\frac{\partial z}{\partial x}$$

$$= \left(a\frac{\partial}{\partial u} + b\frac{\partial}{\partial v}\right)\left(a\frac{\partial z}{\partial u} + b\frac{\partial z}{\partial v}\right)$$

$$\frac{\partial^2 z}{\partial y \partial x} = \left(a_1\frac{\partial}{\partial u} + b_1\frac{\partial}{\partial v}\right)\left(a\frac{\partial z}{\partial u} + b\frac{\partial z}{\partial v}\right),$$

$$\frac{\partial^2 z}{\partial y^2} = \left(a_1\frac{\partial}{\partial u} + b_1\frac{\partial}{\partial v}\right)\left(a_1\frac{\partial z}{\partial u} + b_1\frac{\partial z}{\partial v}\right).$$

**例 3.** $u = f(x, y)$, $x = r\cos\theta$, $y = r\sin\theta$ とする.

$$\frac{\partial u}{\partial r} = \frac{\partial u}{\partial x}\frac{\partial x}{\partial r} + \frac{\partial u}{\partial y}\frac{\partial y}{\partial r} = \cos\theta\frac{\partial u}{\partial x} + \sin\theta\frac{\partial u}{\partial y},$$

$$\frac{\partial u}{\partial \theta} = \frac{\partial u}{\partial x}\frac{\partial x}{\partial \theta} + \frac{\partial u}{\partial y}\frac{\partial y}{\partial \theta} = -r\sin\theta\frac{\partial u}{\partial x} + r\cos\theta\frac{\partial u}{\partial y}.$$

$\dfrac{\partial u}{\partial x}$, $\dfrac{\partial u}{\partial y}$ について解いて

$$\frac{\partial u}{\partial x} = \cos\theta\frac{\partial u}{\partial r} - \frac{\sin\theta}{r}\frac{\partial u}{\partial \theta},$$

$$\frac{\partial u}{\partial y} = \sin\theta\frac{\partial u}{\partial r} + \frac{\cos\theta}{r}\frac{\partial u}{\partial \theta}$$

§45. 変数変換

したがって
$$\frac{\partial^2 u}{\partial x^2} = \left(\cos\theta \frac{\partial}{\partial r} - \frac{\sin\theta}{r} \frac{\partial}{\partial \theta}\right)\left(\cos\theta \frac{\partial u}{\partial r} - \frac{\sin\theta}{r} \frac{\partial u}{\partial \theta}\right).$$

ゆえに
$$\frac{\partial^2 u}{\partial x^2} = \cos^2\theta \frac{\partial^2 u}{\partial r^2} - \frac{2\sin\theta\cos\theta}{r} \frac{\partial^2 u}{\partial r \partial \theta} + \frac{\sin^2\theta}{r^2} \frac{\partial^2 u}{\partial \theta^2}$$
$$+ \frac{\sin^2\theta}{r} \frac{\partial u}{\partial r} + \frac{2\sin\theta\cos\theta}{r^2} \frac{\partial u}{\partial \theta},$$
$$\frac{\partial^2 u}{\partial y^2} = \sin^2\theta \frac{\partial^2 u}{\partial r^2} + \frac{2\sin\theta\cos\theta}{r} \frac{\partial^2 u}{\partial r \partial \theta} + \frac{\cos^2\theta}{r^2} \frac{\partial^2 u}{\partial \theta^2}$$
$$+ \frac{\cos^2\theta}{r} \frac{\partial u}{\partial r} - \frac{2\sin\theta\cos\theta}{r^2} \frac{\partial u}{\partial \theta},$$
$$\frac{\partial^2 u}{\partial x^2} + \frac{\partial^2 u}{\partial y^2} = \frac{\partial^2 u}{\partial r^2} + \frac{1}{r^2} \frac{\partial^2 u}{\partial \theta^2} + \frac{1}{r} \frac{\partial u}{\partial r}.$$

関係があるので, ここで陰函数の極大, 極小および条件づき極大, 極小について少しく説明しよう.

まず, 方程式 $F(x, y)=0$ で定義される陰函数 $y=f(x)$ の極大, 極小については, 定理 44.4 によれば
$$F(x_0, y_0)=0$$
$$F_x(x_0, y_0)=0$$
を満足する $(x_0, y_0)$ に対して, $y_0=f(x_0)$ が $x=x_0$ における極値の候補者であることがわかる. $y_0=f(x_0)$ が極大値かまたは極小値であるかを判定するために, $F(x, y)$ の $(x_0, y_0)$ の近傍における二次偏導函数の連続性を仮定すれば
$$\frac{\partial F}{\partial x} + \frac{\partial F}{\partial y} \frac{dy}{dx} = 0$$
であるから,
$$\frac{\partial^2 F}{\partial x^2} + 2\frac{\partial^2 F}{\partial x \partial y} \frac{dy}{dx} + \frac{\partial^2 F}{\partial y^2} \left(\frac{dy}{dx}\right)^2 + \frac{\partial F}{\partial y} \frac{d^2 y}{dx^2} = 0.$$

$\dfrac{dy}{dx}=0$ ならば,
$$\frac{d^2 y}{dx^2} = -\frac{\dfrac{\partial^2 F}{\partial x^2}}{\dfrac{\partial F}{\partial y}}.$$

したがって $\dfrac{\partial^2 F}{\partial x^2} \Big/ \dfrac{\partial F}{\partial y}$ が $(x_0, y_0)$ で正であるならば, $y_0 = f(x_0)$ は極大値であり, 負であるならば $y_0 = f(x_0)$ は極小値である.

**例 4.** $x^3 + y^3 - 3axy = 0$ $(a > 0)$ で定義される $x$ の関数 $y$ の極大, 極小を求めてみよう.

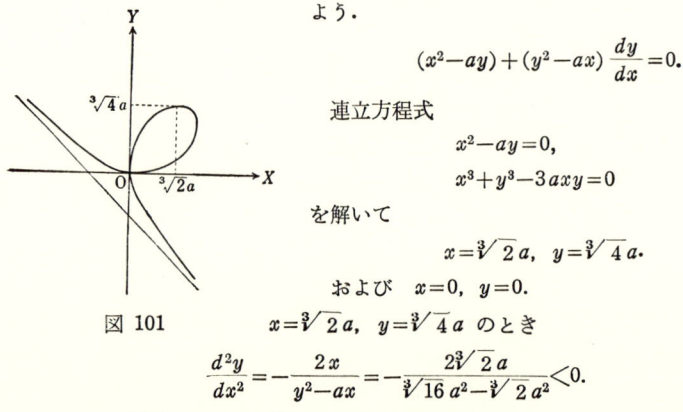

$$(x^2 - ay) + (y^2 - ax)\frac{dy}{dx} = 0.$$

連立方程式
$$x^2 - ay = 0,$$
$$x^3 + y^3 - 3axy = 0$$

を解いて
$$x = \sqrt[3]{2}\,a, \quad y = \sqrt[3]{4}\,a.$$

および $x = 0, y = 0.$

図 101  $x = \sqrt[3]{2}\,a, \quad y = \sqrt[3]{4}\,a$ のとき

$$\frac{d^2 y}{dx^2} = -\frac{2x}{y^2 - ax} = -\frac{2\sqrt[3]{2}\,a}{\sqrt[3]{16}\,a^2 - \sqrt[3]{2}\,a^2} < 0.$$

ゆえに $y = \sqrt[3]{4}\,a$ は $x = \sqrt[3]{2}\,a$ における極大値である. $x = 0, y = 0$ のときは $F'_y(x, y) = 0$ となるから陰函数 $y = f(x)$ は意味を持たない.

次に条件付の極大, 極小を考えてみよう. 函数 $z = F(x, y)$ ただし
$$\varphi(x, y) = 0$$

とする. 陰函数の存在および偏導函数の連続性を仮定する. いま, $x$ を独立変数と考えれば,

$$\frac{dz}{dx} = \frac{\partial F}{\partial x} + \frac{\partial F}{\partial y}\frac{dy}{dx},$$

$$\frac{\partial \varphi}{\partial x} + \frac{\partial \varphi}{\partial y}\frac{dy}{dx} = 0$$

であるから,

$$\frac{dz}{dx} = \frac{\dfrac{\partial F}{\partial x}\dfrac{\partial \varphi}{\partial y} - \dfrac{\partial F}{\partial y}\dfrac{\partial \varphi}{\partial x}}{\dfrac{\partial \varphi}{\partial y}}.$$

ゆえに $\dfrac{\partial F}{\partial x}\dfrac{\partial \varphi}{\partial y} - \dfrac{\partial F}{\partial y}\dfrac{\partial \varphi}{\partial x} = 0, \varphi(x, y) = 0$ を満足する $(x_0, y_0)$ は $F(x, y)$ の極値を与える候補者である. $F(x_0, y_0)$ が極大値または極小値であるかを判

定するためには $\dfrac{d^2z}{dx^2}$ の符号を調べなければならない.

同じように, 函数 $u=F(x, y, z)$ ただし
$$\varphi(x, y, z)=0, \ \psi(x, y, z)=0$$
のとき, 函数 $u$ の極大, 極小を求めるには, $x$ を独立変数と考えれば

$$\frac{du}{dx}=\frac{\partial F}{\partial x}+\frac{\partial F}{\partial y}\frac{dy}{dx}+\frac{\partial F}{\partial z}\frac{dz}{dx},$$

$$\frac{\partial \varphi}{\partial x}+\frac{\partial \varphi}{\partial y}\frac{dy}{dx}+\frac{\partial \varphi}{\partial z}\frac{dz}{dx}=0,$$

$$\frac{\partial \psi}{\partial x}+\frac{\partial \psi}{\partial y}\frac{dy}{dx}+\frac{\partial \psi}{\partial z}\frac{dz}{dx}=0$$

である. したがって

(45.9) $\quad \begin{vmatrix} \dfrac{\partial F}{\partial x} & \dfrac{\partial F}{\partial y} & \dfrac{\partial F}{\partial z} \\ \dfrac{\partial \varphi}{\partial x} & \dfrac{\partial \varphi}{\partial y} & \dfrac{\partial \varphi}{\partial z} \\ \dfrac{\partial \psi}{\partial x} & \dfrac{\partial \psi}{\partial y} & \dfrac{\partial \psi}{\partial z} \end{vmatrix}=0, \ \varphi=0, \ \psi=0$

から $u$ を極値ならしめる候補者 $x_0, y_0, z_0$ を求めることができる.

これは形式的には
$$V=F(x, y, z)+\lambda\varphi(x, y, z)+\mu\psi(x, y, z),$$
ただし $\lambda, \mu$ は定数とおいて, $x, y, z$ を独立変数のように考えて
$$\frac{\partial V}{\partial x}=0, \ \frac{\partial V}{\partial y}=0, \ \frac{\partial V}{\partial z}=0$$
をつくり,

(45.10) $\quad \dfrac{\partial V}{\partial x}=0, \ \dfrac{\partial V}{\partial y}=0, \ \dfrac{\partial V}{\partial z}=0, \ \varphi=0, \ \psi=0$

から $\lambda, \mu, x, y, z$ を求めることと同値である.

また, $u$ の極値の候補者は6個の方程式

(45.11) $\quad \dfrac{\partial V}{\partial x}=0, \ \dfrac{\partial V}{\partial y}=0, \ \dfrac{\partial V}{\partial z}=0, \ \varphi=0, \ \psi=0, \ u=F(x, y, z)$

から $\lambda, \mu, x, y, z$ を消去してもえられる.

$u$ を極値ならしめる候補者が定まった上で，実際これが極大値または極小値であるかの判定は $\dfrac{d^2u}{dx^2}$ の符号を調べればよい．

この方法をラグランジュ（Lagrange）の**未定乗数法**という．

**例 5.** 一定点から二つの与えられた平面の交線への最短距離を求めてみよう．定点を原点にとり，二つの平面を

(45.12) $\qquad a_1x+b_1y+c_1z=d_1,\ a_2x+b_2y+c_2z=d_2$

とする．交線上の点を $(x, y, z)$ とし，
$$r^2=x^2+y^2+z^2$$
を条件 (45.12) の下で極値を求める．
$$V=x^2+y^2+z^2+\lambda(a_1x+b_1y+c_1z-d_1)+\mu(a_2x+b_2y+c_2z-d_2)$$
$$\frac{\partial V}{\partial x}=2x+\lambda a_1+\mu a_2=0,$$
$$\frac{\partial V}{\partial y}=2y+\lambda b_1+\mu b_2=0,$$
$$\frac{\partial V}{\partial z}=2z+\lambda c_1+\mu c_2=0$$

から
$$2r^2+\lambda d_1+\mu d_2=0,$$
$$2d_1+\lambda(a_1{}^2+b_1{}^2+c_1{}^2)+\mu(a_1a_2+b_1b_2+c_1c_2)=0$$
$$2d_2+\lambda(a_1a_2+b_1b_2+c_1c_2)+\mu(a_2{}^2+b_2{}^2+c_2{}^2)=0.$$

したがって
$$\begin{vmatrix} r^2 & d_1 & d_2 \\ d_1 & a_1{}^2+b_1{}^2+c_1{}^2 & a_1a_2+b_1b_2+c_1c_2 \\ d_2 & a_1a_2+b_1b_2+c_1c_2 & a_2{}^2+b_2{}^2+c_2{}^2 \end{vmatrix}=0.$$

これより

(45.13) $\qquad r^2=\dfrac{(a_1d_2-a_2d_1)^2+(b_1d_2-b_2d_1)^2+(c_1d_2-c_2d_1)^2}{(a_1b_2-a_2b_1)^2+(b_1c_2-b_2c_1)^2+(c_1a_2-c_2a_1)^2}.$

こうして，$r^2$ の極値の候補者はただ一つ (45.13) で与えられる．しかるに $r^2$ の最小値の存在は幾何学的に明らかであるから，(45.13) は求める最短距離である．

**問 1.** 関数 $y=f(x)$ に対して
$$x=a_1u+b_1v+c_1,$$
$$y=a_2u+b_2v+c_2$$
とおき，$v$ を $u$ の関数と考えて，$\dfrac{dy}{dx}, \dfrac{d^2y}{dx^2}$ を独立変数 $u$ を用いて表わせ．

**問 2.** 関数 $y=f(x)$ に対して
$$x=u\cos\alpha-v\sin\alpha,$$
$$y=u\sin\alpha+v\cos\alpha$$

とおくとき，
$$\frac{\dfrac{d^2y}{dx^2}}{\left[1+\left(\dfrac{dy}{dx}\right)^2\right]^{3/2}}=\frac{\dfrac{d^2v}{du^2}}{\left[1+\left(\dfrac{dv}{du}\right)^2\right]^{3/2}}$$
であることを証明せよ.

**問 3.** $x=\varphi(u,v)$, $y=\psi(u,v)$ の間に
$$\frac{\partial \varphi}{\partial u}=\frac{\partial \psi}{\partial v}, \quad \frac{\partial \varphi}{\partial v}=-\frac{\partial \psi}{\partial u}$$
なる関係があるとき,
$$\frac{\partial^2 V}{\partial u^2}+\frac{\partial^2 V}{\partial v^2}=\left(\frac{\partial^2 V}{\partial x^2}+\frac{\partial^2 V}{\partial y^2}\right)\left[\left(\frac{\partial \varphi}{\partial u}\right)^2+\left(\frac{\partial \varphi}{\partial v}\right)^2\right]$$
であることを証明せよ.

**問 4.** $xy(y-x)=2a^3$ $(a>0)$ の陰函数 $y=f(x)$ の極値を求めよ.

**問 5.** 体積が一定である直方体の表面積を最小ならしめよ.

## §46. 包絡線

たとえば

(46.1) $\qquad (x-\alpha)^2+y^2=r^2$

は中心が $x=\alpha$, $y=0$ の半径 $r$ の円を表わす. $\alpha$ が $-\infty<\alpha<\infty$ なる範囲を動くとき，(46.1) は中心が OX 軸上にある一定半径 $r$ の円の集合（これを族という）を表わす. $\alpha$ のことを補助変数(parameter)といい，この集合を一つの補助変数 $\alpha$ に依存する円の族という. 一般に一つの補助変数 $\alpha$ に依存する曲線族は

(46.2) $\qquad f(x, y, \alpha)=0$

で表わされる.

補助変数 $\alpha$ に依存する曲線族 (46.2) が一定の曲線また一定のいくつかの曲線に接するとき，この一定の曲線またはいくつかの曲線をこの曲線族の**包絡線**(envelope)という. いま，この一定の曲線が補助変数 $\alpha$ を用いて

(46.3) $\qquad x=\varphi(\alpha), \; y=\psi(\alpha)$ 　　　図 102

で表わされたとし，これが曲線族 (46.2) の各曲線 $f(x, y, \alpha)=0$ に接してい

るとする．

曲線 (46.3) の点 $(\varphi(\alpha), \psi(\alpha))$ における接線の傾きは

$$\text{(46.4)} \qquad \frac{dy}{dx} = \frac{\psi'(\alpha)}{\varphi'(\alpha)}.$$

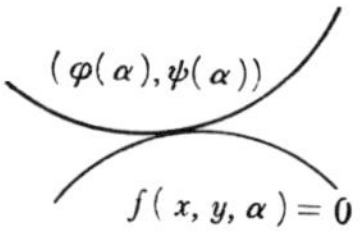

また，曲線 $f(x, y, \alpha)=0$ の任意の点 $(x, y)$ における接線の傾きは

図 103

$$\text{(46.5)} \qquad \frac{dy}{dx} = -\frac{f_x(x, y, \alpha)}{f_y(x, y, \alpha)}.$$

したがって，$x=\varphi(\alpha)$, $y=\psi(\alpha)$ なるとき

$$\frac{\psi'(\alpha)}{\varphi'(\alpha)} = -\frac{f_x(x, y, \alpha)}{f_y(x, y, \alpha)},$$

すなわち

(46.6) $f_x(\varphi(\alpha), \psi(\alpha), \alpha)\varphi'(\alpha) + f_y(\varphi(\alpha), \psi(\alpha), \alpha)\psi'(\alpha) = 0.$

しかるに点 $(\varphi(\alpha), \psi(\alpha))$ は (46.2) 上に在るから恒等的に

(46.7) $\qquad f(\varphi(\alpha), \psi(\alpha), \alpha) \equiv 0.$

これを $\alpha$ で微分して

(46.8) $\begin{aligned}&f_x(\varphi(\alpha), \psi(\alpha), \alpha)\varphi'(\alpha)\\&+f_y(\varphi(\alpha), \psi(\alpha), \alpha)\psi'(\alpha) + f_\alpha(\varphi(\alpha), \psi(\alpha), \alpha) = 0.\end{aligned}$

(46.6) と (46.8) とから

(46.9) $\qquad f_\alpha(\varphi(\alpha), \psi(\alpha), \alpha) = 0$

となる．

逆に $f(x, y, \alpha)=0$ と $f_\alpha(x, y, \alpha)=0$ を $x, y$ について解いた $x=\varphi(\alpha)$, $y=\psi(\alpha)$ が (46.8) を満足するから，$f_x(\varphi(\alpha), \psi(\alpha), \alpha)$ と $f_y(\varphi(\alpha), \psi(\alpha), \alpha)$ が同時に 0 でない限り，(46.4) と (46.5) の等しいことが分る．したがって，次の定理がえられる．

**定理 46.1.** 補助変数 $\alpha$ の曲線族

$$f(x, y, \alpha) = 0$$

が与えられたとする．

(46.10) $\qquad f(x, y, \alpha)=0$ および $f_\alpha(x, y, \alpha)=0$

§46. 包 絡 線

を $x, y$ について解いたもの，または (46.10) の二つの方程式から $\alpha$ を消去したものは，曲線族 $f(x, y, \alpha)=0$ の包絡線であるかまたは
$$\frac{\partial f}{\partial x}=0, \quad \frac{\partial f}{\partial y}=0$$
を同時に満足する点の軌跡である．

**注意．** 曲線族 $f(x, y, \alpha)=y^3-(x-\alpha)^2=0$
を考えてみよう．  $f_\alpha(x, y, \alpha)=2(x-\alpha)=0$
より $x=\alpha$，したがって $y=0$．しかるに
$\quad f_x(x, y, \alpha)=-2(x-\alpha),$
$\quad f_y(x, y, \alpha)=3y^2$
であるから，$x=\alpha$, $y=0$ で $f_x(x, y, \alpha)$
$=f_y(x, y, \alpha)=0$.

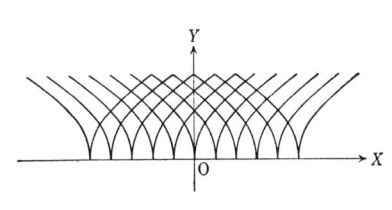

図 104

**例 1.** 直交軸 OX, OY 上にそれぞれ端点を持つ一定の長さ $a$ の線分の族の包絡線を求めてみよう．直線 AB の方程式
$$x\cos\alpha+y\sin\alpha=p$$
において
$$\frac{x}{\dfrac{p}{\cos\alpha}}+\frac{y}{\dfrac{p}{\sin\alpha}}=1.$$
したがって
$$p=a\sin\alpha\cos\alpha.$$
ゆえに
$$x\cos\alpha+y\sin\alpha-a\sin\alpha\cos\alpha=0.$$

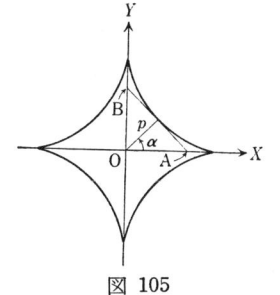

図 105

これを $\alpha$ で偏微分して
$$-x\sin\alpha+y\cos\alpha-a(\cos^2\alpha-\sin^2\alpha)=0.$$
したがって，$x$ および $y$ について解けば
$$x=a\sin^3\alpha, \quad y=a\cos^3\alpha$$
は求める $\alpha$ を補助変数とする包絡線の方程式である．また $\alpha$ を消去すれば，これは
$$x^{2/3}+y^{2/3}=a^{2/3}$$
となる．

**例 2.** 楕円の半径を直径とする円の族の包絡線を求めてみる．

楕円 $\dfrac{x^2}{a^2}+\dfrac{y^2}{b^2}=1$ 上の一点を $(\alpha, \beta)$ とすれば

(46.11)  $\quad \dfrac{\alpha^2}{a^2}+\dfrac{\beta^2}{b^2}=1.$

原点と点 $(\alpha, \beta)$ とを結ぶ線分を直径とする円の方程式は

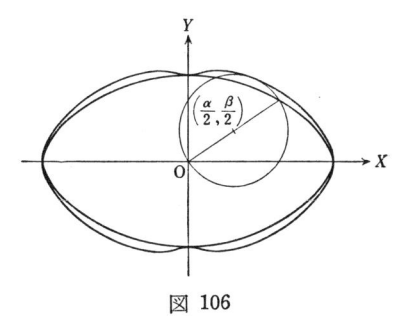

図 106

(46.12) $$x^2-\alpha x+y^2-\beta y=0.$$

包絡線は明らかに $OX$ 軸に関して対称である．

(46.11) から $\beta=\dfrac{b}{a}\sqrt{a^2-\alpha^2}$ であるから，(46.12) は一つの補助変数 $\alpha$ に依存する円の族と考えられる．(46.12) から

$$x+y\frac{d\beta}{d\alpha}=0.$$

また (46.11) から

$$\frac{\alpha}{a^2}+\frac{\beta}{b^2}\frac{d\beta}{d\alpha}=0.$$

ゆえに

$$\frac{\alpha}{a^2}=\lambda x,\quad \frac{\beta}{b^2}=\lambda y.$$

これを，(46.11) に代入すれば

$$\lambda^2(a^2x^2+b^2y^2)=1.$$

また (46.12) に代入すれば

$$x^2+y^2=\lambda(a^2x^2+b^2y^2).$$

ゆえに，求める包絡線は

$$a^2x^2+b^2y^2=(x^2+y^2)^2.$$

**定理 46.2.** 曲線 $y=f(x)$ の法線の族の包絡線は曲線 $y=f(x)$ の縮閉線である．

**証明．** 曲線 $y=f(x)$ の一点 $(\alpha,\beta)$，ただし $\beta=f(\alpha)$，における法線の方程式は

$$(\alpha-x)+(f(\alpha)-y)f'(\alpha)=0.$$

これを $\alpha$ で微分して

$$1+f'(\alpha)^2+(f(\alpha)-y)f''(\alpha)=0.$$

この二つの方程式を $x,y$ について解けば，包絡線がえられる．これが，$y=f(x)$ の縮閉線と一致することは定理 29.3 の証明から明らかであろう．

**問 1.** $a$ を補助変数とする円

$$x^2+y^2-2(a+2)x+a^2=0$$

の族の包絡線を求めよ．

**問 2.** 楕円 $\dfrac{x^2}{a^2}+\dfrac{y^2}{b^2}=1$ において

$$\pi ab=k=\text{定数}$$

とし，この楕円族の包絡線を求めよ．

**問 3.** 原点を通り，中心が双曲線 $x^2-y^2=c^2$ 上にある円の族の包絡線を求めよ．

## §47. 幾何学的応用

函数 $z=f(x,y)$ が連続な偏導函数を持つとき，曲面 $z=f(x,y)$ と $(x,y)$ 平面との交りである曲線

(47.1) $$f(x,y)=0$$

の特異点について少しく触れておこう．

曲線 $f(x,y)=0$ 上の一点 $(x_0, y_0)$ において，$\dfrac{\partial f}{\partial x}, \dfrac{\partial f}{\partial y}$ が同時に $0$ とならないとすれば，陰函数の存在定理で述べたように，曲線のただ一つの枝が $(x_0, y_0)$ を通り，その接線は

(47.2) $$\left(\frac{\partial f}{\partial x}\right)_0 (x-x_0) + \left(\frac{\partial f}{\partial y}\right)_0 (y-y_0) = 0$$

で与えられる．ここに，$\left(\dfrac{\partial f}{\partial x}\right)_0 = f_x(x_0, y_0)$，$\left(\dfrac{\partial f}{\partial y}\right)_0 = f_y(x_0, y_0)$．なぜならば，たとえば $\left(\dfrac{\partial f}{\partial y}\right)_0 \neq 0$ なるとき，$(x_0, y_0)$ において

$$\frac{dy}{dx} = -\frac{\left(\dfrac{\partial f}{\partial x}\right)_0}{\left(\dfrac{\partial f}{\partial y}\right)_0}.$$

である．

さて，一点 $(x_0, y_0)$ において

(47.3) $$\frac{\partial f}{\partial x}=0, \quad \frac{\partial f}{\partial y}=0$$

なるとき，$(x_0, y_0)$ を曲線 $f(x,y)$ の**特異点**(singular point)という．

特異点 $(x_0, y_0)$ の近傍における曲線の状態を調べるためには，座標軸を平行移動して，$(x_0, y_0)$ を原点 $(0,0)$ に移して考えるのが便利である．簡単のため $f(x,y)$ は $x$ と $y$ に関する多項式としよう．いま $\dfrac{\partial f}{\partial x}, \dfrac{\partial f}{\partial y}$ を $(0,0)$ でともに $0$ とすれば，テイラーの定理によって

(47.4) $$f(x,y) = \frac{1}{2}\left\{\left(\frac{\partial^2 f}{\partial x^2}\right)_0 x^2 + 2\left(\frac{\partial^2 f}{\partial x \partial y}\right)_0 xy + \left(\frac{\partial^2 f}{\partial y^2}\right)_0 y^2\right\}$$

$$+\frac{1}{3!}\left\{\left(\frac{\partial^3 f}{\partial x^3}\right)_0 x^3 + 3\left(\frac{\partial^3 f}{\partial x^2 \partial y}\right)_0 x^2 y + 3\left(\frac{\partial^3 f}{\partial x \partial y^2}\right)_0 xy^2 + \left(\frac{\partial^3 f}{\partial y^3}\right)_0 y^3\right\}$$
$$+\cdots =0.$$

となる．さらに

$$A=\left(\frac{\partial^2 f}{\partial x^2}\right)_0, \quad B=\left(\frac{\partial^2 f}{\partial x \partial y}\right)_0, \quad C=\left(\frac{\partial^2 f}{\partial y^2}\right)_0$$

は同時に 0 にならないものと仮定する．まず $B^2-AC<0$ とすれば，$z=f(x,y)$ は $(0,0)$ で極値 0 をとるから，原点の小さな近傍には原点以外には曲線 (47.1) の点が存在しない．原点 $(0,0)$ は曲線 $f(x,y)=0$ の**孤立点**である．

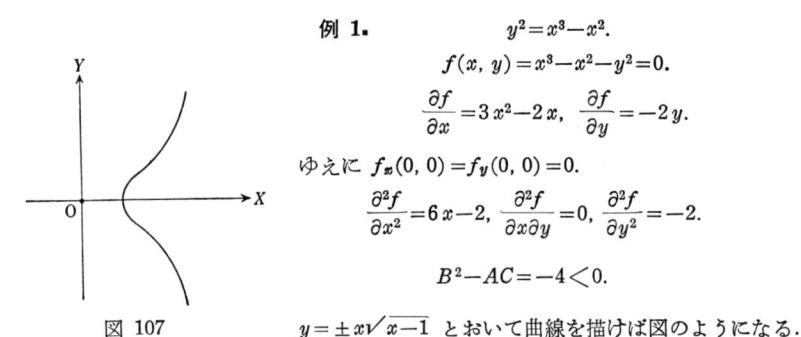

**例 1.** $y^2=x^3-x^2$.
$f(x,y)=x^3-x^2-y^2=0$.
$\frac{\partial f}{\partial x}=3x^2-2x, \quad \frac{\partial f}{\partial y}=-2y$.
ゆえに $f_x(0,0)=f_y(0,0)=0$.
$\frac{\partial^2 f}{\partial x^2}=6x-2, \quad \frac{\partial^2 f}{\partial x \partial y}=0, \quad \frac{\partial^2 f}{\partial y^2}=-2$.
$B^2-AC=-4<0$.

図 107    $y=\pm x\sqrt{x-1}$ とおいて曲線を描けば図のようになる．

次に $B^2-AC \geqq 0$ の場合を考えてみよう．原点 $(0,0)$ と曲線 $f(x,y)=0$ 上の他の点 $P=(x,y)$ とを結ぶ線分の傾きは $\frac{y}{x}$ であり，P が曲線に沿うて原点に近づくときの傾きの極限値

$$\lim_{x\to 0}\frac{y}{x}=m$$

が接線の傾きであるから，(47.4) を $x^2$ で割って $x\to 0$ ならしめれば

(47.5) $\qquad A+2Bm+Cm^2=0$

となる．$B^2-AC>0$ なるときは，相異なる二つの接線 $y=m_1 x, \; y=m_2 x$ を持つことがわかる．このとき $(0,0)$ を曲線 $f(x,y)=0$ の**結節点**(node)という．また，$B^2-AC=0$ のときは相一致した接線を持ち，このとき $(0,0)$ を**尖点**(cusp)という．

**例 2.** $f(x,y)=y^2-x^2+x^4=0$.

## §47. 幾何学的応用

$$\frac{\partial f}{\partial x}=-2x+4x^3, \frac{\partial f}{\partial y}=2y.$$

ゆえに $(0,0)$ は特異点である.

$$\frac{\partial^2 f}{\partial x^2}=-2+12x^2, \quad \frac{\partial^2 f}{\partial x \partial y}=0, \frac{\partial^2 f}{\partial y^2}=2,$$

$B^2-AC=4>0.$

$$y^2=x^2-x^4, \quad y=\pm x\sqrt{1-x^2}$$
$$=\pm x\left(1-\frac{x^2}{2}+\cdots\right)$$
$$=\pm\left(x-\frac{x^3}{2}+\cdots\right).$$

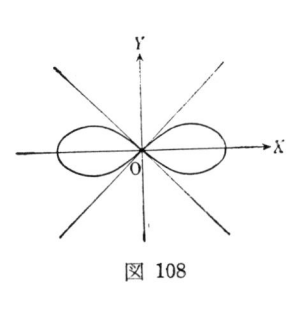

図 108

したがって, $y=\pm x$ は $(0,0)$ における接線である.

**例 3.** $y^2-2x^2y+x^4=x^5.$

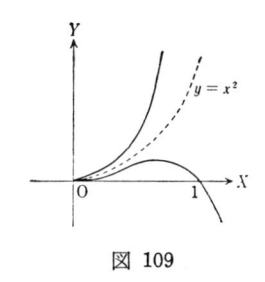

$$f(x,y)=y^2-2x^2y+x^4-x^5=0.$$
$$\frac{\partial f}{\partial x}=-4xy+4x^3-5x^4.$$
$$\frac{\partial f}{\partial y}=2y-2x^2.$$

ゆえに $(0,0)$ は特異点である.

$$\frac{\partial^2 f}{\partial x^2}=-4y+12x^2-20x^3,$$
$$\frac{\partial^2 f}{\partial x \partial y}=-4x, \quad \frac{\partial^2 f}{\partial y^2}=2,$$

図 109

したがって $B^2-AC=0.$ $(0,0)$ は尖点である. $(y-x^2)^2=x^5, y=x^2\pm\sqrt{x^5}$ とおいて曲線を描いてみるとよい.

次に曲線の漸近線について少しく述べておこう.

ある曲線 $C$ に沿うて点 $P(x,y)$ が限りなく遠方に向うとき, $P$ と一定直線 $g$ との距離 $PR$ が極限値 $0$ を持つならば, $g$ を曲線 $C$ の**漸近線**(asymptotic line)という. 直線 $g$ が $OY$ 軸に平行でない場合には, $P$ が無限に遠方に向うことは $x \to +\infty$ または $x \to -\infty$ を意味する. 同様であるから $x \to +\infty$ の場合を考えよう. いま, $g$ の方程式を

図 110

(47.6) $$Y=\alpha X+\beta$$

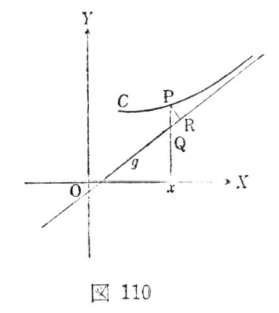

とすれば，(PR と PQ が正比例することに注意して)
$$PQ = \varphi(x) = y - \alpha x - \beta$$
とおくとき，

(47.7) $$\lim_{x \to \infty} \varphi(x) = 0$$

であることが，(47.6) が曲線 $C$ の漸近線であるための必要かつ十分な条件である．また，
$$\alpha = \frac{y - \beta - \varphi(x)}{x}, \quad \beta = y - \alpha x - \varphi(x)$$
であるから，

(47.8) $$\alpha = \lim_{x \to \infty} \frac{y}{x}, \quad \beta = \lim_{x \to \infty}(y - \alpha x)$$

が (47.6) が $C$ の漸近線となるための必要かつ十分な条件となる．さらに，$\lim_{x \to \infty} y = \beta$ であることは，$C$ が OX 軸に平行な漸近線 $Y = \beta$ を持つこと，$\lim_{y \to \infty} x = \beta$ は $C$ が OY 軸に平行な漸近線 $X = \beta$ を持つことである．

**例 1.** $\frac{x^2}{a^2} - \frac{y^2}{b^2} = 1$. $|x|$ が十分大きいときは，
$$y = \pm \frac{b}{a} x \left(1 - \frac{a^2}{x^2}\right)^{1/2}$$
$$= \pm \frac{b}{a} x \left(1 - \frac{1}{2}\frac{a^2}{x^2} - \frac{1}{8}\frac{a^4}{x^4} + \cdots\right).$$
したがって
$$y = \frac{b}{a} x - \frac{1}{2}\frac{ab}{x} - \cdots, \quad y = -\frac{b}{a} x + \frac{1}{2}\frac{ab}{x} + \cdots.$$
これより
$$y = \frac{b}{a} x \quad \text{および} \quad y = -\frac{b}{a} x$$
は漸近線である．

**例 2.** 曲線 $(2y - x^2)^2 = (x-2)^2(x^2 - 1)$ の漸近線を求めてみよう．$|x|$ が十分大なるとき，
$$2y - x^2 = \pm(x-2)\sqrt{x^2 - 1}$$
$$= \pm x^2\left(1 - \frac{2}{x}\right)\left(1 - \frac{1}{x^2}\right)^{1/2}$$
$$= \pm x^2\left(1 - \frac{2}{x}\right)\left(1 - \frac{1}{2}\frac{1}{x^2} - \frac{1}{8}\frac{1}{x^4} + \cdots\right)$$

## §47. 幾何学的応用

$$= \pm x^2\left(1 - \frac{2}{x} - \frac{1}{2}\frac{1}{x^2} + \frac{1}{x^3} - \cdots\right),$$

$$2y - x^2 = x^2 - 2x - \frac{1}{2} + \frac{1}{x} - \cdots.$$

または

$$2y - x^2 = -x^2 + 2x + \frac{1}{2} - \frac{1}{x} + \cdots.$$

ゆえに

$$y = x^2 - x - \frac{1}{4} + \frac{1}{2}\frac{1}{x} - \cdots,$$

または

$$y = x + \frac{1}{4} - \frac{1}{2}\frac{1}{x} + \cdots.$$

これより $y = x + \frac{1}{4}$ は漸近線, $y = x^2 - x - \frac{1}{4}$ はいわば漸近放物線である.

**例 3.** $x^3 + y^3 - 3axy = 0$ $(a > 0)$ の漸近線を求めてみよう. $y = mx$ と曲線との交点を求めると原点以外の交点は

(47.9) $$x = \frac{3am}{1+m^3}, \quad y = \frac{3am^2}{1+m^3}$$

で与えられる. (47.9) は傾き $m$ を媒介変数とする曲線の方程式と考えられる. $m \to -1 - 0$ のとき $x \to +\infty$, $y \to -\infty$ また $m \to -1 + 0$ のとき $x \to -\infty$, $y \to +\infty$ であるから, この曲線が漸近線を持つとすればその傾きは $-1$ である. しかるに

$$x + y = \frac{3am(1+m)}{1+m^3} = \frac{3am}{1-m+m^2},$$

$m \to -1$ ならしめれば,

$$x + y = -a.$$

ゆえに $x + y + a = 0$ は漸近線である.

この曲線は直線 $y = x$ に対して対称であることに注意して次のように考えてもよい. 変換

(47.10) $$x = \frac{1}{\sqrt{2}}(u-v), \quad y = \frac{1}{\sqrt{2}}(u+v)$$

を行えば,

$$\frac{1}{\sqrt{2}}(u^3 + 3uv^2) - \frac{3a}{2}(u^2 - v^2) = 0,$$

したがって,

$$v = \pm \frac{u}{\sqrt{3}}\sqrt{\frac{3a - \sqrt{2}u}{a + \sqrt{2}u}}$$

であるから,

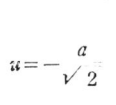

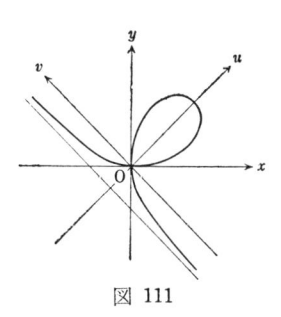

$$u = -\frac{a}{\sqrt{2}}$$

図 111

は漸近線

である．(47.10) より $x+y=-a$ の漸近線なることがわかる．

次に空間曲線の接線および曲面の接平面などについて少しく説明しよう．

まず空間曲線 $C$ が補助変数 $t$ を用いて

(47.11) $\qquad C: x=\varphi_1(t), \ y=\varphi_2(t), \ z=\varphi_3(t)$

で定義されているとする．いま，点 $t$ において $\varphi_1'(t), \varphi_2'(t), \varphi_3'(t)$ が存在してかつ同時に $0$ とならないものと仮定する．

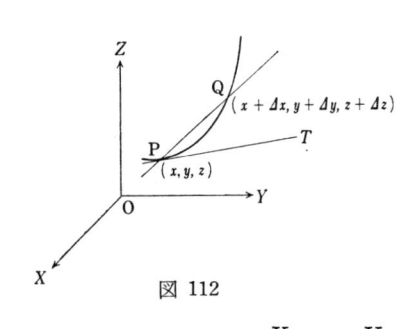

このとき，曲線 $C$ 上の一点 $P$ における**接線** $PT$ は，$P$ とそれに近接する曲線上の点 $Q$ とを通過する直線の，$Q$ を曲線 $C$ に沿うて $P$ に近づけたときの極限である．$t$ の増分 $\varDelta t$ に対応する $x, y, z$ の増分をそれぞれ $\varDelta x, \varDelta y, \varDelta z$ とすれば，直線 $PQ$ の方程式は

(47.12) $\qquad \dfrac{X-x}{\varDelta x}=\dfrac{Y-y}{\varDelta y}=\dfrac{Z-z}{\varDelta z}$

図 112

で表わされる．この分母を $\varDelta t$ で割って $\varDelta t \to 0$ ならしめる．$\dfrac{\varDelta x}{\varDelta t}, \dfrac{\varDelta y}{\varDelta t}, \dfrac{\varDelta z}{\varDelta t}$ はそれぞれ $\dfrac{dx}{dt}=\varphi_1'(t), \dfrac{dy}{dt}=\varphi_2'(t), \dfrac{dz}{dt}=\varphi_3'(t)$ に近づき，かつこれらは同時に $0$ とならないから，接線の方程式は

(47.13) $\qquad \dfrac{X-x}{\dfrac{dx}{dt}}=\dfrac{Y-y}{\dfrac{dy}{dt}}=\dfrac{Z-z}{\dfrac{dz}{dt}}$

で与えられる．

また，**法平面**は点 $(x, y, z)$ を通って接線 $PT$ に直交するから，

(47.14) $\qquad (X-x)\dfrac{dx}{dt}+(Y-y)\dfrac{dy}{dt}+(Z-z)\dfrac{dz}{dt}=0$

で与えられる．

次に曲面が方程式

(47.15) $\qquad\qquad F(x, y, z)=0$

を満足する点 $(x, y, z)$ の軌跡として定義された場合を考える．一次の偏導函

数 $F_x, F_y, F_z$ が連続であってしかもこれらが同時に 0 とならないような点 $(x, y, z)$ を曲面の**通常点**(ordinary point)という. 通常点 $(x, y, z)$ の近傍で, たとえば $F_z \neq 0$ とすれば, (47.15)は $x, y$ を独立変数とする陰函数 $z$ を定める. したがって

(47.16) $$z = f(x, y)$$

の形で表わすことができて, $f(x, y)$ は $x, y$ に関して連続な一次の偏導函数を持つ. さらに曲面が二つの独立な補助変数 $u, v$ を用いて

(47.17) $$x = f_1(u, v), \quad y = f_2(u, v), \quad z = f_3(u, v)$$

の形で表わされた場合を考える. ただし, $f_1, f_2, f_3$ は $u, v$ に関して連続な一次の偏導函数を持つと仮定する. このとき

(47.18) $$\left| \begin{array}{cc} \dfrac{\partial f_1}{\partial u} & \dfrac{\partial f_1}{\partial v} \\ \dfrac{\partial f_2}{\partial u} & \dfrac{\partial f_2}{\partial v} \end{array} \right|, \quad \left| \begin{array}{cc} \dfrac{\partial f_2}{\partial u} & \dfrac{\partial f_2}{\partial v} \\ \dfrac{\partial f_3}{\partial u} & \dfrac{\partial f_3}{\partial v} \end{array} \right|, \quad \left| \begin{array}{cc} \dfrac{\partial f_3}{\partial u} & \dfrac{\partial f_3}{\partial v} \\ \dfrac{\partial f_1}{\partial u} & \dfrac{\partial f_1}{\partial v} \end{array} \right|$$

が同時に 0 とならないような点 $(x, y, z)$ を曲面の通常点という. 通常点の近傍では, $x, y, z$ の一つを他の二つの函数と考えることができる. たとえば, (47.18) の最初の行列式が 0 でなければ, (47.17) の最初の二つの方程式 $x = f_1(u, v), y = f_2(u, v)$ を $u, v$ について解くことができて, それを第三の $z = f_3(u, v)$ に代入すればよい. したがって, (47.17) を (47.16) の形で書くことができる.

**定理 47.1.** $f(x, y)$ が連続な偏導函数を持つとき, 曲面 $z = f(x, y)$ の点 P を通って曲面上に描いたすべての曲線の P における接線の全体は一つの平面である. これを**接平面**という.

**証明.** 点 P で接線を持つ(曲面上の)曲線 $C$ の $(x, y)$ 平面への射影が補助変数 $t$ を用いて

(47.19) $$x = \varphi(t), \quad y = \psi(t)$$

で表わされたとしよう. (47.19) と $z = f(x, y)$ とを合成すれば, 曲線 $C$ を (47.11) の形に書くことができる. したがって, 曲線 $C$ の点 $P(x, y, z)$ における接線は

(47.20)
$$\frac{X-x}{\dfrac{dx}{dt}} = \frac{Y-y}{\dfrac{dy}{dt}} = \frac{Z-z}{\dfrac{dz}{dt}}$$

である. 函数 $z=f[\varphi(t), \psi(t)]$ を $t$ で微分すれば,

(47.21)
$$\frac{dz}{dt} = \frac{\partial z}{\partial x}\frac{dx}{dt} + \frac{\partial z}{\partial y}\frac{dy}{dt}.$$

(47.20) と (47.21) から $\dfrac{dx}{dt}, \dfrac{dy}{dt}, \dfrac{dz}{dt}$ を消去すれば,

(47.22)
$$Z-z = \frac{\partial z}{\partial x}(X-x) + \frac{\partial z}{\partial y}(Y-y),$$

すなわち, (47.22) が接平面の方程式である.

次に曲面が

$$F(x, y, z) = 0$$

で与えられたとき, 曲面の通常点では接平面を持つ. たとえば $F_z \neq 0$ とすれば, 通常点の近傍では曲面を $z=f(x, y)$ の形に書くことができて, しかも

$$\frac{\partial z}{\partial x} = -\frac{F_x}{F_z}, \quad \frac{\partial z}{\partial y} = -\frac{F_y}{F_z}.$$

したがって, (47.22) を用いて

(47.23)
$$(X-x)F_x + (Y-y)F_y + (Z-z)F_z = 0.$$

次に曲面が二つの補助変数 $u, v$ を用いて

$$x = f_1(u, v), \quad y = f_2(u, v), \quad z = f_3(u, v)$$

で表わされたとき, 点 $(x, y, z)$ を通常点としよう.

$u, v$ を一つ補助変数の函数 $t$ で表わせば, $x=x(t), y=y(t), z=z(t)$ は曲面上の曲線となる. 点 P における接線は

$$\frac{X-x}{x'(t)} = \frac{Y-y}{y'(t)} = \frac{Z-z}{z'(t)}$$

である.

$$x'(t) = \frac{\partial x}{\partial u}u'(t) + \frac{\partial x}{\partial v}v'(t),$$

$$y'(t) = \frac{\partial y}{\partial u}u'(t) + \frac{\partial y}{\partial v}v'(t),$$

§47. 幾何学的応用

$$z'(t) = \frac{\partial z}{\partial u} u'(t) + \frac{\partial z}{\partial v} v'(t)$$

より，$u'(t)$ と $v'(t)$ を消去すれば，

$$\begin{vmatrix} x'(t) & y'(t) & z'(t) \\ \dfrac{\partial x}{\partial u} & \dfrac{\partial y}{\partial u} & \dfrac{\partial z}{\partial u} \\ \dfrac{\partial x}{\partial v} & \dfrac{\partial y}{\partial v} & \dfrac{\partial z}{\partial v} \end{vmatrix} = 0$$

であるから，接平面の方程式は

(47.24) $$\begin{vmatrix} X-x & Y-y & Z-z \\ \dfrac{\partial x}{\partial u} & \dfrac{\partial y}{\partial u} & \dfrac{\partial z}{\partial u} \\ \dfrac{\partial x}{\partial v} & \dfrac{\partial y}{\partial v} & \dfrac{\partial z}{\partial v} \end{vmatrix} = 0$$

(ここで (47.18) の三つの行列式は同時に 0 とならないことに注意する).

曲面上の一点 $(x, y, z)$ における**法線**はこの点で接平面に直交するから，接平面 (47.22), (47.23), (47.24) に対応して法線は

(47.25) $$\frac{X-x}{\dfrac{\partial z}{\partial x}} = \frac{Y-y}{\dfrac{\partial z}{\partial y}} = \frac{Z-z}{-1},$$

(47.26) $$\frac{X-x}{F_x} = \frac{Y-y}{F_y} = \frac{Z-z}{F_z},$$

(47.27) $$\frac{X-x}{\dfrac{\partial y}{\partial u}\dfrac{\partial z}{\partial v} - \dfrac{\partial z}{\partial u}\dfrac{\partial y}{\partial v}} = \frac{Y-y}{\dfrac{\partial z}{\partial u}\dfrac{\partial x}{\partial v} - \dfrac{\partial x}{\partial u}\dfrac{\partial z}{\partial v}} = \frac{Z-z}{\dfrac{\partial x}{\partial u}\dfrac{\partial y}{\partial v} - \dfrac{\partial y}{\partial u}\dfrac{\partial x}{\partial v}}$$

で与えられる．

**例 4.** 曲線 $x = a\cos\theta,\ y = a\sin\theta,\ z = b\theta$ において $\dfrac{dx}{d\theta} = -a\sin\theta = -y,\ \dfrac{dy}{d\theta} = a\cos\theta = x,\ \dfrac{dz}{d\theta} = b$ であるから，接線は

$$\frac{X-x}{-y} = \frac{Y-y}{x} = \frac{Z-z}{b},$$

法平面は

$$-y(X-x) + x(Y-y) + b(Z-z) = 0.$$

**例 5.** 球面 $x^2 + y^2 + z^2 = 1$ 上の一点 $(x, y, z)$ における接平面の方程式を求めてみよ

う.
$$F(x, y, z) = x^2 + y^2 + z^2 - 1$$
とおけば, $F_x = 2x$, $F_y = 2y$, $F_z = 2z$ であるから, 接平面は
$$2x(X-x) + 2y(Y-y) + 2z(Z-z) = 0,$$
$$xX + yY + zZ = x^2 + y^2 + z^2,$$
ゆえに
$$xX + yY + zZ = 1.$$

**問 1.** 二つの曲面
$$F(x, y, z) = 0, \quad G(x, y, z) = 0$$
の交りの曲線の接線の方程式を求めよ.

**問 2.** 曲面 $\dfrac{x^2}{a^2} - \dfrac{y^2}{b^2} - \dfrac{z^2}{c^2} = 1$ 上の一点 $(x_1, y_1, z_1)$ における接平面の方程式を求めよ.

## 問 題 8

1. $f(x, y) = x^3 + y^3 - 9xy + 27$ の極値を求めよ.
2. $f(x, y) = x^4 + y^4 - 2x^2 + 4xy - 2y^2$ の極値を求めよ.
3. $f(x, y) = x^2 - 2xy^2 + y^4 - y^5$ の極値を調べよ.
4. $f(x, y) = \dfrac{1 + x^2 + y^2}{1 - ax - by}$ $(a > 0, b > 0)$ の極値を求めよ.
5. $\triangle ABC$ 内に一点 $P$ を定めて
$$\overline{AP} + \overline{BP} + \overline{CP}$$
を最小ならしめよ. ただし $\triangle ABC$ の各頂角は $120°$ よりも小とする.
6. 方程式
$$\log \sqrt{x^2 + y^2} = \tan^{-1} \frac{y}{x}$$
で定義される $x$ の函数 $y$ の二次導函数を求めよ.
7. $x + y + z = a$, $x^2 + y^2 + z^2 = b^2$ で定義される $x$ の函数 $y, z$ の一次, 二次の導函数を求めよ.
8. $x + y + u + v = a$, $x^2 + y^2 + u^2 + v^2 = b^2$ で定まる $x, y$ の函数 $u, v$ の全微分を求めよ.
9. 楕円面 $\dfrac{x^2}{a^2} + \dfrac{y^2}{b^2} + \dfrac{z^2}{c^2} = 1$ と平面 $lx + my + nz = 0$ との交りの楕円の長軸, 短軸の長さを求めよ.
10. $(x^2 + y^2 + z^2)^2 = a^2 x^2 + b^2 y^2 + c^2 z^2$, $lx + my + nz = 0$ の条件の下に $r^2 = x^2 + y^2 + z^2$ の最大値および最小値を求めよ.
11. 
$$\frac{x^2}{a^2} + \frac{y^2}{b^2} + \frac{z^2}{c^2} = 1,$$
$$lx + my + nz = p$$

の条件の下で
$$r^2=(x-\alpha)^2+(y-\beta)^2+(z-\gamma)^2$$
の最大値，最小値を求めよ．ただし
$$l\alpha+m\beta+n\gamma=p$$
$$\frac{\alpha}{a^2l}=\frac{\beta}{b^2m}=\frac{\gamma}{c^2n}$$
とする．

**12.** 斜交軸に関する楕円
$$ax^2+2bxy+cy^2=h$$
の長軸，短軸の長さを求めよ．

**13.** 放物線 $y^2-4ax=0$ 上に中心を持ち原点を通る円の族の包絡線を求めよ．

**14.** $\alpha$ を補助変数とする $x^3=\alpha(y+\alpha)^2$ の包絡線を求めよ．

**15.** $x=\cos t$ とおいて
$$(1-x^2)\frac{d^2y}{dx^2}-x\frac{dy}{dx}+a^2y=0$$
を変形せよ．

**16.**
$$\frac{\partial^2 z}{\partial x^2}+2xy^2\frac{\partial z}{\partial x}+2(y-y^3)\frac{\partial z}{\partial y}+x^2y^2z=0$$
を $u=xy,\ v=\dfrac{1}{y}$ によって，$u,v$ を独立変数とする方程式になおせば，前の方程式の文字 $x,y$ に文字 $u,v$ を代入したものになる．

**17.** $V$ を $x,y,z$ の函数，
$$x=vw,\quad y=wu,\quad z=uv$$
とおくとき，
$$x^2\frac{\partial^2 V}{\partial x^2}+y^2\frac{\partial^2 V}{\partial y^2}+z^2\frac{\partial^2 V}{\partial z^2}+yz\frac{\partial^2 V}{\partial y\partial z}+zx\frac{\partial^2 V}{\partial z\partial x}+xy\frac{\partial^2 V}{\partial x\partial y}$$
$$=\frac{1}{2}\left(u^2\frac{\partial^2 V}{\partial u^2}+v^2\frac{\partial^2 V}{\partial v^2}+w^2\frac{\partial^2 V}{\partial w^2}\right)$$
なることを証明せよ．

**18.** $u=l_1x+m_1y,\ v=l_2x+m_2y$ と仮定して
$$\frac{\partial^2 V}{\partial x^2}+\frac{\partial^2 V}{\partial y^2}$$
を変形せよ．

**19.** $H$ を三変数 $x,y,z$ の函数とする．
$$\Delta H=\frac{\partial^2 H}{\partial x^2}+\frac{\partial^2 H}{\partial y^2}+\frac{\partial^2 H}{\partial z^2}$$
を $x=r\sin\theta\cos\varphi,\ y=r\sin\theta\sin\varphi,\ z=r\cos\theta$ で変形すれば，
$$\Delta H=\frac{\partial^2 H}{\partial r^2}+\frac{1}{r^2}\frac{\partial^2 H}{\partial \theta^2}+\frac{1}{r^2\sin^2\theta}\frac{\partial^2 H}{\partial \varphi^2}+\frac{2}{r}\frac{\partial H}{\partial r}+\frac{\cot\theta}{r^2}\frac{\partial H}{\partial \theta}$$

となることを証明せよ．

**20.** 函数 $z=f(x, y)$ において
$$x=r\sin\theta\cos\varphi, \quad y=r\sin\theta\sin\varphi, \quad z=r\cos\theta$$
とおいて
$$\sqrt{1+\left(\frac{\partial z}{\partial x}\right)^2+\left(\frac{\partial z}{\partial y}\right)^2}$$
を $\theta, \varphi$ を独立変数として表わせ．

**21.** 曲線 $y^3=2ax^2-x^3$ を描け．

**22.** 曲線 $y^3=\dfrac{x^4-x^2}{2x-1}$ を描け．

**23.** 補助変数 $\alpha$ の曲線族
$$(x-\alpha)^2y^2=(y-b)^2(a^2-y^2) \quad (a>b>0)$$
の包絡線を求めよ．

**24.** 二つの曲面 $F(x, y, z)=0$, $G(x, y, z)=0$ の交わりの曲線の一点 $P(x_1, y_1, z_1)$ におけるこの曲線の法平面の方程式を求めよ．

**25.** 球面 $x^2+y^2+z^2=4r^2$, 筒面 $x^2+y^2=2rx$ との交わりの曲線上の点 $(r, r, r\sqrt{2})$ における接線の方程式を求めよ．

## 問題の答

**1.** (pp. 28 - 29)

**3.** 空集合 ◯, $\{a\}$, $\{b\}$, $\{c\}$, $\{a,b\}$, $\{b,c\}$, $\{c,a\}$, $\{a,b,c\}$ の8個. **9.** 各線分のなかに有理点を一つとれ. **12.** $\alpha$ と $\alpha+\dfrac{1}{n}$ の間に任意に有理数をとって $r_n$ とせよ.

**2.** (pp. 64 - 65)

**2.**

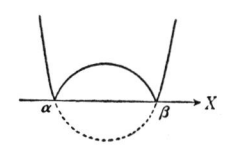

図 113

**3.** (1) $x \leqq 1, 2 \leqq x \leqq 3, x \geqq 4$. (2) $x \leqq 1, x \geqq 2$. (3) $-\infty < x < +\infty$. (4) $x \geqq 0$.

**4.**

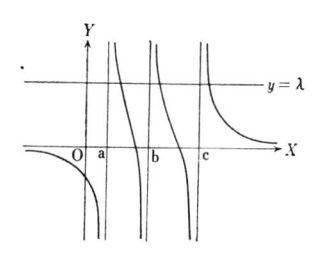

図 114

**5.** (1) $\dfrac{3}{4}$, (2) $+\infty$, (3) $-\dfrac{2}{7}$, (4) $\dfrac{1}{\sqrt{a}}$, (5) $\dfrac{1}{2}$. **6.** 結論してはならない. 例をつくってみよ.

**12.**

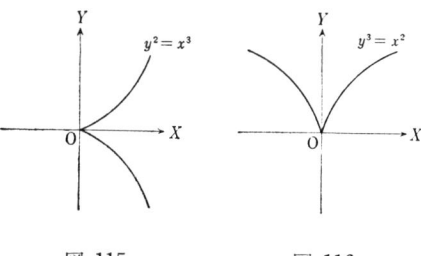

図 115　　　図 116

## 3. (pp. 83-84)

**1.** (1) $\dfrac{1}{3}$, (2) 1, (3) $\dfrac{1}{2}$, (4) $-1$, (5) 1, (6) $+\infty$.

**2.**

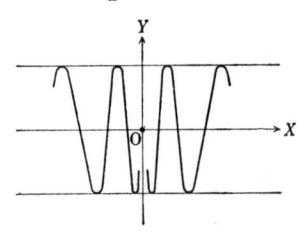

図 117

**3.**

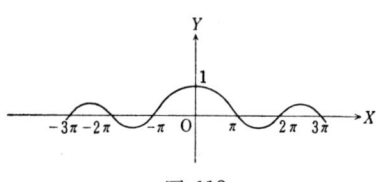

図 118

**4.**

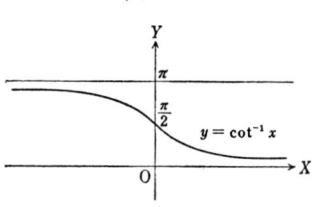

図 119

**5.**

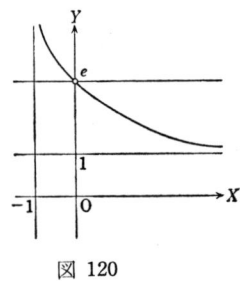

図 120

**7.** (1) 放物線, (2) 楕円.

## 4. (pp. 114-116)

**1.** (1) $18x^5 - 20x^4 + 12x^3 - 12x^2$, (2) $\dfrac{4x}{(x^2+1)^2}$, (3) $\dfrac{2x^2+x+1}{\sqrt{x^2+1}}$,

(4) $1 - \dfrac{x}{\sqrt{x^2-1}}$, (5) $\dfrac{1}{\sqrt{x^2+a^2}}$, (6) $\dfrac{1}{\sqrt{x+a}\sqrt{x+b}}$, (7) $\dfrac{1}{\sin x}$,

問題の答

(8) $-\tan x$, (9) $\sin^{-1}\dfrac{x}{a}+\dfrac{x}{\sqrt{a^2-x^2}}$, (10) $\dfrac{1}{2}\sin\sqrt{x}$, (11) $\dfrac{ab}{a^2\cos^2 x+b^2\sin^2 x}$, (12) $\dfrac{2ab}{a^2\cos^2 x-b^2\sin^2 x}$, (13) $x^{\sin x}\left(\cos x\log x+\dfrac{\sin x}{x}\right)$, (14) $x^z\cdot x^x\left[\dfrac{1}{x}+\log x+(\log x)^2\right]$, ただし $z=x^x$. **2.** (1) $f'_+(0)=\dfrac{\pi}{2}$, $f'_-(0)=-\dfrac{\pi}{2}$; (2) $f'_+(0)=0$, $f'_-(0)=1$. **7.** $\alpha_1<\alpha_2<\cdots<\alpha_m$ とすれば, $(\alpha_1,\alpha_2),\cdots,(\alpha_{m-1},\alpha_m)$ の中に一つずつ $f'(x)=0$ の実根. $\alpha_l$ は $f'(x)=0$ の $k_l-1$ 重根. **12.** (1) $-\dfrac{a^2}{(\sqrt{a^2-x^2})^3}$, (2) $(a^2-b^2)e^{ax}\cos(bx+c)-2abe^{ax}\sin(bx+c)$, (3) $\dfrac{1}{2a}(e^{x/a}+e^{-x/a})$, (4) $6\sin x\cos^2 x-3\sin^3 x$.

### 5. (pp. 143–146)

**1.** (1) 1, (2) $\dfrac{1}{18}$, (3) $\dfrac{e}{2}$, (4) $\dfrac{1}{a}$. **2.** (1) 0, (2) 0, (3) $+\infty$, (4) 3. **3.** (1) $-\dfrac{1}{2}$, (2) $\dfrac{\pi^2}{6}$. **4.** (1) $\dfrac{1}{2}$, (2) $-\dfrac{1}{\pi}$. **5.** (1) $e^2$, (2) $\dfrac{1}{e}$, (3) $e^{-\frac{a^2}{2b^2}}$, (4) 1, (5) $e^{-\frac{a^2}{2}}$, (6) $e^{-\frac{2}{\pi}}$. **6.** (1) $+\infty$, (2) $0<a<1$ のとき $+\infty$, $a=1$ のとき極限値なし, $a>1$ のとき 0. **7.** (1) $-1$, (2) $\dfrac{1}{2}$, (3) $a_1a_2\cdots a_n$, (4) $\dfrac{128}{81}$, (5) $\dfrac{1}{2}$. **9.** (1) $f(2)=13$ 極大値, $f(4)=9$ 極小値, (2) $x=2$ は極値を与えない, (3) $x=-1$ は極値を与えない, $x=\dfrac{1}{5}$ で極大, $x=1$ で極小, (4) $f(0)=4$ 極小値, (5) $f\left(\dfrac{\pi}{4}\right)=1$ 極大値, (6) $f\left(2n\pi+\dfrac{\pi}{3}\right)=\dfrac{3\sqrt{3}}{4}$ 極大値, $f\left(2n\pi-\dfrac{\pi}{3}\right)=-\dfrac{3\sqrt{3}}{4}$ 極小値. **10.** $\dfrac{4}{3}r$. **11.** $a+b$. **12.** $a\leq e^{1/e}$. **13.** 台形の底角が $\dfrac{\pi}{3}$ のとき. **14.** $AM=h$ としたとき, 楕円の中心が $M$ から $\dfrac{h}{3}$ の距離のとき. **15.** $x=\dfrac{4b-a}{3}$. **16.** $py^2=\dfrac{4}{27}(x-2p)^3$. **17.** $x=a(t+\sin t)$, $y=-a(1-\cos t)$. **18.** $(ax)^{2/3}-(by)^{2/3}=(a^2+b^2)^{2/3}$. **19.** $(x+y)^{2/3}+(x-y)^{2/3}=2a^{2/3}$. **23.** $-\dfrac{\left[1+\left(\dfrac{dx}{dy}\right)^2\right]^{3/2}}{\dfrac{d^2x}{dy^2}}$.

### 6. (pp. 170–173)

**5.** $f(x)=\sum\limits_{n=0}^{\infty}(-1)^n x^n=\dfrac{1}{1+x}$, $\lim\limits_{x\to 1-0}f(x)=\dfrac{1}{2}$ であるが, $\sum\limits_{n=0}^{\infty}(-1)^n$ は発散する. **7.** (1) $-1<x\leq 1$, (2) $-1<x<1$, (3) $-1\leq x<1$, (4) $-\infty<x<\infty$. (5) $-\infty<x<\infty$, (6) $x>0$, (7) $-\infty<x<\infty$.

8. (1) $a^x=1+x\log a+\dfrac{x^2(\log a)^2}{2!}+\cdots\ (-\infty<x<\infty)$, (2) $\log(1-x)=-x-\dfrac{x^2}{2}-\dfrac{x^3}{3}-\cdots\ (-1\leq x<1)$, (3) $\sin^2 x=x^2-\dfrac{2x^4}{3!}+\dfrac{32}{6!}x^6+\cdots(-\infty<x<\infty)$, (4) $\cos^2 x=1-\dfrac{(2x)^2}{2!2}+\dfrac{(2x)^4}{4!2}-\cdots\ (-\infty<x<\infty)$. 9. $\dfrac{x}{1!}-\dfrac{1^2}{3!}x^3+\dfrac{3^2\cdot 1^2}{5!}x^5+\cdots+(-1)^n\cdot\dfrac{(2n-1)^2\cdots 3^2\cdot 1^2}{(2n+1)!}x^{2n+1}+\cdots$. 10. $x+\dfrac{1}{2}\dfrac{x^3}{3}+\cdots+\dfrac{1}{2}\dfrac{3}{4}\dfrac{5}{6}\cdots\dfrac{2n-3}{2n-2}\cdot\dfrac{x^{2n-1}}{2n-1}+\cdots$. 11. $f(x)e^{-x}$ を微分してみよ. 13. $\log 2=0.693147\cdots$. 14. $\sqrt{2}=1.4142\cdots$. 16. $\dfrac{128}{81}$. 17. $\dfrac{1}{2}$.

## 7. (pp. 199-201)

1. $\dfrac{x^2}{a^2}+\dfrac{y^2}{b^2}=1-\dfrac{k^2}{c^2}(0\leq k\leq c)$. 2. (1) $\dfrac{\partial z}{\partial x}=2Ax+By+D$, $\dfrac{\partial z}{\partial y}=Bx+2Cy+E$, (2) $\dfrac{\partial z}{\partial x}=\dfrac{y}{x}\cdot x^y$, $\dfrac{\partial z}{\partial y}=x^y\log x$, (3) $\dfrac{\partial u}{\partial x}=-a\sin(ax+by+c)$, $\dfrac{\partial u}{\partial y}=-b\sin(ax+by+c)$, $\dfrac{\partial u}{\partial z}=-c\sin(ax+by+c)$. 7. (1) $dz=(ay^2+2bx+d)dx+(2axy+3cy^2)dy$, (2) $dz=\dfrac{4xy}{(x^2+y^2)^2}(ydx-xdy)$, (3) $dz=y\cos(xy)dx+x\cos(xy)dy$, (4) $dz=y^{\sin x}\left[(\log y)\cos x dx+\dfrac{\sin x}{y}dy\right]$. 13. $\dfrac{\partial^{m+n}z}{\partial x^m \partial y^n}=a^m b^n f^{(m+n)}(ax+by+c)$. 16. $\dfrac{\partial^2 z}{\partial x^2}=\dfrac{\partial^2 f}{\partial u^2}\left(\dfrac{\partial\varphi}{\partial x}\right)^2+2\dfrac{\partial^2 f}{\partial u\partial v}\dfrac{\partial\varphi}{\partial x}\dfrac{\partial\psi}{\partial x}+\dfrac{\partial^2 f}{\partial v^2}\left(\dfrac{\partial\psi}{\partial x}\right)^2+\dfrac{\partial f}{\partial u}\dfrac{\partial^2\varphi}{\partial x^2}+\dfrac{\partial f}{\partial v}\dfrac{\partial^2\psi}{\partial x^2}$, $\dfrac{\partial^2 z}{\partial y^2}=\dfrac{\partial^2 f}{\partial u^2}\left(\dfrac{\partial\varphi}{\partial y}\right)^2+2\dfrac{\partial^2 f}{\partial u\partial v}\dfrac{\partial\varphi}{\partial y}\dfrac{\partial\psi}{\partial y}+\dfrac{\partial^2 f}{\partial v^2}\left(\dfrac{\partial\psi}{\partial y}\right)^2+\dfrac{\partial f}{\partial u}\dfrac{\partial^2\varphi}{\partial y^2}+\dfrac{\partial f}{\partial v}\dfrac{\partial^2\psi}{\partial y^2}$, $\dfrac{\partial^2 z}{\partial x\partial y}=\dfrac{\partial^2 f}{\partial u^2}\dfrac{\partial\varphi}{\partial x}\dfrac{\partial\varphi}{\partial y}+\dfrac{\partial^2 f}{\partial u\partial v}\left(\dfrac{\partial\varphi}{\partial x}\dfrac{\partial\psi}{\partial y}+\dfrac{\partial\varphi}{\partial y}\dfrac{\partial\psi}{\partial x}\right)+\dfrac{\partial^2 f}{\partial v^2}\dfrac{\partial\psi}{\partial x}\dfrac{\partial\psi}{\partial y}+\dfrac{\partial f}{\partial u}\dfrac{\partial^2\varphi}{\partial x\partial y}+\dfrac{\partial f}{\partial v}\dfrac{\partial^2\psi}{\partial x\partial y}$.

## 8. (pp. 242-244)

1. $x=3, y=3$ で極小. 2. $x=0, y=0$ は極値を与えない, $x=\sqrt{2}, y=-\sqrt{2}$ は極小, $x=-\sqrt{2}, y=\sqrt{2}$ は極大. 3. $f(x,y)=(x-y^2)^2-y^5$ とおいてみよ. $x=0, y=0$ は極値を与えない. 4. $\dfrac{x}{a}=\dfrac{y}{b}=\dfrac{1\pm\sqrt{a^2+b^2}}{a^2+b^2}$, 正符号のとき極大, 負符号のとき極小. 5. $\angle APB=\angle BPC=\angle CPA=120°$ となるようにせよ. 6. $y''=2\dfrac{x^2+y^2}{(x-y)^3}$. 7. $\dfrac{dy}{dx}=\dfrac{z-x}{y-z}$, $\dfrac{dz}{dx}=\dfrac{y-x}{z-y}$, $\dfrac{d^2y}{dx^2}=\dfrac{3b^2-a^2}{(z-y)^3}$, $\dfrac{d^2z}{dy^2}=-\dfrac{3b^2-a^2}{(x-y)^3}$. 8. $du=\dfrac{v-x}{u-v}dx+\dfrac{v-y}{u-v}dy$, $dv=\dfrac{u-x}{v-u}dx+\dfrac{u-y}{v-u}dy$. 9. $\dfrac{a^2l^2}{a^2-r^2}+\dfrac{b^2m^2}{b^2-r^2}+\dfrac{c^2n^2}{c^2-r^2}=0$ を満足する $r$ の二つの正値. 10. $\dfrac{l^2}{r^2-a^2}$

問 題 の 答

$+\dfrac{m^2}{r^2-b^2}+\dfrac{n^2}{r^2-c^2}=0.$  **11.** $\dfrac{a^2l^2}{r^2-a^2k}+\dfrac{b^2m^2}{r^2-b^2k}+\dfrac{c^2n^2}{r^2-c^2k}=0,$ ただし $k=1-\dfrac{p^2}{a^2l^2+b^2m^2+c^2n^2}.$  **12.** 座標軸のなす角を $\theta$ とすれば, $(h-ar^2)(h-cr^2)=(h\cos\theta-br^2)^2$ を満足する $r$ の二つの正値.  **13.** $y^2(x+2a)+x^3=0.$  **14.** $y=-\dfrac{3}{\sqrt[3]{4}}x,$ $x=0$ は尖点の軌跡.  **15.** $y''+a^2y=0.$  **18.** $\dfrac{\partial^2 V}{\partial u^2}(l_1{}^2+m_1{}^2)+2\dfrac{\partial^2 V}{\partial u\partial v}(l_1l_2+m_1m_2)+\dfrac{\partial^2 V}{\partial u^2}(l_2{}^2+m_2{}^2).$

**20.** $\dfrac{\sqrt{\left[\left(\dfrac{\partial r}{\partial\theta}\right)^2+r^2\right]\sin^2\theta+\left(\dfrac{\partial r}{\partial\varphi}\right)^2}}{\sin\theta\left(\dfrac{\partial r}{\partial\theta}\sin\theta+r\cos\theta\right)}.$

**21.** 原点は尖点, 漸近線は $y=-x+\dfrac{2}{3}a.$

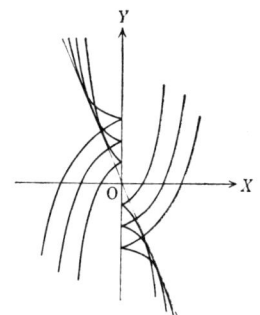

図 121

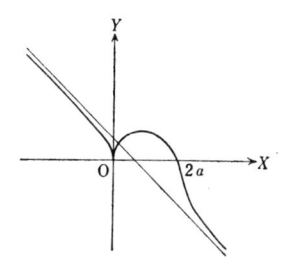

図 122

**22.** 原点は尖点, 漸近線は $y=\dfrac{x}{\sqrt[3]{2}}+\dfrac{1}{\sqrt[3]{2}}.$

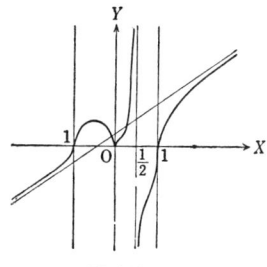

図 123

**23.** $y=\pm a$ は包絡線, $y=b$ は結節点の軌跡.

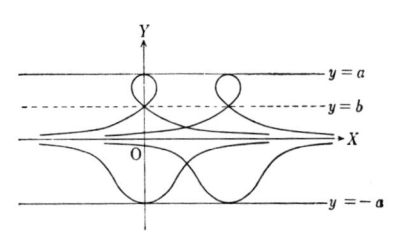

図 124

**24.** $\begin{vmatrix} \dfrac{\partial F_1}{\partial y_1} & \dfrac{\partial F_1}{\partial z_1} \\ \dfrac{\partial G_1}{\partial y_1} & \dfrac{\partial G_1}{\partial z_1} \end{vmatrix}(x-x_1)+\begin{vmatrix} \dfrac{\partial F_1}{\partial z_1} & \dfrac{\partial F_1}{\partial x_1} \\ \dfrac{\partial G_1}{\partial z_1} & \dfrac{\partial G_1}{\partial x_1} \end{vmatrix}(y-y_1)+\begin{vmatrix} \dfrac{\partial F_1}{\partial x_1} & \dfrac{\partial F_1}{\partial y_1} \\ \dfrac{\partial G_1}{\partial x_1} & \dfrac{\partial G_1}{\partial y_1} \end{vmatrix}(z-z_1)=0.$

**25.** $\dfrac{x-r}{-\sqrt{2}}=\dfrac{y-r}{0}=\dfrac{z-r\sqrt{2}}{1}.$

## 人名索引

アーベル Abel, Niels Henrik (1802—1829) 163
アダマール Hadamard, Jacques (1865— ) 162

カントル Cantor, Georg (1845—1918) 2
コーシー Cauchy, Augustin Louis (1789—1857) 25
コマツ 小松勇作 (1914— ) 214

シュワルツ Schwarz, Hermann Amandus (1843—1921) 194, 195

ダルブー Darboux, Jean Gaston (1842—1917) 102
テイラー Taylor, Brook (1685—1731) 107
ディリクレ Dirichlet, Peter Gustav Lejeune (1805—1859) 49
デデキント Dedekind, Julius Wilhelm Richard (1831—1916) 2, 10

ボルツァノ Bolzano, N. (1781—1848) 181
ボレル Borel, Emile (1871—1956) 200

マクローリン Maclaurin, Colin (1698—1746) 109

ヤング Young, W. H. 194
ヨシダ 吉田洋一 (1898— ) 10

ライプニッツ Leibniz, Gottfried Wilhelm (1646—1716) 106
ラグランジュ Lagrange, Joseph Louis (1736—1813) 109, 228
ルベーグ Lebesgue, Henri (1875—1941) 200
ロピタル l'Hospital, G. F. A. (1661—1704) 117
ロール Rolle, Michel (1652—1719) 99

ワイエルシュトラース Weierstrass, Karl (1815—1897) 181

## 事 項 索 引

アーベルの定理 163
$e$ 72, 111
一対一写像 37
一対一対応 (one-to-one correspondence) 12
一様収束 (uniform convergence) 157
一様連続 (uniformly continuous) 53, 180
一価函数 (single-valued function) 32
陰函数 (implicit function) 141, 207
inf $f(E)$ 32
上組 3
上に凹 131
上に凸 131
上に有界（下に有界） 15
$A$ から $B$ の上への写像 (mapping of $A$ onto $B$) 30
$A$ から $B$ の中への（一意）写像 (mapping of $A$ into $B$) 30
$n$ 項系列 176
$n$ 次元空間 176
$n$ 次導函数 105
折れ線 176, 190
onto 写像 31

開区間 (open interval) 19, 32, 174
開集合 (open set) 174
開正方形 174
開長方形 174, 179
外点 178
下限 (the greatest lower bound, infimum) 15
合併集合 (union) 11
可付番無限集合 (countably infinite set) 13
函数 32

函数項の級数 158
函数列 157
逆函数 (inverse function) 63, 90
逆三角函数 81, 94
逆写像 (inverse mapping) 31
逆像 (inverse image) 30
境界値 179
狭義の単調増加 39
共通集合 (intersection) 11
極限値 (limiting value) 18, 33, 177
極限点 19, 181
極大（極小） 125, 202
極大値（極小値） 125
極値 125, 202
曲率 (curvature) 137
曲率円 (circle of curvature) 138
曲率半径 (radius of curvature) 138
距離 176
空集合 (empty set) 11
結合法則 6
結節点 (node) 234
原始函数 (primitive function) 101
減少の状態 98
懸垂線 138
交換法則 6
広義の一様に収束する 163
格子点 14
高次導函数 104
高次偏導函数 192
合成函数 (composite function) 58, 91
合成函数の導函数 188
交代級数 155
cos $\theta$ 78
コーシー・アダマールの定理 162

コーシーの公式　103
コーシーの剰余　109
コーシーの定理　25, 152
個数　12
弧度法　78
孤立点　234

最小極限値 (lim inf)　23, 39
最大極限値 (lim sup)　20, 21, 39
最大数 (最小数)　15
$\sin\theta$　78
差集合　11
三角函数　79, 93
三角形不等式　177
三次偏導函数　193
$C^n$ の函数　105, 196
$C^0$ の函数　105
$C^\infty$ の函数　105
指数函数 (exponential function)　66, 72, 92
自然数　1
自然対数 (natural logarithm)　74
四則演算　1, 6
下組　3
下に凹 (concave)　131
実数 (real number)　2, 4
写像　30, 176
集合 (set)　10
集積値 (cluster value)　26, 38
集積値集合 (cluster set)　38
集積点 (accumulation point)　181
収束区間　163
収束数列 (収斂数列)　25
収束する (収斂する) (converge)　25, 147
収束半径　163
縮閉線 (evolute)　140
主枝 (principal branch)　83

シュワルツの定理　194, 195
上限 (the least upper bound, supremum)　15
剰余　109
初等函数　66
初等函数の展開　167
初等函数の微分公式　92
振幅　65
真部分集合 (proper subset)　11
数直線　8, 9
数列　17
$\sup f(E)$　30
正項級数　149
正則曲線 (regular curve)　142
接触円 (osculating circle)　139
接線　88, 238
絶対収束 (absolute convergence)　154
切断 (cut)　3
接平面　239
全曲率　137
漸近線 (asymptotic line)　235
尖点 (cusp)　234
全微分 (total differential)　187
全微分可能 (totally differentiable)　185
像 (image)　30
増加の状態　98
双曲線函数　84
増分　87, 89

対数函数 (logarithmic function)　74, 92
対等である (equivalent)　12
高々可付番無限である　15
ダルブーの定理　102
$\tan\theta$　79
単調減少 (monotone decreasing)　39
単調増加 (monotone increasing)　39, 55
値域　39

逐次導函数　141
中間値　102
稠密性　2, 7
直線の連続性の公理　9
通常点 (ordinary point)　239
テイラー級数　168
テイラー展開　167
テイラーの定理　107
テイラーの定理の拡張　197
ディリクレの函数　49
点列　19
導函数 (derivative)　86
導函数の計算法　89
等高線 (level curve)　175
同次式　200
導集合 (derived set)　181
特異点 (singular point)　233
独立変数 (independent variable)　61

内接多辺形　77, 134
内点　178
長さ　134
長さを持つ (rectifiable)　134
二次偏導函数　193

配分法則　147
発散する (diverge)　6
左側の極限値　33
左微分係数　86
微分 (differential)　87
微分可能である (differentiable)　85
微分係数 (differential coefficient)　85
微分係数の幾何学的意味　88
微分する　86
微分積分学の基本定理　101
微分法 (differentiation)　86
不定形の極限値　117

部分集合 (sub set)　11
部分数列　27
部分和　147
不連続点 (point of discontinuity)　46
分数　1
閉円板　181
平均曲率　137
平均値の定理 (mean value theorem)
　100, 101, 194
閉区間 (closed interval)　32, 137
閉集合 (closed set)　181
閉長方形　181
閉包 (closure)　182
ベキ函数　93
ベキ級数　162
ベキ根函数　56
変域　30
変曲点 (point of inflection)　131
変数変換　217
偏導函数　183
偏微分可能　183
偏微分係数 (partial differential coefficient)　182
偏微分する　183
方向係数　88
法平面　238
包絡線 (envelope)　229
補集合　11, 178
補助変数 (parameter)　84, 229
ボレル・ルベーグの定理　200

マクローリン級数　168
マクローリン展開　168
マクローリンの定理　109
右側の極限値　33
右微分係数　86
無限系列 (infinite sequence)　30

## 索引

無限集合　12
無理数（irrational number）　2, 4
無理切断　4
無理点　8

ヤングの定理　194
有界（bounded）　15
有限集合　12
有理数（rational number）　1
有理切断　4
有理点　8, 14

陽函数（explicit function）　141
要素（element）　10

ライプニッツの公式　106
ラグランジュの剰余　109
ラグランジュの未定乗数法　228
領域　176
連続函数の中間値の定理　50, 180, 208
連続性（continuity）　7, 179
連続である（continuous）　45
連続点（point of continuity）　46
$\rho$-近傍（$\rho$-neighborhood）　45
ロピタルの法則　119
ロールの定理　99

彎曲点　131

**著者略歴**
能 代　　清
　1906 年　函館市に生れる
　1930 年　東京大学理学部数学科卒業
　1942 年　名古屋大学教授
　　　　　理学博士

朝倉数学講座 3
## 微 分 学
定価はカバーに表示

1960 年 9 月 30 日　初版第 1 刷
2004 年 3 月 30 日　復刊第 1 刷

著　者　能　代　　清
　　　　　（の）（しろ）　（きよし）
発行者　朝　倉　邦　造
発行所　株式会社　朝　倉　書　店
　　　　東京都新宿区新小川町 6-29
　　　　郵便番号　１６２-８７０７
　　　　電　話　03（3260）0141
　　　　FAX　03（3260）0180
　　　　http://www.asakura.co.jp

〈検印省略〉

©1960〈無断複写・転載を禁ず〉
ISBN 4-254-11673-X　C 3341

新日本印刷・渡辺製本
Printed in Japan

| 前東工大 志賀浩二著 数学30講シリーズ 1 **微 分・積 分 30 講** 11476-1 C3341 A5判 208頁 本体3200円 | 〔内容〕数直線／関数とグラフ／有理関数と簡単な無理関数の微分／三角関数／指数関数／対数関数／合成関数の微分と逆関数の微分／不定積分／定積分／円の面積と球の体積／極限について／平均値の定理／テイラー展開／ウォリスの公式／他 |
|---|---|
| 前東工大 志賀浩二著 数学30講シリーズ 2 **線 形 代 数 30 講** 11477-X C3341 A5判 216頁 本体3200円 | 〔内容〕ツル・カメ算と連立方程式／方程式，関数，写像／2次元の数ベクトル空間／線形写像と行列／ベクトル空間／基底と次元／正則行列と基底変換／正則行列と基本行列／行列式の性質／基底変換から固有値問題へ／固有値と固有ベクトル／他 |
| 前東工大 志賀浩二著 数学30講シリーズ 3 **集 合 へ の 30 講** 11478-8 C3341 A5判 196頁 本体3200円 | 〔内容〕身近なところにある集合／集合に関する基本概念／可算集合／実数の集合／写像／濃度／連続体の濃度をもつ集合／順序集合／整列集合／順序数／比較可能定理，整列可能定理／選択公理のヴァリエーション／連続体仮設／カントル／他 |
| 前東工大 志賀浩二著 数学30講シリーズ 4 **位 相 へ の 30 講** 11479-6 C3341 A5判 228頁 本体3200円 | 〔内容〕遠さ，近さと数直線／集積点／連続性／距離空間／点列の収束，開集合，閉集合／近傍と閉包／連続写像／同相写像／連結空間／ベールの性質／完備化／位相空間／コンパクト空間／分離公理／ウリゾーン定理／位相空間から距離空間／他 |
| 前東工大 志賀浩二著 数学30講シリーズ 5 **解 析 入 門 30 講** 11480-X C3341 A5判 260頁 本体3200円 | 〔内容〕数直線の生い立ち／実数の連続性／関数の極限値／微分と導関数／テイラー展開／ベキ級数／不定積分から微分方程式へ／線形微分方程式／面積／定積分／指数関数再考／2変数関数の微分可能性／逆写像定理／2変数関数の積分／他 |
| 前東工大 志賀浩二著 数学30講シリーズ 6 **複 素 数 30 講** 11481-8 C3341 A5判 232頁 本体3200円 | 〔内容〕負数と虚数の誕生まで／向きを変えることと回転／複素数の定義／複素数と図形／リーマン球面／複素関数の微分／正則関数と等角性／ベキ級数と正則関数／複素積分と正則性／コーシーの積分定理／一致の定理／孤立特異点／留数／他 |
| 前東工大 志賀浩二著 数学30講シリーズ 7 **ベクトル解析 30 講** 11482-6 C3341 A5判 244頁 本体3200円 | 〔内容〕ベクトルとは／ベクトル空間／双対ベクトル空間／双線形関数／テンソル代数／外積代数の構造／計量をもつベクトル空間／基底の変換／グリーンの公式と微分形式／外微分の不変性／ガウスの定理／ストークスの定理／リーマン計量／他 |
| 前東工大 志賀浩二著 数学30講シリーズ 8 **群 論 へ の 30 講** 11483-4 C3341 A5判 244頁 本体3200円 | 〔内容〕シンメトリーと群／群の定義／群に関する基本的な概念／対称群と交代群／正多面体群／部分群による類別／巡回群／整数と群／群と変換／軌道／正規部分群／アーベル群／自由群／有限的に表示される群／位相群／不変測度／群環／他 |
| 前東工大 志賀浩二著 数学30講シリーズ 9 **ルベーグ積分 30 講** 11484-2 C3341 A5判 256頁 本体3200円 | 〔内容〕広がっていく極限／数直線上の長さ／ふつうの面積概念／ルベーグ測度／可測集合／カラテオドリの構想／測度空間／リーマン積分／ルベーグ積分へ向けて／可測関数の積分／可積分関数の作る空間／ヴィタリの被覆定理／フビニ定理／他 |
| 前東工大 志賀浩二著 数学30講シリーズ 10 **固 有 値 問 題 30 講** 11485-0 C3341 A5判 260頁 本体3200円 | 〔内容〕平面上の線形写像／隠されているベクトルを求めて／線形写像と行列／固有空間／正規直交基底／エルミート作用素／積分方程式／フレードホルムの理論／ヒルベルト空間／閉部分空間／完全連続な作用素／スペクトル／非有界作用素／他 |

上記価格（税別）は 2004年2月現在